计算机系列教材

董付国　编著

Python程序设计基础

（第2版）

清华大学出版社
北京

内 容 简 介

全书共 13 章：第 1 章介绍 Python 基本知识与概念，Python 开发环境配置与使用，扩展库安装与使用；第 2 章讲解 Python 运算符与表达式以及内置函数的用法；第 3 章讲解列表、元组、字典、集合等序列结构的常用方法和基本操作；第 4 章讲解 Python 选择结构与循环结构的语法和应用；第 5 章讲解函数的定义与使用，不同类型的函数参数，变量的作用域以及 lambda 表达式；第 6 章讲解类的定义与实例化，多种不同类型的成员方法，特殊方法与运算符重载；第 7 章讲解字符串对象及其方法的应用；第 8 章讲解正则表达式语法以及正则表达式在 Python 中的应用；第 9 章讲解文件操作的基本知识与 Python 文件对象，文本文件内容读写，二进制文件操作与对象序列化；第 10 章讲解文件复制、移动、重命名、遍历等文件级操作以及目录操作有关知识；第 11 章讲解 Python 中多种不同形式的异常处理结构；第 12 章讲解 Python 对 SQLite 以及 Access、MS SQL Server、MySQL 等不同数据库的操作；第 13 章讲解数据分析、数据处理、数据可视化以及科学计算的有关知识。

本书完全面向 Python 3. x，全部案例代码使用 Python 3. 7. x 和 Python 3. 6. x 编写，适当介绍了 Python 3. 8/3. 9 的新特性，大部分内容也适用于 Python 3. 5. x。本书对 Python 内部工作原理进行一定程度的剖析，并适当介绍了 Python 代码优化和安全编程的有关知识，可以满足不同层次读者的需求。

图书在版编目(CIP)数据

Python 程序设计基础/董付国编著. —2 版. —北京：清华大学出版社，2018(2021.11重印)
(计算机系列教材)
ISBN 978-7-302-49056-2

Ⅰ. ①P… Ⅱ. ①董… Ⅲ. ①软件工具－程序设计－高等学校－教材 Ⅳ. ①TP311. 561

中国版本图书馆 CIP 数据核字(2017)第 296436 号

责任编辑：白立军
封面设计：常雪影
责任校对：白　蕾
责任印制：杨　艳

出版发行：清华大学出版社
网　　址：http://www.tup.com.cn，http://www.wqbook.com
地　　址：北京清华大学学研大厦 A 座　　**邮　　编**：100084
社 总 机：010-62770175　　**邮　　购**：010-83470235
投稿与读者服务：010-62776969，c-service@tup.tsinghua.edu.cn
质量反馈：010-62772015，zhiliang@tup.tsinghua.edu.cn
课件下载：http://www.tup.com.cn，010-83470236
印 装 者：三河市少明印务有限公司
经　　销：全国新华书店
开　　本：185mm×260mm　　**印　张**：19.5　　**字　　数**：451 千字
版　　次：2015 年 8 月第 1 版　2018 年 1 月第 2 版　　**印　　次**：2021 年 11 月第 20 次印刷
定　　价：49.00 元

产品编号：077590-01

前言

FOREWORD

Python 由 Guido van Rossum 于 1989 年底开始研制，第一个版本发行于 1991 年。Python 推出不久就迅速得到了各行业人士的青睐，经过近 30 年的发展，已经渗透到计算机科学与技术、统计分析、逆向工程与软件分析、电子取证、图形图像处理、人工智能、游戏设计与策划、网站开发、移动终端开发、大数据分析与处理、深度学习、科学计算可视化、云计算、网络爬虫开发、系统运维、自然语言处理、密码学、电子电路设计、树莓派开发等专业和领域。目前，Python 已经成为卡内基-梅隆大学、麻省理工学院、加州大学伯克利分校、哈佛大学等国外很多大学计算机专业或非计算机专业的程序设计入门教学语言，国内也有不少学校的多个专业陆续开设了 Python 程序设计课程。

Python 连续多年在 TIOBE 网站的编程语言排行榜上排名前十位，并于 2011 年 1 月被 TIOBE 网站评为 2010 年度语言。自 2015 年之后，Python 一直稳居 TIOBE 编程语言排行榜前五位。在 2014 年 12 月份 IEEE Spectrum 推出的编程语言排行榜中，Python 排第 5 位，而在 2017 年 7 月份 IEEE Spectrum 推出的编程语言排行榜中，Python 上升到了第 1 位。

Python 是一门免费、开源的跨平台高级动态编程语言，支持命令式编程、函数式编程，完全支持面向对象程序设计，语法简洁清晰，并且拥有大量功能强大的标准库和扩展库以及众多狂热的支持者，可以帮助各领域的科研人员或策划师甚至管理人员快速实现和验证自己的思路与创意。Python 用户可以把主要精力放在业务逻辑的设计与实现上，而不用过多考虑语言本身的细节，开发效率非常高，其精妙之处令人击节叹赏。

Python 是一门快乐的语言，学习和使用 Python 也应该是一个快乐的过程。与 C 语言系列和 Java 等语言相比，Python 更加容易学习和使用，但这并不意味着可以非常轻松愉快地掌握 Python。用户熟练掌握和运用 Python 仍需要通过大量的练习来锻炼自己的思维和熟悉 Python 编程模式，同时还需要经常关注 Python 社区优秀的代码以及各种扩展库的最新动态。当然，如果能够适当了解 Python 标准库以及扩展库的内部工作原理，对于编写正确而优雅的 Python 程序无疑是有很大帮助的。

Python 是一门优雅的语言。Python 语法简洁清晰，并且提供了大量的内置对象和内置函数，编程模式非常符合人类的思维方式和习惯。在有些编程语言中需要编写大量代码才能实现的功能，在 Python 中仅需要调用内置函数或内置对象的方法即可实现。如果读者已有其他程序设计语言的基础，那么在学习和使用 Python 时，一定不要把其他语言的编程习惯和风格带到 Python 中来，因为这不仅可能会使得代码变得非常冗余、烦琐，还可能会严重影响代码的运行效率。应该尽量尝试从最自然、最简洁的角度出发去思考和解决问题，这样才能写出更加优雅、更加纯正、更加 Pythonic 的代码。

本书内容组织

对于 Python 程序员来说,能够熟练运用各种扩展库毫无疑问是非常重要的,使用优秀、成熟的扩展库可以帮助我们快速实现自己的业务逻辑和创意。但是也必须清楚地认识到,Python 内功是非常重要的,Python 语言基础知识和基本数据结构的熟练掌握是理解和运用其他扩展库的必备条件之一。所以,本书前 11 章把重点和主要篇幅放在了 Python 编程基础知识的介绍上,通过大量案例介绍 Python 在实际开发中的应用,然后在最后两章介绍数据库编程和 Python 在数据分析、处理与科学计算可视化等领域的应用。关于其他应用领域的扩展库可以参考本书最后的附录,并结合自己的专业领域查阅相关文档。全书共 13 章,主要内容组织如下。

第 1 章　Python 概述。介绍 Python 语言的特点,Python 程序文件名,扩展库的管理与使用,Python 代码编写规范和优化建议。

第 2 章　运算符、表达式与内置对象。讲解 Python 对象模型,数字、字符串、列表、元组、字典、集合等基本数据类型,运算符与表达式,内置函数。

第 3 章　详解 Python 序列结构。讲解列表、元组、字典、集合等序列的常用方法和基本操作,切片操作,列表推导式,元组与生成器推导式,序列解包,字典、集合基本操作和常用方法。

第 4 章　程序控制结构。讲解 Python 选择结构,for 循环与 while 循环,带有 else 子句的循环结构,break 与 continue 语句,选择结构与循环结构的综合运用。

第 5 章　函数。讲解函数的定义与使用,普通位置参数、关键参数、默认值参数、长度可变参数等不同参数类型,全局变量与局部变量,参数传递时的序列解包,return 语句,lambda 表达式。

第 6 章　面向对象程序设计。讲解类的定义与继承,self 与 cls 参数,类成员与实例成员,私有成员与公有成员,特殊方法与运算符重载。

第 7 章　字符串。讲解字符串编码格式,字符串格式化、替换、分割、连接、排版等基本操作方法。

第 8 章　正则表达式。讲解正则表达式语法、正则表达式对象、子模式与 Match 对象,以及 Python 正则表达式模块 re 的应用。

第 9 章　文件内容操作。讲解文件操作基本知识与 Python 文件对象,文本文件内容读写,二进制文件内容读写与对象序列化,Word、Excel 等常见二进制文件的内容读写。

第 10 章　文件与文件夹操作。讲解文件复制、移动、重命名、遍历等文件级操作以及文件夹操作有关知识。

第 11 章　异常处理结构与单元测试。讲解 Python 异常类层次结构与自定义异常类,多种不同形式的异常处理结构,以及单元测试。

第 12 章　数据库应用开发。讲解 SQLite 数据库的基本特点与用法,以及 Python 对 SQLite 数据库和 Access、MySQL、MS SQL Server 等数据库的操作方法。

第13章　数据分析与科学计算可视化。讲解Python标准库statistics以及numpy、scipy、pandas、matplotlib等扩展库的用法，讲解数据处理、数据分析、数据可视化以及科学计算的有关内容。

本书特色

内容与Python最新版本同步。本书完全面向Python 3.x，全部案例代码使用Python 3.7.x和Python 3.6.x编写，适当介绍了Python 3.8/3.9的新特性，大部分内容同样适用于Python 3.5.x。

信息量大、知识点密集。全书没有多余的文字和软件安装截图，充分利用宝贵的篇幅来介绍和讲解尽可能多的知识点，绝对物超所值。本书作者具有20年程序设计教学经验，讲授过汇编语言、C/C++/C#、Java、PHP、Python等多门程序设计语言，并编写过大量的应用程序。在本书内容的组织和安排上，结合了作者多年教学与开发过程中积累的许多案例，并巧妙地糅合进了相应的章节。

案例丰富，实用性强，注释量大。精选多个领域中的经典案例，并且每段代码都配有大量注释，大幅度缩短了读者理解代码所需要的时间。

语言精练，代码优雅。使用最简练的语言和代码介绍Python语法和应用，完美诠释Pythonic真谛。

深度与广度兼顾。本书对Python内部工作原理进行一定程度的剖析，并适当介绍Python代码优化和安全编程的有关知识，可以满足不同层次读者的需要，读者对书中内容每多读一遍都会有新的收获和体会。

本书适用读者

本书可以作为(但不限于)：

- 会计、经济、金融、心理学、统计、管理、人文社科以及其他非计算机专业本科或专科的程序设计教材。如果作为本科非计算机专业程序设计语言公共课或选修课教材，建议采用64学时或48学时边讲边练的教学模式。
- 具有一定Python基础的读者进阶学习资料。
- 打算利用业余时间学习一门快乐的程序设计语言并编写几个小程序来解决工作中问题或娱乐的读者首选学习资料。
- 少数对编程具有浓厚兴趣和天赋的中学生课外阅读资料。

教学资源

本书不但有思政元素，而且提供全套教学课件、源代码、课后习题答案与分析、考试题库、教学视频、教案以及授课计划和学时分配表，可以登录清华大学出版社官方网站(www.tup.com.cn)下载或与作者联系索取，作者的微信公众号是“Python小屋”，电子邮箱地址是dongfuguo2005@126.com。本书配套Mooc可以在智慧树和中国大学Mooc学习，搜索“董付国”可找到。

由于时间仓促,作者水平有限,书中难免存在疏漏之处,还请同行指正并通过作者联系方式进行反馈,作者将不定期在微信公众号更新勘误并实名感谢。

Python 程序设计课程思政案例分享

感谢

首先感谢父母的养育之恩,在当年那么艰苦的条件下还坚决支持我读书,没有让我像其他同龄的孩子一样辍学。感谢姐姐、姐夫多年来对我的爱护以及在老家对父母的照顾,感谢善良的弟弟、弟媳在老家对父母的照顾,正是有了你们,我才能在远离家乡的城市安心工作。感谢我的妻子在生活中对我的大力支持,也感谢懂事的女儿在我工作时能够在旁边安静地读书而尽量不打扰我,并在定稿前和妈妈一起帮我阅读全书并检查出了几个错别字。

感谢每一位读者,感谢您在茫茫书海中选择了这本书,衷心祝愿您能够从本书中受益,学到您需要的知识!同时也期待每一位读者的热心反馈,随时欢迎指出书中的不足!

本书在编写出版过程中得到清华大学出版社的大力支持和帮助,在此表示衷心的感谢。

董付国　于山东烟台

2017 年 10 月

目 录

CONTENTS

第1章 Python概述

1.1 Python是这样一种语言

有不少人说Python是一种“大蟒蛇语言”。虽然在英语中Python确实有大蟒蛇的意思，但Python语言和大蟒蛇却没有任何关系。Python语言的名字来自一个著名的电视剧*Monty Python's Flying Circus*，Python之父Guido van Rossum是这部电视剧的狂热爱好者，所以把他设计的语言命名为Python。

也有人说Python是一门脚本语言，这也不准确，远远不足以反映Python的强大。Python并不仅仅是一门脚本语言，更是一门跨平台、开源、免费的解释型高级动态编程语言，是一种通用编程语言。除了可以解释执行之外，Python还支持将源代码伪编译为字节码来优化程序提高加载和运行速度并对源代码进行保密，也支持使用py2exe、pyinstaller、cx_Freeze或其他类似工具将Python程序及其所有依赖库打包成为各种平台上的可执行文件，当然也包括扩展名为exe的Windows可执行程序，从而可以脱离Python解释器环境和相关依赖库，能够在Windows平台上独立运行，并且还支持制作成.msi安装包；Python支持命令式编程（How to do）和函数式编程（What to do）两种模式，完全支持面向对象程序设计，语法简洁清晰，功能强大且易学易用，更重要的是拥有大量的几乎支持所有领域应用开发的成熟扩展库和狂热支持者。

也有人喜欢把Python称为“胶水语言”，这确实是Python的重要特点之一。它可以把多种不同语言编写的程序融合到一起实现无缝拼接，更好地发挥不同语言和工具的优势，满足不同应用领域的需求。

1.2 Python版本选择

Python官方网站同时提供Python 2.x和Python 3.x两大系列的安装包下载，目前（2020年12月）Python 2.x系列已经停止更新（最后一个版本是Python 2.7.18），Python 3.x的最新版本分别为Python 3.9.1、Python 3.8.6、Python 3.7.9、3.6.12、3.5.10。众所周知，Python 3.x和Python 2.x这两大系列之间的语法相差很大，互不兼容，使用Python 2.x版本编写好的程序迁移到Python 3.x需要非常大的工作量。虽然Python 3.x的不同小版本之间的内部实现也有些区别，每次版本更新都会增加一些新特性，一些内置函数和标准库函数的功能也会增强，有些标准库中会增加新的函数，但Python语言自身的基本语法是一致的，从低版本到高版本的转换不需要投入太多的精力去学习和适应。

总体来看,Python 3. x 系列中越高的版本功能越强大,设计也更加合理、优化和人性化。如果之前没有使用其他版本的 Python 编写过程序,可以直接选择安装最高版本进行学习。如果正在学习和使用 Python 2. x 系列的某个版本,请以最快的速度转换为 Python 3. x,不要有任何犹豫。由于适用于不同版本 Python 的扩展库之间相差很大、无法通用,如果正在使用 Python 3. x 系列中的较低版本,需要确认用到的扩展库也已经推出了稳定的高版本之后再一同升级 Python 和扩展库(见 1.5 节)。另外还需要特别注意的是,很多扩展库在升级时一些对象的内部实现会有很大的改变,扩展库中模块文件的组织形式和对象的导入方式也会改变,甚至会删除某些对象并且增加一些新对象,这些变化很可能会导致之前编写过的程序无法运行,此时需要查阅扩展库官方网站的更新历史记录和说明,对使用低版本扩展库的程序进行必要的修改。

1.3 Python 编程规范与代码优化建议

没有规矩,不成方圆。任何一种语言都有一些约定俗成的编码规范,Python 也不例外。Python 非常重视代码的可读性,对代码布局和排版有更加严格的要求。虽然一些大型软件公司对自己公司程序员编写的代码在布局、结构、标识符命名等方面有一些特殊的要求,但其中很多思想是相同的,目的也是一致的。这里重点介绍 Python 社区对代码编写的一些共同的要求、规范和一些常用的代码优化建议,最好在开始编写第一段代码时就遵循这些规范和建议,养成一个好习惯。

(1) 严格使用缩进来体现代码的逻辑从属关系。Python 对代码缩进是硬性要求,这一点必须时刻注意。如果某个代码段的缩进不对,那么整个程序就是错的,要么是语法错误无法执行,要么是逻辑错误导致错误结果,而检查这样的错误会花费很多时间。

(2) 每个 import 语句只导入一个模块,最好按标准库、扩展库、自定义库的顺序依次导入。尽量避免导入整个库,最好只导入确实需要使用的对象,这会让程序运行更快。

(3) 最好在每个类、函数定义和一段完整的功能代码之后增加一个空行,在运算符两侧各增加一个空格,逗号后面增加一个空格。按照这样的规范写出来的代码布局和排版比较松散,阅读起来更加轻松。不论是前面第一条讲的缩进,还是这里谈的空行与空格,主要是提高代码可读性,正如 *The Zen of Python* 所说:Sparse is better than dense, readability counts。稍微有点例外的是,在正常的赋值语句中等号两侧都是各增加一个空格,但在定义函数的默认值参数和使用关键参数调用函数时一般并不在参数赋值的等号两侧增加空格。这样松中有紧也是为了提高代码的可读性,正所谓:“张而不弛,文武弗能也;弛而不张,文武弗为也;一张一弛,文武之道也。”

(4) 尽量不要写过长的语句。如果语句过长,可以考虑拆分成多个短一些的语句,以保证代码具有较好的可读性。如果语句确实太长而超过屏幕宽度,最好使用续行符(line continuation character)“\”,或者使用圆括号将多行代码括起来表示是一条语句。

(5) 虽然 Python 运算符有明确的优先级,但对于复杂的表达式建议在适当的位置使用括号使得各种运算的隶属关系和计算顺序更加明确,正如 *The Zen of Python* 所说:Explicit is better than implicit。

(6) 对关键代码和重要的业务逻辑代码进行必要的注释。统计数据表明,一个可读性较好的程序中应包含大概 30%以上的注释。在 Python 中有两种常用的注释形式：#和三引号。#用于单行注释，三引号常用于大段说明性文本的注释。

(7) 在开发速度和运行速度之间尽量取得最佳平衡。内置对象运行速度最快，标准库对象次之，用 C 或 FORTRAN 编写的扩展库速度也比较快，而纯 Python 的扩展库往往速度慢一些。所以，在开发项目时，应优先使用 Python 内置对象，其次考虑使用 Python 标准库提供的对象，最后考虑使用第三方扩展库。然而，有时候只使用内置对象和标准库对象的话，很可能无法直接满足需要。这时候有两个选择：一是使用内置对象和标准库对象编写代码实现特定的逻辑；二是使用合适的扩展库对象。至于如何取舍，最终还是取决于业务逻辑的复杂程度和对运行速度的要求这两者之间的平衡。

(8) 根据运算特点选择最合适的数据类型来提高程序的运行效率。如果定义一些数据只是用来频繁遍历，最好优先考虑元组或集合。如果需要频繁地测试一个元素是否存在于一个可迭代对象中并且不关心其位置，尽量采用字典或者集合。列表和元组的 in 操作的时间复杂度是线性的，而对于集合和字典却是常数级的，与问题规模几乎无关。在所有内置数据类型中，列表的功能最强大，但开销也最大，运行速度最慢，应慎重使用。作为建议，应优先考虑使用集合和字典，元组次之，最后考虑列表和字符串。

(9) 充分利用关系运算符以及逻辑运算符 and 和 or 的惰性求值特点，合理组织条件表达式中多个条件的先后顺序，减少不必要的计算。

(10) 充分利用生成器对象或类似迭代器对象的惰性计算特点，尽量避免将其转换为列表、元组等类型，这样可以减少对内存的占用，降低空间复杂度。

(11) 减少内循环中的无关计算，尽量往外层提取。

有很多成熟的工具可以检查 Python 代码的规范性，如 pep8、flake8、pylint 等。可以使用 pip 来安装 pep8 工具，然后使用命令 pep8 test. py 来检查 test. py 文件中 Python 代码的规范性。pep8 常用的可选参数有--show-source、--first、--show-pep8 等。flake8 结合了 pyflakes 和 pep8 的特点，可以检查更多的内容，优先推荐使用，使用 pip install flake8 可以直接安装，然后使用命令 flake8 test. py 检查 test. py 中代码的规范性。也可以使用 pip 安装 pylint，然后使用命令行工具 pylint 或者可视化工具 pylint-gui 来检查程序的规范性。

1.4 Anaconda3 开发环境的安装与使用

Python 的开发环境非常多，可以根据自己的使用习惯进行选择。除了 Python 官方网站提供的 IDLE 开发环境，还有 PyCharm、wingIDE、PythonWin、Eclipse＋PyDev、Eric、VS Code。另外，为了方便使用 Python，Anaconda3、Python(x,y)、zwPython 等安装包集成了大量常用的 Python 扩展库，大幅度节约了用户配置 Python 开发环境的时间。本书选择了目前在教学和科研中使用较多的 Anaconda3，但这并不是必需的，书中代码同样适用于其他开发环境。

登录网址 https://www.continuum.io/downloads 下载 Anaconda3 并安装之后，“开始”菜单中会增加图 1-1 显示的菜单，其中 Jupyter Notebook 和 Spyder 是使用较多的两个开发环境。启动 Jupyter Notebook 之后，在右上角单击 New，然后选择 Python [default](见图 1-2)进入交互式开发环境，在单元格内输入代码块后单击图 1-3 中箭头所指的按钮即可运行输入的代码并立刻得到结果。

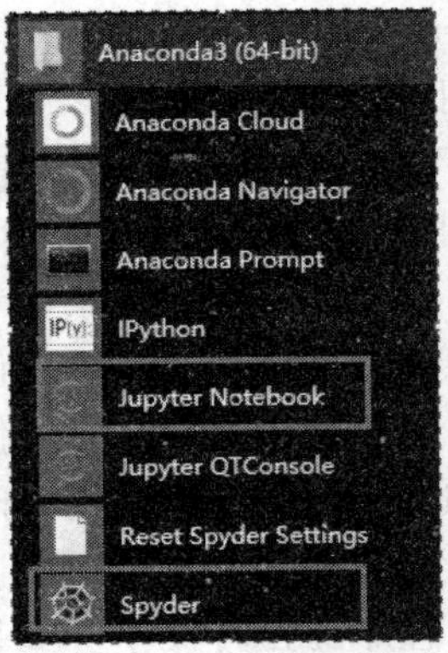

图 1-1　Anaconda3 菜单

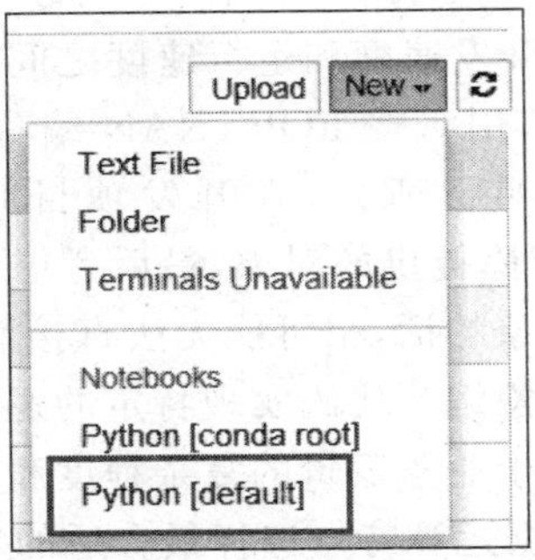

图 1-2　启动 Jupyter Notebook

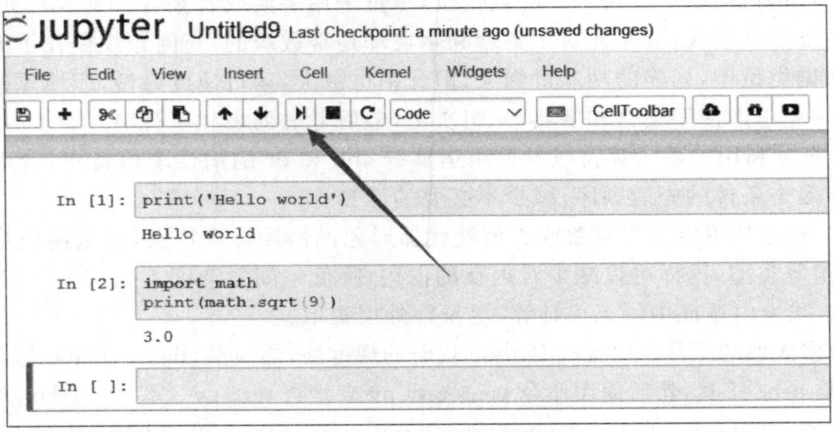

图 1-3　Jupyter Notebook 交互式编程界面

启动 Spyder 之后，可以选择使用主界面右侧的 IPython 或 Python 交互模式，也可以在主界面左侧编写程序文件并直接运行，如图 1-4 和图 1-5 所示。

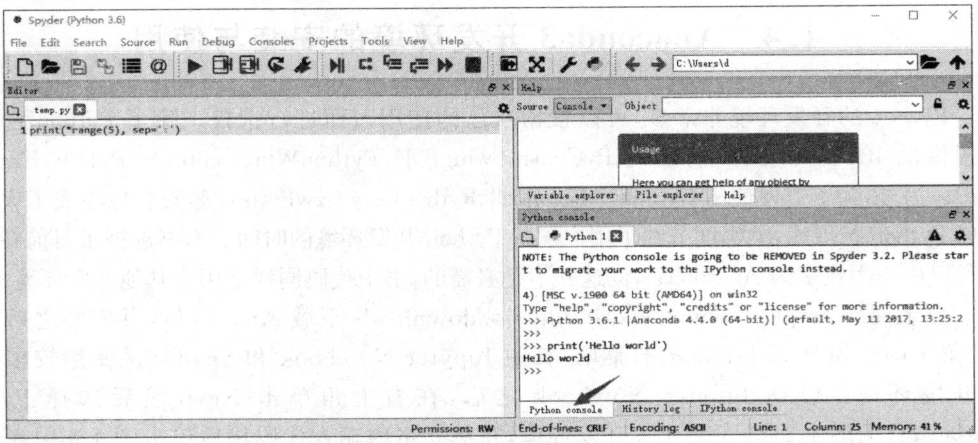

图 1-4　在 Spyder 中使用 Python 控制台交互编程环境

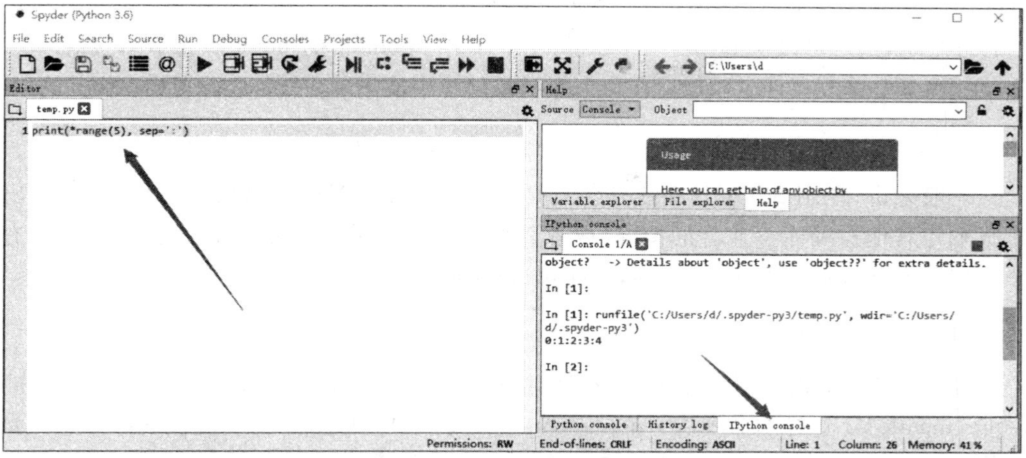

图 1-5　在 Spyder 中使用 IPython 交互编程环境，编写和运行程序文件

1.5　安装扩展库的几种方法

除了使用源码安装和二进制安装包（并不是所有扩展库都提供这种方式）以外，easy_install 和 pip 工具是管理 Python 扩展库的主要方式，其中 pip 用得更多一些。使用 pip 不仅可以查看本机已安装的 Python 扩展库列表，还支持 Python 扩展库的安装、升级和卸载等操作。使用 pip 工具管理 Python 扩展库只需要在保证计算机联网的情况下输入几个命令即可完成，极大地方便了用户。常用 pip 命令的使用方法如表 1-1 所示。

表 1-1　常用 pip 命令的使用方法

pip 命令示例	说　明
pip download SomePackage[==version]	下载扩展库的指定版本，不安装
pip freeze	以 requirements 的格式列出已安装模块
pip list	列出当前已安装的所有模块
pip install SomePackage[==version]	在线安装 SomePackage 模块的指定版本
pip install SomePackage.whl	通过 whl 文件离线安装扩展库
pip install package1 package2…	依次（在线）安装 package1、package2 等扩展模块
pip install -r requirements.txt	安装 requirements.txt 文件中指定的扩展库
pip install --upgrade SomePackage	升级 SomePackage 模块
pip uninstall SomePackage[==version]	卸载 SomePackage 模块的指定版本

在 https://pypi.python.org/pypi 中可以获得一个 Python 扩展库的综合列表，可以根据需要下载源码进行安装或者使用 pip 工具进行在线安装，也有一些扩展库还提供了.whl 文件和.exe 文件，大幅度简化了扩展库的安装过程。有些扩展库安装时要求本机

已安装相应版本的 C/C++ 编译器,或者有些扩展库暂时还没有与本机 Python 版本对应的官方版本,这时可以从 http://www.lfd.uci.edu/~gohlke/pythonlibs/下载对应的.whl 文件(注意,不要修改文件名),然后在命令提示符环境中使用 pip 命令进行安装。例如:

```
pip install pygame-1.9.2a0-cp35-none-win_amd64.whl
```

一般来讲,使用 pip 工具在线安装总是会自动选择扩展库的最新版本,但有时会出现新版本与其他扩展库不兼容的情况,或者其他扩展库依赖待安装扩展库的较低版本,有时个别扩展库升级后不稳定、有 bug,这时可以明确指定扩展库的版本号,例如:

```
pip install requests==2.12.4
```

如果需要安装的扩展库比较多,并且对版本号要求严格,可以使用类似于 pip install -r requirements.txt 这样的命令从 requirements.txt 文件中读取所需安装的扩展库信息并自动安装。这个 requirements.txt 可以手工编辑,也可以使用 `pip freeze>requirements.txt` 命令把本机已安装模块的信息快速生成为 requirements.txt 文件。在命令提示符环境中直接执行 pip 命令可以查看其他子命令,例如 wheel。然后执行 pip wheel -h 可以查看子命令的详细用法,不再赘述。

成功安装 Anaconda3 之后,也可以使用命令行工具 conda 管理 Python 扩展库,用法与 pip 类似,不再赘述。

1.6 标准库与扩展库中对象的导入与使用

Python 默认安装仅包含基本或核心模块,启动时也仅加载了基本模块,在需要时再显式地导入和加载标准库和第三方扩展库,这样可以减小程序运行的压力,并且具有很强的可扩展性。从"木桶原理"的角度来看,这样的设计与安全配置时遵循的"最小权限"原则是一致的,也有助于提高系统的安全性。

1.6.1 import 模块名 [as 别名]

使用这种方式导入以后,使用时需要在对象之前加上模块名作为前缀,必须以"模块名.对象名"的形式进行访问。如果模块名字很长的话,可以为导入的模块设置一个别名,然后使用"别名.对象名"的方式来使用其中的对象。三个大于号是交互模式的提示符,不需要输入。

```
>>> import math                          #导入标准库 math
>>> math.sin(0.5)                        #求 0.5(单位是弧度)的正弦
0.479425538604203
>>> import random                        #导入标准库 random
>>> n = random.random()                  #获得[0,1) 内的随机小数
>>> n = random.randint(1,100)            #获得[1,100]区间的随机整数
>>> n = random.randrange(1,100)          #返回[1,100)区间的随机整数
>>> import os.path as path               #导入标准库 os.path,并设置别名为 path
```

```
>>>path.isfile(r'C:\windows\notepad.exe')
True
>>>import numpy as np                 #导入扩展库 numpy,并设置别名为 np
>>>a =np.array((1,2,3,4))             #通过模块的别名来访问其中的对象
>>>a
array([1,2,3,4])
>>>print(a)
[1 2 3 4]
```

1.6.2 from 模块名 import 对象名[as 别名]

使用这种方式仅导入明确指定的对象,并且可以为导入的对象确定一个别名。这种导入方式可以减少查询次数,提高访问速度,减小打包后的文件大小,同时也可以减少程序员需要输入的代码量,不需要使用模块名作为前缀。

```
>>>from math import sin               #只导入模块中的指定对象
>>>sin(3)
0.1411200080598672
>>>from math import sin as f          #给导入的对象起个别名
>>>f(3)
0.1411200080598672
>>>from os.path import isfile         #isfile()函数测试给定路径是否为文件
>>>isfile(r'C:\windows\notepad.exe')
True
```

1.6.3 from 模块名 import *

这是上面用法的一种极端情况,可以一次导入模块中通过__all__变量指定的所有对象。

```
>>>from math import *                 #导入标准库 math 中的所有对象
>>>gcd(36,18)                         #最大公约数
18
>>>pi                                 #常数 π
3.141592653589793
>>>e                                  #常数 e
2.718281828459045
>>>log2(8)                            #计算以 2 为底的对数值
3.0
>>>log10(100)                         #计算以 10 为底的对数值
2.0
>>>radians(180)                       #把角度转换为弧度
3.141592653589793
```

这种方式简单粗暴,写起来也比较省事,可以直接使用模块中的所有对象而不需要再使用模块名作为前缀。但一般并不推荐这样使用:一方面这样会降低代码的可读性,有时很难区分自定义函数和从模块中导入的函数;另一方面,这种导入对象的方式将会导致命名空间的混乱。如果多个模块中有同名的对象,只有最后一个导入的模块中的对象是有效的,之前导入的模块中的同名对象都将无法访问,不利于代码的理解和维护。

1.7 __name__属性的作用(选讲)

除了可以在开发环境或命令提示符环境中直接运行,任何 Python 程序文件都可以作为模块导入并使用其中的对象,这也是实现代码复用的重要形式。通过 Python 程序的__name__属性可以识别程序的使用方式,每个 Python 脚本在运行时都会有一个__name__属性,如果脚本作为模块被导入,则其__name__属性的值被自动设置为模块名;如果脚本作为程序直接运行,则其__name__属性值被自动设置为字符串'__main__'。例如,假设程序 hello.py 中的代码如下:

```
def main():                                  #def 是用来定义函数的 Python 关键字
    if __name__ == '__main__':               #选择结构,识别当前的运行方式
        print('This program is run directly.')
    elif __name__ == 'hello':                #冒号、换行、缩进表示一个语句块的开始
        print('This program is used as a module.')

main()                                       #调用上面定义的函数
```

那么通过任何方式直接运行该程序时都会得到下面的结果:

```
This program is run directly.
```

而在使用 import hello 导入该模块时,得到结果如下:

```
This program is used as a module.
```

本章小结

(1) Python 是一门通用编程语言,也是一门跨平台、开源、免费的解释型高级动态编程语言。

(2) Python 程序可以伪编译成字节码,也可以打包成为二进制可执行文件。

(3) Python 支持命令式编程和函数式编程,支持面向对象程序设计。

(4) Python 2.x 已停止更新。

(5) Python 程序对缩进的要求非常高,对代码可读性要求非常高。

(6) Anaconda3 是目前数据科学领域比较流行的 Python 开发环境。

习　　题

1.1　到 Python 官方网站下载并安装 Python 解释器环境。

1.2　到 Anaconda 官方网站下载并安装最新的 Anaconda3 开发环境。

1.3　Python 程序的__name__属性的作用是什么？

第 2 章 运算符、表达式与内置对象

2.1 Python 常用内置对象

对象是 Python 中最基本的概念之一，在 Python 中一切都是对象，除了整数、实数、复数、字符串、列表、元组、字典、集合外，还有 zip、map、enumerate、filter 等对象，函数和类也是对象。常用的 Python 内置对象如表 2-1 所示。

表 2-1 常用的 Python 内置对象

对象类型	类型名称	示　　例	简要说明
数字	int, float, complex	1234, 3.14, 1.3e5, 3+4j	数字大小没有限制，内置支持复数及其运算
字符串	str	'swfu', "I 'm a student", '''Python ''', r'abc', R'bcd'	使用单引号、双引号、三引号作为定界符，以字母 r 或 R 引导的表示原始字符串
字节串	bytes	b'hello world'	以字母 b 引导，可以使用单引号、双引号、三引号作为定界符
列表	list	[1, 2, 3], ['a', 'b', ['c', 2]]	所有元素放在一对方括号中，元素之间使用逗号分隔，其中的元素可以是任意类型
字典	dict	{1:'food' ,2:'taste', 3:'import'}	所有元素放在一对大括号中，元素之间使用逗号分隔，元素形式为"键:值"
元组	tuple	(2, -5, 6), (3,)	所有元素放在一对圆括号中，元素之间使用逗号分隔，如果元组中只有一个元素的话，后面的逗号不能省略
集合	set frozenset	{'a', 'b', 'c'}	所有元素放在一对大括号中，元素之间使用逗号分隔，元素不允许重复；另外，set 是可变的，frozenset 是不可变的
布尔型	bool	True, False	逻辑值，关系运算符、成员测试运算符、同一性测试运算符组成的表达式的值为 True 或 False
空类型	NoneType	None	空值

续表

对象类型	类型名称	示　　例	简要说明
异常	Exception ValueError TypeError ⋮		Python 内置大量异常类，分别对应不同类型的异常
文件		f = open('data.dat', 'rb')	open 是 Python 的内置函数，使用指定的模式打开文件，返回文件对象
其他可迭代对象		生成器对象、range 对象、zip 对象、enumerate 对象、map 对象、filter 对象等	具有惰性求值的特点
编程单元		函数（使用 def 定义） 类（使用 class 定义） 模块（类型为 module）	类和函数都属于可调用对象，模块用来集中存放函数、类、常量或其他对象

2.1.1 常量与变量

在表 2-1 中，第 3 列的示例除了最后 4 行之外，其他都是合法的 Python 常量。所谓常量，一般是指不需要改变也不能改变的字面值，如一个数字 3，又如一个元组(1,2,3)，都是常量。与常量相反，变量的值是可以变化的，这一点在 Python 中更是体现得淋漓尽致。**在 Python 中，不需要事先声明变量名及其类型，直接赋值即可创建任意类型的变量。不仅变量的值是可以变化的，变量的类型也是随时可以发生改变的。**例如，下面第一条语句创建了整型变量 x，并赋值为 3。

```
>>>x =3                          #整型变量
>>>type(x)                       #内置函数 type()用来查看变量类型
< class 'int'>
>>>type(x)==int
True
>>>isinstance(x,int)             #内置函数 isinstance()用来测试变量是否为指定类型
True
```

下面的语句创建了字符串变量 x，并赋值为'Hello world. '，之前的整型变量 x 不复存在。

```
>>>x ='Hello world.'             #字符串变量
```

下面的语句创建了列表对象 x，并赋值为[1, 2, 3]，之前的字符串变量 x 也就不再存在了。这一点同样适用于元组、字典、集合和其他 Python 任意类型的对象，包括自定义类型的对象。

```
>>>x =[1,2,3]
```

Python 采用基于值的内存管理模式。赋值语句的执行过程是：首先把等号右侧表

达式的值计算出来,然后在内存中寻找一个位置把值存放进去,最后创建变量并指向这个内存地址(可以理解为给内存地址贴标签)。**Python 中的变量并不直接存储值,而是存储了值的内存地址或者引用**,这也是变量类型随时可以改变的原因。

虽然不需要在使用之前显式地声明变量及其类型,但 **Python 是一种不折不扣的强类型编程语言**,Python 解释器会根据赋值运算符右侧表达式的值来自动推断变量类型。其工作方式类似于"状态机",变量被创建以后,除非显式修改变量类型或删除变量,否则变量将一直保持之前的类型。

如果变量出现在赋值运算符或复合赋值运算符(如+=、*= 等)的左边则表示创建变量或修改变量的值,否则表示引用该变量的值,这一点同样适用于使用下标来访问列表、字典等可变序列以及自定义对象中元素的情况。例如:

```
>>>x =3                           #创建整型变量
>>>print(x**2)                    #访问变量的值
9
>>>x +=6                          #修改变量的值
>>>x =[1,2,3]                     #创建列表对象
>>>x[1]=5                         #修改列表元素值
>>>print(x)                       #输出显示整个列表
[1,5,3]
>>>print(x[2])                    #输出显示列表指定元素
3
```

在 Python 中定义变量名时,需要注意以下问题。

(1) 变量名**必须**以字母或下画线开头,但以下画线开头的变量在 Python 中有特殊含义,请参考第 6 章内容。

(2) 变量名中**不能**有空格或标点符号(括号、引号、逗号、斜线、反斜线、冒号、句号、问号等)。

(3) **不能**使用关键字作为变量名,Python 关键字的介绍请见 2.3 节。要注意的是,随着 Python 版本的变化,关键字列表可能会有所变化。

(4) **不建议**使用系统内置的模块名、类型名或函数名以及已导入的模块名及其成员名作为变量名,这会改变其类型和含义,甚至会导致其他代码无法正常执行。可以通过 dir(__builtins__)查看所有内置对象名称。

(5) 变量名对英文字母的**大小写敏感**,如 student 和 Student 是不同的变量。

2.1.2 数字

在 Python 中,内置的数字类型有整数、实数和复数,借助于标准库 fractions 中的 Fraction 对象可以实现分数及其运算,而 fractions 中的 Decimal 类则实现了更高精度的运算。

1. 内置的整数、实数与复数

Python 支持任意大的数字,具体可以大到什么程度仅受内存大小的限制。由于精度

的问题,实数运算可能会有一定的误差,**应尽量避免在实数之间直接进行相等性测试,而是应该以两者之差的绝对值是否足够小作为两个实数是否相等的依据**。在数字的算术运算表达式求值时会进行隐式的类型转换,如果存在复数则都变成复数,如果没有复数但是有实数就都变成实数,如果都是整数则不进行类型转换。

```
>>> 9999 ** 99                 #这里**是幂乘运算符,等价于内置函数 pow()
99014835352672348760226312475328262557055952889579105732432652912179483789405351
34644221768269164339325869243866777662440320016237568214004329750512088202049800
98735552703841362304669970510691243800218202840374329378800694920309791954185117
79843432959121215910629869993866990806757337472433120894242554489391091007320504
90316567892208895607329629262263058657065935949178962767563968485149009899
>>> 0.3+0.2                     #实数相加
0.5
>>> 0.4 -0.1                    #实数相减,结果稍微有点偏差
0.30000000000000004
>>> 0.4-0.1 ==0.3               #应尽量避免直接比较两个实数是否相等
False
>>> abs(0.4-0.1 -0.3)<1e-6     #也可以使用 math.isclose()函数判断
True
```

Python 内置支持复数类型及其运算,并且形式与数学上的复数完全一致。例如:

```
>>> x=3+4j                      #使用 j 或 J 表示复数虚部
>>> y=5+6j
>>> x+y                         #支持复数之间的加、减、乘、除以及幂乘等运算
(8+10j)
>>> x * y
(-9+38j)
>>> abs(x)                      #内置函数 abs()可用来计算复数的模
5.0
>>> x.imag                      #虚部
4.0
>>> x.real                      #实部
3.0
>>> x.conjugate()               #共轭复数
(3-4j)
```

Python 3.6.x 支持**在数字中间位置使用单个下画线作为分隔来提高数字的可读性**,类似于数学上使用逗号作为千位分隔符。在 Python 数字中单个下画线可以出现在中间任意位置,但不能出现在开头和结尾位置,也不能使用多个连续的下画线。

```
>>> 1_000_000                   #使用下画线对数字进行分组
1000000
>>> 1_2_3_4
1234
```

```
>>>1_2 + 3_4j
(12+34j)
>>>1_2.3_45
12.345
```

2. 分数（选讲）

Python 标准库 fractions 中的 Fraction 对象支持分数运算，还提供了用于计算最大公约数的 gcd()函数和高精度实数类 Decimal，这里重点介绍 Fraction 对象。

```
>>>from fractions import Fraction
>>>x =Fraction(3,5)             #创建分数对象
>>>y =Fraction(3,7)
>>>x
Fraction(3,5)
>>>x ** 2                       #幂运算
Fraction(9,25)
>>>x.numerator                  #查看分子
3
>>>x.denominator                #查看分母
5
>>>x +y                         #支持分数之间的四则运算，自动进行通分
Fraction(36,35)
>>>x -y
Fraction(6,35)
>>>x * y
Fraction(9,35)
>>>x / y
Fraction(7,5)
>>>x * 2                        #分数与数字之间的运算
Fraction(6,5)
>>>Fraction(3.5)                #把实数转换为分数
Fraction(7,2)
```

3. 高精度实数（选讲）

标准库 fractions 和 decimal 中提供的 Decimal 类实现了更高精度的运算。

```
>>>from fractions import Decimal
>>>1 / 9                        #内置的实数类型
0.1111111111111111
>>>Decimal(1/9)                 #高精度实数
Decimal('0.111111111111111104943205418749130330979824066162109375')
>>>1 / 3
0.3333333333333333
```

```
>>>Decimal(1/3)
Decimal('0.333333333333333314829616256247390992939472198486328125')
>>>Decimal(1/9)+Decimal(1/3)
Decimal('0.4444444444444444197728216750')
```

2.1.3 字符串与字节串

在 Python 中，没有字符常量和变量的概念，只有字符串类型的常量和变量，单个字符也是字符串。使用单引号、双引号、三单引号、三双引号作为定界符(delimiter)来表示字符串，并且不同的定界符之间可以互相嵌套。**Python 3.x 全面支持中文，统计字符串长度时中文和英文字母都作为一个字符对待，甚至可以使用中文作为变量名。**除了支持使用加号运算符连接字符串以外，Python 字符串还提供了大量的方法支持查找、替换、排版等操作。很多内置函数和标准库对象也都支持对字符串的操作，将在第 7 章进行详细介绍。这里先简单介绍一下字符串对象的创建和连接。

```
>>>x ='Hello world.'                    #使用单引号作为定界符
>>>x ="Python is a great language."     #使用双引号作为定界符
>>>x ='''Tom said,"Let's go."'''        #不同定界符之间可以互相嵌套
>>>print(x)                             #使用 print()函数输出字符串时没有最外层的引号
Tom said,"Let's go."
>>>x ='good '+'morning'                 #连接字符串
>>>x
'good morning'
>>>x ='good ''morning'                  #连接字符串,这个用法仅适用于字符串常量
>>>x
'good morning'
>>>x ='good '
>>>x =x'morning'                        #不适用于字符串变量
SyntaxError: invalid syntax
>>>x = x +'morning'                     #字符串变量与常量之间的连接可以使用加号
>>>x
'good morning'
```

Python 3.x 除了支持 Unicode 编码的 str 类型字符串之外，还支持字节串类型 bytes。**对 str 类型的字符串调用其 encode()方法进行编码得到 bytes 字节串，对 bytes 字节串调用其 decode()方法并指定正确的编码格式则得到 str 字符串。**例如：

```
>>>type('Hello world')                  #字符串类型为 str
< class 'str'>
>>>type(b'Hello world')                 #在定界符前加上字母 b 表示字节串
< class 'bytes'>
>>>'Hello world'.encode('utf-8')        #使用 UTF-8 编码格式进行编码
b'Hello world'
>>>'Hello world'.encode('gbk')          #使用 gbk 编码格式进行编码
```

```
b'Hello world'
>>>'董付国'.encode('utf-8')                     #对中文进行编码
b'\xe8\x91\xa3\xe4\xbb\x98\xe5\x9b\xbd'
>>>_.decode('utf-8')                           #一个下画线表示最后一次正确输出结果
'董付国'
>>>'董付国'.encode('gbk')
b'\xb6\xad\xb8\xb6\xb9\xfa'
>>>_.decode('gbk')                             #对 bytes 字节串进行解码
'董付国'
```

2.1.4 列表、元组、字典、集合

列表、元组、字典和集合是 Python 中常用的序列类型，很多复杂的业务逻辑最终还是由这些基本数据类型来实现。表 2-2 比较了这几种结构的区别。

表 2-2 列表、元组、字典、集合的对比

比较项	列表	元组	字典	集合
类型名称	list	tuple	dict	set
定界符	方括号[]	圆括号()	大括号{}	大括号{}
是否可变	是	否	是	是
是否有序	是	是	否	否
是否支持下标	是(使用整数序号作为下标)	是(使用整数序号作为下标)	是(使用"键"作为下标)	否
元素分隔符	逗号	逗号	逗号	逗号
对元素形式的要求	无	无	键:值	必须可哈希
对元素值的要求	无	无	"键"必须可哈希	必须可哈希
元素是否可重复	是	是	"键"不允许重复，"值"可以重复	否
元素查找速度	非常慢	很慢	非常快	非常快
新增和删除元素速度	尾部操作快，其他位置慢	不允许	快	快

下面的代码简单演示了这几种对象的创建与使用，更详细的介绍请参考第 3 章。

```
>>>x_list = [1,2,3]                            #创建列表对象
>>>x_tuple = (1,2,3)                           #创建元组对象
>>>x_dict = {'a':97,'b':98,'c':99}             #创建字典对象
>>>x_set = {1,2,3}                             #创建集合对象
>>>print(x_list[1])                            #使用下标访问指定位置的元素
2
>>>print(x_tuple[1])                           #元组也支持使用序号作为下标
2
```

```
>>>print(x_dict['a'])                    #字典对象的下标是"键"
97
>>>3 in x_set                            #成员测试
True
```

除了这几种结构之外，前面介绍的字符串也具有相似的操作，详见第 7 章。另外，Python 还提供了 map、zip、filter、enumerate、reversed 等大量迭代器对象(**迭代器对象可以理解为表示数据流的对象，每次返回一个数据**)。这些迭代器对象大多具有与 Python 序列相似的操作方法，比较大的区别在于这些迭代器对象具有惰性求值的特点，仅在需要时才给出新的元素，减少了对内存的占用，详见 2.4 节。

2.2　Python 运算符与表达式

Python 是面向对象的编程语言，**在 Python 中一切都是对象**。对象由数据和行为两部分组成，行为主要通过方法来实现，通过一些特殊方法的重写，可以实现运算符重载。运算符也是表现对象行为的一种形式，不同类的对象支持的运算符有所不同，同一种运算符作用于不同的对象时也可能会表现出不同的行为，这正是"多态"的体现。

在 Python 中，单个常量或变量可以看作最简单的表达式，使用任意运算符和函数调用连接的式子也属于表达式。

除了算术运算符、关系运算符、逻辑运算符及位运算符等常见运算符之外，Python 还支持一些特有的运算符，如成员测试运算符、集合运算符、同一性测试运算符等。使用时需注意，Python 很多运算符具有多种不同的含义，作用于不同对象时的含义并不完全相同，非常灵活。常用的 Python 运算符如表 2-3 所示，运算符优先级遵循的规则为：算术运算符的优先级最高，其次是位运算符、成员测试运算符、关系运算符、逻辑运算符等，算术运算符遵循"先乘除，后加减"的基本运算原则。虽然 Python 运算符有一套严格的优先级规则，但是强烈建议在编写复杂表达式时使用圆括号明确说明其中的逻辑来提高代码可读性。记住，**圆括号是明确和改变表达式运算顺序的利器**，在适当的位置使用圆括号可以使得表达式的含义更加明确。

表 2-3　Python 运算符

运　算　符	功 能 说 明
+	算术加法，列表、元组、字符串合并与连接，正号
-	算术减法，集合差集，相反数
*	算术乘法，序列重复
/	真除法
//	求整商，如果操作数中有实数，结果为实数形式的整数
%	求余数，字符串格式化
**	幂运算

续表

运算符	功能说明
<、<=、>、>=、==、!=	(值)大小比较,集合的包含关系比较
or	逻辑或
and	逻辑与
not	逻辑非
in、[]、.	成员测试、下标运算符、属性访问
is	对象同一性测试,即测试是否为同一个对象或内存地址是否相同
|、^、&、<<、>>、~	位或、位异或、位与、左移位、右移位、位求反
&、|、^	集合交集、并集、对称差集
@	矩阵相乘运算符

2.2.1 算术运算符

(1) +运算符除了用于算术加法以外,还可以用于列表、元组、字符串的连接,但不支持不同类型的对象之间相加或连接。

```
>>> [1,2,3]+[4,5,6]                    #连接两个列表
[1,2,3,4,5,6]
>>> (1,2,3)+(4,)                       #连接两个元组
(1,2,3,4)
>>> 'abcd'+'1234'                      #连接两个字符串
'abcd1234'
>>> 'A'+1                              #不支持字符与数字相加,抛出异常
TypeError: Can't convert 'int' object to str implicitly
>>> True +3                            #Python 内部把 True 当作 1 处理
4
>>> False +3                           #把 False 当作 0 处理
3
```

(2) *运算符除了表示算术乘法,还可用于列表、元组、字符串这几个序列类型与整数的乘法,表示序列元素的重复,生成新的序列对象。字典和集合不支持与整数的相乘,因为其中的元素是不允许重复的。

```
>>> True * 3
3
>>> False * 3
0
>>> [1,2,3] * 3
[1,2,3,1,2,3,1,2,3]
>>> (1,2,3) * 3
```

```
(1,2,3,1,2,3,1,2,3)
>>>'abc' * 3
'abcabcabc'
```

(3) 运算符/和//在 Python 中分别表示算术除法和算术求整商(floor division)。

```
>>>3 / 2                        #数学意义上的除法
1.5
>>>15 // 4                      #如果两个操作数都是整数,结果为整数
3
>>>15.0 // 4                    #如果操作数中有实数,结果为实数形式的整数值
3.0
>>>-15 // 4                     #向下取整
-4
```

(4) %运算符可以用于整数或实数的求余数运算(结果符号与除数相同),还可以用于字符串格式化,但是并不推荐这种用法,关于字符串格式化的详细介绍请参考第 7 章。

```
>>>789 %23                      #余数
7
>>>123.45 %3.2                  #可以对实数进行余数运算,注意精度问题
1.849999999999996
>>>'%c,%d' % (65,65)            #把 65 分别格式化为字符和整数
'A,65'
>>>-17 %4                       #-17-(-17//4*4)=3
3
```

(5) **运算符表示幂乘,等价于内置函数 pow()。例如:

```
>>>3 ** 2                       #3 的 2 次方,等价于 pow(3,2)
9
>>>pow(3,2,8)                   #等价于(3**2)%8
1
>>>9 ** 0.5                     #9 的 0.5 次方,即 9 的平方根
3.0
>>>(-9) ** 0.5                  #可以计算负数的平方根
(1.8369701987210297e-16+3j)
```

2.2.2 关系运算符

Python 关系运算符可以连用,其含义与人们日常的理解完全一致。使用关系运算符的一个最重要的前提是,**操作数之间必须可比较大小**。例如,把一个字符串和一个数字进行大小比较是毫无意义的,所以 Python 也不支持这样的运算。

```
>>>1 <3 <5                      #等价于 1<3 and 3<5
True
```

```
>>>3 <5 >2
True
>>>1 >6 <8
False
>>>1 >6 <math.sqrt(9)                #具有惰性求值或者逻辑短路的特点
False
>>>1 <6 <math.sqrt(9)                #还没有导入 math 模块,抛出异常
NameError: name 'math' is not defined
>>>import math
>>>1 <6 <math.sqrt(9)
False
>>>'Hello' >'world'                  #比较字符串的大小
False
>>> [1,2,3] <[1,2,4]                 #比较列表的大小
True
>>>'Hello' >3                        #字符串和数字不能比较
TypeError: unorderable types: str()>int()
>>>{1,2,3} <{1,2,3,4}                #测试是否子集
True
>>>{1,2,3} =={3,2,1}                 #测试两个集合是否相等
True
>>>{1,2,4} >{1,2,3}                  #集合之间的包含测试
False
>>>{1,2,4} <{1,2,3}
False
>>>{1,2,4} =={1,2,3}
False
```

2.2.3 成员测试运算符 in 与同一性测试运算符 is(选讲)

成员测试运算符 in 用于成员测试,即测试一个对象是否为另一个对象的元素。

```
>>>3 in [1,2,3]                      #测试 3 是否存在于列表[1,2,3]中
True
>>>5 in range(1,10,1)                #range()是用来生成指定范围数字的内置函数
True
>>>'abc' in 'abcdefg'                #子字符串测试
True
>>>for i in (3,5,7):                 #循环,成员遍历
    print(i,end='\t')
3   5   7
```

同一性测试运算符(identity comparison)is 用来测试两个对象是否同一个,如果是则返回 True,否则返回 False。**如果两个对象是同一个,两者具有相同的内存地址。**

```
>>>3 is 3
True
>>>x =[300,300,300]
>>>x[0] is x[1]                    #基于值的内存管理,同一个值在内存中只有一份
True
>>>x =[1,2,3]
>>>y =[1,2,3]
>>>x is y                          #上面形式创建的 x 和 y 不是同一个列表对象
False
>>>x[0] is y[0]
True
>>>x.append(4)                     #不影响列表 y 的值
>>>x
[1,2,3,4]
>>>y
[1,2,3]
>>>x =y                            #x 和 y 指向同一个对象
>>>x is y
True
>>>x.append(4)                     #对 x 进行操作会对 y 造成同样的影响
>>>x
[1,2,3,4]
>>>y
[1,2,3,4]
```

2.2.4 位运算符与集合运算符(选讲)

位运算符只能用于整数,其内部执行过程为:**首先将整数转换为二进制数,然后右对齐,必要时左侧补 0,按位进行运算,最后再把计算结果转换为十进制数字返回**。位与运算规则为 1&1=1、1&0=0&1=0&0=0,位或运算规则为 1|1=1|0=0|1=1、0|0=0,位异或运算规则为 1^1=0^0=0、1^0=0^1=1。另外,左移位时右侧补 0,每左移一位相当于乘以 2;右移位时左侧补 0,每右移一位相当于整除以 2。

```
>>>3 <<2                           #把 3 左移 2 位
12
>>>3 & 7                           #位与运算
3
>>>3 | 8                           #位或运算
11
>>>3 ^ 5                           #位异或运算
6
```

集合的交集、并集、对称差集等运算借助于位运算符来实现,差集则使用减号运算符实现(注意,并集运算符不是加号)。

```
>>>{1,2,3} | {3,4,5}                    #并集,自动去除重复元素
{1,2,3,4,5}
>>>{1,2,3} & {3,4,5}                    #交集
{3}
>>>{1,2,3} ^ {3,4,5}                    #对称差集
{1,2,4,5}
>>>{1,2,3} -{3,4,5}                     #差集
{1,2}
```

2.2.5 逻辑运算符

逻辑运算符 and、or、not 常用来连接条件表达式构成更加复杂的条件表达式,**并且 and 和 or 具有惰性求值或逻辑短路的特点,当连接多个表达式时只计算必须要计算的值**。例如,表达式 exp1 and exp2 等价于 exp1 if not exp1 else exp2,而表达式 exp1 or exp2 则等价于 exp1 if exp1 else exp2。在编写复杂条件表达式时充分利用这个特点,合理安排不同条件的先后顺序,在一定程度上可以提高代码的运行速度。另外要注意的是,**运算符 and 和 or 并不一定会返回 True 或 False,而是得到最后一个被计算的表达式的值**,但是运算符 not 一定会返回 True 或 False。

```
>>>3>5 and a>3                          #注意,此时并没有定义变量 a
False
>>>3>5 or a>3                           #3>5 的值为 False,所以需要计算后面的表达式
NameError: name 'a' is not defined
>>>3<5 or a>3                           #3<5 的值为 True,不需要计算后面的表达式
True
>>>3 and 5                              #最后一个计算的表达式的值作为整个表达式的值
5
>>>3 and 5>2
True
>>>3 not in [1,2,3]                     #逻辑非运算 not
False
>>>3 is not 5                           #not 的计算结果只能是 True 或 False
True
>>>not 3
False
>>>not 0
True
```

2.2.6 矩阵乘法运算符@(选讲)

从 Python 3.5 开始增加了一个新的矩阵相乘运算符@,不过由于 Python 没有内置的矩阵类型,所以该运算符常与扩展库 numpy 一起使用。另外,@符号还可以用来表示修饰器的用法,详见 5.1.2 节。

```
>>>import numpy                        #numpy是用于科学计算的Python扩展库
>>>x = numpy.ones(3)                   #ones()函数用于生成全1矩阵,参数表示矩阵大小
>>>m = numpy.eye(3) * 3                #eye()函数用于生成单位矩阵
>>>m[0,2] = 5                          #设置矩阵指定位置上元素的值
>>>m[2,0] = 3
>>>x @ m                               #矩阵相乘
array([ 6., 3., 8.])
```

2.2.7 补充说明

除了表2-3中列出的运算符之外,Python还有赋值运算符=和+=、-=、*=、/=、//=、**=、|=、^=等大量复合赋值运算符。例如,x += 3在语法上等价(注意,在功能细节上可能会稍有区别,请参考3.1.4节)于x = x+3,其他复合赋值运算符与此类似,不再赘述。

Python不支持++和--运算符,虽然在形式上有时似乎可以这样用,但实际上是另外的含义,要注意和其他语言的区别。Python 3.8新增了赋值运算符":="。

```
>>>i =3
>>>++i                                 #正正得正,等价于+(+i)
3
>>>+(+3)                               #与++i等价
3
>>>i++                                 #Python不支持++运算符,语法错误
SyntaxError: invalid syntax
>>>--i                                 #负负得正,等价于-(-i)
3
>>>---i                                #等价于-(-(-i))
-3
>>>i--                                 #Python不支持--运算符,语法错误
SyntaxError: invalid syntax
>>>-----(3+5)                          #奇数个负号,相等于一个
-8
>>>3--5                                #等价于3-(-5)
8
>>>3+-5                                #等价于3+(-5)
-2
>>>3-+5
-2
```

2.3 Python关键字简要说明

Python关键字只允许用来表达特定的语义,不允许通过任何方式改变它们的含义,也不能用来作为变量名、函数名或类名等标识符。在Python开发环境中导入模块keyword之后,可以使用print(keyword.kwlist)查看所有关键字,Python关键字的含义如表2-4所示。

表 2-4 Python 关键字的含义

关键字	含 义
False	常量,逻辑假
None	常量,空值
True	常量,逻辑真
and	逻辑与运算符
as	在 import、with 或 except 语句中给对象起别名
assert	断言,用来确认某个条件必须满足,可用来帮助调试程序
break	用在循环中,提前结束 break 所在层次的循环
class	用来定义类
continue	用在循环中,提前结束本次循环
def	用来定义函数
del	用来删除对象或对象成员
elif	用在选择结构中,表示 else if 的意思
else	可以用在选择结构、循环结构和异常处理结构中
except	用在异常处理结构中,用来捕获特定类型的异常
finally	用在异常处理结构中,用来表示不论是否发生异常都会执行的代码
for	构造 for 循环,用来迭代序列或可迭代对象中的所有元素
from	明确指定从哪个模块中导入什么对象,如 from math import sin;还可以与 yield 一起构成 yield 表达式
global	定义或声明全局变量
if	用在选择结构中
import	用来导入模块或模块中的对象
in	成员测试
is	同一性测试
lambda	用来定义 lambda 表达式,类似于函数
nonlocal	用来声明 nonlocal 变量
not	逻辑非运算
or	逻辑或运算
pass	空语句,执行该语句时什么都不做,常用作占位符
raise	用来显式抛出异常

续表

关键字	含　义
return	在函数中用来返回值，如果没有指定返回值，表示返回空值 None
try	在异常处理结构中用来限定可能会引发异常的代码块
while	用来构造 while 循环结构，只要条件表达式等价于 True 就重复执行限定的代码块
with	上下文管理，具有自动管理资源的功能
yield	在生成器函数中用来返回值

2.4　Python 常用内置函数用法精要

内置函数(built-in functions，BIF)是 Python 内置对象类型之一，不需要额外导入任何模块即可直接使用，这些内置对象都封装在内置模块__builtins__之中，用 C 语言实现并且进行了大量优化，具有非常快的运行速度，推荐优先使用。使用内置函数 dir()可以查看所有内置函数和内置对象：

```
>>>dir(__builtins__)
```

使用 help(函数名)可以查看某个函数的用法。另外，也可以不导入模块而直接使用 help(模块名)查看该模块的帮助文档，如 help('math')。常用内置函数及其功能简要说明如表 2-5 所示，其中方括号内的参数可以省略。

表 2-5　Python 常用内置函数及其功能简要说明

函　数	功能简要说明
abs(x)	返回数字 x 的绝对值或复数 x 的模
all(iterable)	如果可迭代对象 iterable 中所有元素 x 都等价于 True，也就是对于所有元素 x 都有 bool(x)等于 True，则返回 True。对于空的可迭代对象也返回 True
any(iterable)	只要可迭代对象 iterable 中存在元素 x 使得 bool(x)为 True，则返回 True。对于空的可迭代对象，返回 False
ascii(obj)	把对象转换为 ASCII 码表示形式，必要的时候使用转义字符来表示特定的字符
bin(x)	把整数 x 转换为二进制串表示形式
bool(x)	返回与 x 等价的布尔值 True 或 False
bytes(x)	生成字节串，或把指定对象 x 转换为字节串表示形式
callable(obj)	测试对象 obj 是否可调用。类、类方法、对象方法、lambda 表达式和函数是可调用的，包含__call__()方法的类的对象也是可调用的
complex(real, [imag])	返回复数
chr(x)	返回 Unicode 编码为 x 的字符

续表

函　　数	功能简要说明
dir(obj)	返回指定对象或模块 obj 的成员列表,如果不带参数则返回当前作用域内的所有标识符
divmod(x, y)	返回包含整商和余数的元组(x//y, x%y)
enumerate(iterable[,start])	返回包含元素形式为(start, iterable[0]), (start+1, iterable[1]), (start+2, iterable[2]), …的迭代器对象,start 表示索引的起始值,默认为 0
eval(s[, globals[, locals]])	计算并返回字符串 s 中表达式的值
exec(x)	执行代码或代码对象 x
exit()	退出当前解释器环境
filter(func, seq)	返回 filter 对象,其中包含序列 seq 中使得单参数函数 func 返回值为 True 的那些元素,如果函数 func 为 None 则返回包含 seq 中等价于 True 的元素的 filter 对象
float(x)	把整数或字符串 x 转换为浮点数并返回
frozenset([x])	创建不可变的集合对象
globals()	返回包含当前作用域内全局变量及其值的字典
hash(x)	返回对象 x 的哈希值,如果 x 不可哈希则抛出异常
help(obj)	返回对象 obj 的帮助信息
hex(x)	把整数 x 转换为十六进制串
id(obj)	返回对象 obj 的标识(内存地址)
input([prompt])	显示提示信息,接收键盘输入的内容,返回字符串
int(x[, base])	返回实数(float)、分数(Fraction)或高精度实数(Decimal)x 的整数部分,或把 base 进制的字符串 x 转换为十进制并返回,base 默认为十进制
isinstance(obj, class-or-type-or-tuple)	测试对象 obj 是否属于指定类型(如果有多个类型的话需要放到元组中)的实例
len(obj)	返回对象 obj 包含的元素个数,适用于列表、元组、集合、字典、字符串以及 range 对象,不适用于具有惰性求值特点的生成器对象和 map、zip 等迭代器对象
list([x])、set([x])、tuple([x])、dict([x])	把对象 x 转换为列表、集合、元组或字典并返回,或生成空列表、空集合、空元组、空字典
locals()	返回包含当前作用域内局部变量及其值的字典
map(func, *iterables)	返回包含若干函数值的 map 对象,函数 func 的参数分别来自于 iterables 指定的一个或多个迭代对象中对应位置上的元素
max(…)、min(…)	返回多个值中或者包含有限个元素的可迭代对象中所有元素的最大值、最小值,要求所有元素之间可比较大小,允许指定排序规则,参数为可迭代对象时还允许指定默认值

续表

函　　数	功能简要说明
next(iterator[, default])	返回迭代器对象 x 中的下一个元素，允许指定迭代结束之后继续迭代时返回的默认值
oct(x)	把整数 x 转换为八进制串
open(fn[, mode])	以指定模式 mode 打开文件 fn 并返回文件对象，更多参数见 9.1 节
ord(x)	返回一个字符 x 的 Unicode 编码
pow(x, y, z=None)	返回 x 的 y 次方，等价于 x**y 或(x**y) % z
print(value, …, sep=' ', end='\n', file=sys.stdout, flush=False)	基本输出函数，默认输出到屏幕，相邻数据使用空格分隔，以换行符结束所有数据的输出
quit()	退出当前解释器环境
range([start,]stop[,step])	返回 range 对象，其中包含左闭右开区间[start,stop)内以 step 为步长的整数
reduce(func, sequence[, initial])	将双参数函数 func 以迭代的方式从左到右依次应用至序列 seq 中的每个元素，并把中间计算结果作为下一次计算的第一个操作数，最终返回单个值作为结果。在 Python 2.x 中该函数为内置函数，在 Python 3.x 中需要从 functools 中导入 reduce 函数再使用
reversed(seq)	返回 seq(可以是列表、元组、字符串、range 等对象)中所有元素逆序后的迭代器对象，不适用于具有惰性求值特点的生成器对象和 map、zip 等迭代器对象
round(x [, ndigits])	对 x 进行四舍五入，若不指定小数位数 ndigits，则返回整数
sorted(iterable, key=None, reverse=False)	返回排序后的列表，其中 iterable 表示要排序的可迭代对象，key 用来指定排序规则，reverse 用来指定升序或降序，默认值 False 表示升序
str(obj)	把对象 obj 直接转换为字符串
sum(x, start=0)	返回可迭代对象 x 中所有元素之和，指定 start 时返回 start+sum(x)
type(obj)	返回对象 obj 的类型
zip(seq1 [, seq2 […]])	返回 zip 对象，其中元素为(seq1[i], seq2[i], …)形式的元组，最终结果中包含的元素个数取决于所有参数可迭代对象中最短的那个

内置函数数量众多且功能强大，很难一下子全部解释清楚，下面先简单介绍其中一部分，后面的章节将根据内容组织的需要逐步展开和演示更多函数及更加巧妙的用法。遇到不熟悉的函数可以通过内置函数 help()查看使用帮助。另外，在编写程序时应优先考虑使用内置函数，因为内置函数不仅成熟、稳定，而且速度相对较快。

2.4.1　类型转换与类型判断

(1) 内置函数 bin()、oct()、hex()用来将整数转换为二进制、八进制和十六进制形式，这 3 个函数都要求**参数必须为整数(不限进制)**。

```
>>>bin(555)                          #把数字转换为二进制串
```

```
'0b1000101011'
>>>oct(555)                         #转换为八进制串
'0o1053'
>>>hex(555)                         #转换为十六进制串
'0x22b'
```

内置函数 int()用来将其他形式的数字转换为整数,参数可以为整数、实数、分数或合法的数字字符串,当参数为数字字符串时,还允许指定第二个参数 base 用来说明数字字符串的进制。其中,base 的取值应为 0 或 2～36 的整数,其中 0 表示按数字字符串隐含的进制进行转换。

```
>>>int(-3.2)                        #把实数转换为整数
-3
>>>from fractions import Fraction,Decimal
>>>x =Fraction(7,3)
>>>x
Fraction(7,3)
>>>int(x)                           #把分数转换为整数
2
>>>x =Decimal(10/3)
>>>x
Decimal('3.333333333333333481363069950020872056484222412109375')
>>>int(x)                           #把高精度实数转换为整数
3
>>>int('0x22b',16)                  #把十六进制数转换为十进制数
555
>>>int('22b',16)                    #与上一行代码等价
555
>>>int(bin(54321),2)                #二进制与十进制之间的转换
54321
>>>int('0b111')                     #非十进制字符串,必须指定第二个参数
ValueError: invalid literal for int() with base 10: '0b111'
>>>int('0b111',0)                   #第二个参数 0 表示使用字符串隐含的进制
7
>>>int('0b111',6)                   #第二个参数应与隐含的进制一致
ValueError: invalid literal for int() with base 6: '0b111'
>>>int('0b111',2)
7
>>>int('111',6)                     #字符串没有隐含进制
                                    #第二个参数可以为 2～36 之间的数字
43
```

内置函数 float()用来将其他类型数据转换为实数,complex()可以用来生成复数。

```
>>>float(3)                         #把整数转换为实数
```

```
3.0
>>> float('3.5')                  #把数字字符串转换为实数
3.5
>>> float('inf')                  #无穷大,其中 inf 不区分大小写
inf
>>> complex(3)                    #指定实部
(3+0j)
>>> complex(3,5)                  #指定实部和虚部
(3+5j)
>>> complex('inf')                #无穷大
(inf+0j)
>>> float('nan')                  #非数字,not a number 的缩写
nan
>>> complex('nan')
(nan+0j)
>>> nan = float('nan')
>>> nan == float('nan')           #无法比较大小
False
>>> nan >= float('nan')
False
>>> nan <= float('nan')
False
```

(2) ord()和 chr()是一对功能相反的函数,ord()用来返回单个字符的 Unicode 码,而 chr()则用来返回 Unicode 编码对应的字符,str()则直接将其任意类型参数转换为字符串。

```
>>> ord('a')                      #查看指定字符的 Unicode 编码
97
>>> chr(65)                       #返回数字 65 对应的字符
'A'
>>> chr(ord('A')+1)               #Python 不允许字符串和数字之间的加法操作
'B'
>>> chr(ord('国')+1)              #支持中文
'图'
>>> ord('董')                     #这个用法仅适用于 Python 3.x
33891
>>> ord('付')
20184
>>> ord('国')
22269
>>> ''.join(map(chr, (33891,20184,22269)))
'董付国'
>>> str(1234)                     #直接变成字符串
'1234'
```

```
>>>str([1,2,3])
'[1,2,3]'
>>>str((1,2,3))
'(1,2,3)'
>>>str({1,2,3})
'{1,2,3}'
```

内置类 ascii 可以把对象转换为 ASCII 码表示形式,必要时使用转义字符来表示特定的字符。

```
>>>ascii('a')
"'a'"
>>>ascii('董付国')
"'\\u8463\\u4ed8\\u56fd'"
>>>eval(_)                              #对字符串进行求值
'董付国'
```

内置类 bytes 用来生成字节串,或者把指定对象转换为特定编码的字节串。

```
>>>bytes()                              #生成空字节串
b''
>>>bytes(3)                             #生成长度为 3 的字节串
b'\x00\x00\x00'
>>>bytes('董付国','utf-8')              #把字符串转换为字节串
b'\xe8\x91\xa3\xe4\xbb\x98\xe5\x9b\xbd'
>>>bytes('董付国','gbk')                #可以指定不同的编码格式
b'\xb6\xad\xb8\xb6\xb9\xfa'
>>>str(_,'gbk')                         #使用同样的编码格式进行解码
'董付国'
>>>'董付国'.encode('gbk')               #等价于使用 bytes()进行转换
b'\xb6\xad\xb8\xb6\xb9\xfa'
>>>_.decode('gbk')                      #等价于使用 str()进行转换
'董付国'
>>>x ='董付国'.encode()
>>>list(x)                              #把字节串转换为列表
[232,145,163,228,187,152,229,155,189]
>>>bytes(_)                             #把整数列表转换为字节串
b'\xe8\x91\xa3\xe4\xbb\x98\xe5\x9b\xbd'
>>>_.decode()
'董付国'
```

(3) list()、tuple()、dict()、set()、frozenset()用来把其他类型的数据转换成为列表、元组、字典、可变集合和不可变集合,或者创建空列表、空元组、空字典和空集合。

```
>>>list(range(5))                       #把 range 对象转换为列表
[0,1,2,3,4]
```

```
>>> tuple(_)                            #一个下画线表示上一次正确的输出结果
(0,1,2,3,4)
>>> dict(zip('1234','abcde'))           #创建字典
{'1': 'a','2': 'b','3': 'c','4': 'd'}
>>> set('1112234')                      #创建集合,自动去除重复,不需要考虑元素顺序
{'4','2','3','1'}
>>> _.add('5')
>>> _
{'2','1','3','4','5'}
>>> frozenset('1112234')                #创建不可变集合,自动去除重复
frozenset({'2','1','3','4'})
>>> _.add('5')                          #不可变集合 frozenset 不支持元素添加与删除
AttributeError: 'frozenset' object has no attribute 'add'
```

(4) 内置函数 type()和 isinstance()可以用来判断数据类型,常用来对函数参数进行检查,可以避免错误的参数类型导致代码崩溃或返回意料之外的结果。

```
>>> type(3)                             #查看 3 的类型
<class 'int'>
>>> type([3])                           #查看[3]的类型
<class 'list'>
>>> type({3}) in (list,tuple,dict)      #判断{3}是否为 list、tuple 或 dict 类型的实例
False
>>> type({3}) in (list,tuple,dict,set)
                                        #判断{3}是否为 list、tuple、dict 或 set 的实例
True
>>> isinstance(3,int)                   #判断 3 是否为 int 类型的实例
True
>>> isinstance(3j,int)
False
>>> isinstance(3j,(int,float,complex))
                                        #判断 3 是否为 int、float 或 complex 类型的实例
True
```

2.4.2 最值与求和

max()、min()、sum()这 3 个内置函数分别用于计算列表、元组或其他包含有限个元素的可迭代对象中所有元素最大值、最小值以及所有元素之和。sum()默认(可以通过 start 参数来改变)支持包含数值型元素的可迭代对象,max()和 min()则要求可迭代对象中的元素之间可比较大小。

```
>>> from random import randint
>>> a = [randint(1,100) for i in range(10)]      #包含 10 个[1,100]之间随机数的列表
>>> print(max(a),min(a),sum(a))                   #最大值、最小值、所有元素之和
```

```
>>> sum(a)/len(a)                     #平均值
```

函数 max()和 min()还支持 default 参数和 key 参数,其中 default 参数用来指定可迭代对象为空时默认返回的最大值或最小值,而 key 参数用来指定比较大小的依据或规则,可以是函数或 lambda 表达式或其他类型的可调用对象。函数 sum()还支持 start 参数,用来控制求和的初始值。

```
>>> max(['2','111'])                  #不指定排序规则
'2'
>>> max(['2','111'],key=len)          #返回最长的字符串
'111'
>>> print(max([],default=None))       #对空列表求最大值,返回空值 None
None
>>> from random import randint
>>> lst = [[randint(1,50) for i in range(5)] for j in range(30)]
                                      #列表推导式,生成包含 30 个子列表的列表
                                      #每个子列表中包含 5 个介于[1,50]区间的整数
>>> max(*lst,key=sum)                 #返回元素之和最大的子列表,略去结果
>>> max(lst,key=sum)                  #与上面的代码等价,这是 max()的另一个用法
>>> max(lst,key=lambda x: x[1])       #所有子列表中第 2 个元素最大的子列表
>>> sum(range(1,11))                  #sum()函数的 start 参数默认为 0
55
>>> sum(range(1,11),5)                #指定 start 参数为 5
                                      #等价于 5+sum(range(1,11))
60
>>> sum([[1,2],[3],[4]],[])           #这个操作占用空间较大,慎用
[1,2,3,4]
>>> sum(2**i for i in range(200))     #等比数列前 n 项的和,1+2+4+8+…+2^199
1606938044258990275541962092341162602522202993782792835301375
>>> int('1' * 200,2)                  #等价于上一行代码,但速度快很多
1606938044258990275541962092341162602522202993782792835301375
>>> int('1' * 200,7)                  #比值 q 为 2～36 之间的整数时,都可以这样做
1743639715219059529169816601969468943303198091695038943325023347339187627904043
7086290637691515606750488442080420910523623438633906139318646917923778899694224
39576020000
>>> sum(range(101))                   #101 个人开会,互相握手次数,不重复握手
5050
>>> 101*100 // 2                      #每个人都与其他所有人握手,但不重复握手
5050
```

2.4.3 基本输入输出

input()和 print()是 Python 的基本输入输出函数,前者用来接收用户的键盘输入,后者用来把数据以指定的格式输出到标准控制台或指定的文件对象。不论用户输入什么

内容，input()一律作为字符串对待，必要时可以使用内置函数 int()、float()或 eval()对用户输入的内容进行类型转换。

```
>>>x =input('Please input: ')
Please input: 345
>>>x
'345'
>>>type(x)                          #把用户的输入作为字符串对待
<class 'str'>
>>>int(x)                           #转换为整数
345
>>>eval(x)                          #对字符串求值，或类型转换
345
>>>x =input('Please input: ')
Please input: [1,2,3]
>>>x
'[1,2,3]'
>>>type(x)
<class 'str'>
>>>eval(x)
[1,2,3]
>>>x =input('Please input:')        #不论用户输入什么，都作为一个字符串来对待
Please input:'hello world'
>>>x                                #如果本来就想输入字符串，就不用再输入引号了
"'hello world'"
>>>eval(x)
'hello world'
```

内置函数 print()用于输出信息到标准控制台或指定文件，语法格式为

```
print(value1,value2,…,sep=' ',end='\n',file=sys.stdout,flush=False)
```

其中，sep 参数之前为需要输出的内容(可以有多个)；sep 参数用于指定数据之间的分隔符，默认为空格；file 参数用于指定输出位置，默认为标准控制台，也可以重定向输出到文件。例如：

```
>>>print(1,3,5,7,sep='\t')          #修改默认分隔符
1   3   5   7
>>>for i in range(10):              #修改 end 参数，每个输出之后不换行
    print(i,end=' ')
0 1 2 3 4 5 6 7 8 9
>>>with open('test.txt','a+') as fp:
    print('Hello world! ',file=fp)  #重定向，将内容输出到文件中
```

2.4.4 排序与逆序

sorted()对列表、元组、字典、集合或其他可迭代对象进行排序并返回新列表，

reversed()对可迭代对象(生成器对象和具有惰性求值特性的 zip、map、filter、enumerate 等类似对象除外)进行翻转(首尾交换)并返回可迭代的 reversed 对象。

```
>>> x = list(range(11))
>>> import random
>>> random.shuffle(x)                    #随机打乱顺序
>>> x
[2,4,0,6,10,7,8,3,9,1,5]
>>> sorted(x)                            #以默认规则排序
[0,1,2,3,4,5,6,7,8,9,10]
>>> sorted(x,key=lambda item:len(str(item)),reverse=True)
                                         #按转换成字符串以后的长度降序排列
[10,2,4,0,6,7,8,3,9,1,5]
>>> sorted(x,key=str)                    #按转换成字符串以后的大小升序排列
[0,1,10,2,3,4,5,6,7,8,9]
>>> x                                    #不影响原来列表的元素顺序
[2,4,0,6,10,7,8,3,9,1,5]
>>> x = ['aaaa','bc','d','b','ba']
>>> sorted(x,key=lambda item: (len(item),item))  #lambda 表达式见 5.4 节
                                                 #先按长度排序,长度一样的正常排序
['b','d','ba','bc','aaaa']
>>> reversed(x)                                  #逆序,返回 reversed 对象
<list_reverseiterator object at 0x0000000003089E48>
>>> list(reversed(x))                            #reversed 对象是可迭代的
[5,1,9,3,8,7,10,6,0,4,2]
```

2.4.5 枚举

enumerate()函数用来枚举可迭代对象中的元素,返回可迭代的 enumerate 对象,其中每个元素都是包含索引和值的元组。

```
>>> list(enumerate('abcd'))                      #枚举字符串中的元素
[(0,'a'),(1,'b'),(2,'c'),(3,'d')]
>>> list(enumerate(['Python','Greate']))         #枚举列表中的元素
[(0,'Python'),(1,'Greate')]
>>> list(enumerate({'a':97,'b':98,'c':99}.items()))  #枚举字典中的元素
[(0,('c',99)),(1,('a',97)),(2,('b',98))]
>>> for index,value in enumerate(range(10,15)):  #枚举 range 对象中的元素
    print((index,value),end=' ')
(0,10) (1,11) (2,12) (3,13) (4,14)
```

内置函数 enumerate()还支持一个 start 参数,用来指定枚举时的计数起始值。

```
>>> for item in enumerate(range(5),6):           #计数从 6 开始
    print(item,end=',')
```

```
(6,0),(7,1),(8,2),(9,3),(10,4),
```

2.4.6 map()、reduce()、filter()

map()、reduce()、filter()是 Python 中很常用的几个函数，也是 Python 支持函数式编程的重要体现。要注意的是，在 Python 3.x 中，reduce()不是内置函数，而是放到了标准库 functools 中，需要先导入再使用。

函数式编程把问题分解为一系列的函数操作，数据依次流入和流出一系列函数，最终完成预定任务和目标。在理想状态下，每个函数只是接收输入并在简单处理后产生输出，这些输出完全取决于输入和函数指定的操作并且仅通过函数返回值来体现，不会引入或造成任何副作用（例如，输入和一些内部状态共同决定输出、修改输入的数据、把一些数据和状态输出到屏幕或文件等）。函数式编程具有很多优点，如容易构建一个数学模型来证明程序的正确性，程序更加模块化，容易调试和测试，代码复用率高，等等。

内置函数 map()把一个函数 func 依次映射到可迭代对象的每个元素上，并返回一个可迭代的 map 对象作为结果，map 对象中每个元素是原可迭代对象中元素经过函数 func 处理后的结果，map()函数不对原可迭代对象做任何修改。

```
>>> list(map(str,range(5)))                  #把列表中的元素转换为字符串
['0','1','2','3','4']
>>> def add5(v):                             #单参数函数，见第 5 章
    return v+5
>>> list(map(add5,range(10)))          #把单参数函数映射到一个可迭代对象的所有元素
[5,6,7,8,9,10,11,12,13,14]
>>> def add(x,y):                            #可以接收 2 个参数的函数
    return x+y
>>> list(map(add,range(5),range(5,10)))      #把双参数函数映射到两个可迭代对象上
[5,7,9,11,13]
>>> list(map(lambda x,y: x+y,range(5),range(5,10)))
[5,7,9,11,13]
>>> def myMap(lst,value):                    #自定义函数，见第 5 章
    return map(lambda item: item+value,lst)
>>> list(myMap(range(5),5))                  #每个数字加 5
[5,6,7,8,9]
>>> list(myMap(range(5),8))                  #每个数字加 8
[8,9,10,11,12]
>>> def myMap(iterable,op,value):            #自定义函数
    if op not in '+-*/':                     #实现可迭代对象与数字的四则运算
        return 'Error operator'
    func =lambda i:eval(repr(i)+op+repr(value))
    return map(func,iterable)
>>> list(myMap(range(5),'+',5))
[5,6,7,8,9]
```

```
>>> list(myMap(range(5),'-',5))
[-5,-4,-3,-2,-1]
>>> list(myMap(range(5),'*',5))
[0,5,10,15,20]
>>> list(myMap(range(5),'/',5))
[0.0,0.2,0.4,0.6,0.8]
>>> import random
>>> x = random.randint(1,1e30)                #生成指定范围内的随机整数
>>> x
839746558215897242220046223150
>>> list(map(int,str(x)))                     #提取大整数每位上的数字
[8,3,9,7,4,6,5,5,8,2,1,5,8,9,7,2,4,2,2,2,0,0,4,6,2,2,3,1,5,0]
```

标准库 functools 中的函数 reduce()可以将一个接收两个参数的函数以迭代累积的方式从左到右依次作用到一个可迭代对象的所有元素上,并且允许指定一个初始值。例如,reduce(lambda x, y: x+y, [1, 2, 3, 4, 5])计算过程为((((1+2)+3)+4)+5),第一次计算时 x 为 1 而 y 为 2,再次计算时 x 的值为(1+2)而 y 的值为 3,再次计算时 x 的值为((1+2)+3)而 y 的值为 4,以此类推,最终完成计算并返回((((1+2)+3)+4)+5)的值。

```
>>> from functools import reduce
>>> seq = list(range(1,10))                   #也可以不用转换为列表
>>> reduce(add,seq)                           #add 是上一段代码中定义的函数
45
>>> reduce(lambda x,y: x+y,seq)               #使用 lambda 表达式实现相同功能
45
```

上面实现数字累加的代码运行过程如图 2-1 所示。

```
>>> import operator                           #标准库 operator 提供了大量运算
>>> operator.add(3,5)                         #可以像普通函数一样直接调用
8
>>> reduce(operator.add,seq)                  #使用 add 运算
45
>>> reduce(operator.add,seq,5)                #指定累加的初始值为 5
50
>>> reduce(operator.mul,seq)                  #乘法运算
362880
>>> reduce(operator.mul,range(1,6))           #5 的阶乘
120
>>> reduce(operator.add,map(str,seq))         #转换成字符串再累加
'123456789'
>>> ''.join(map(str,seq))                     #使用 join()方法实现字符串连接
'123456789'
>>> reduce(operator.add,[[1,2],[3]],[])       #这个操作占用空间较大,慎用
```

```
[1,2,3]
```

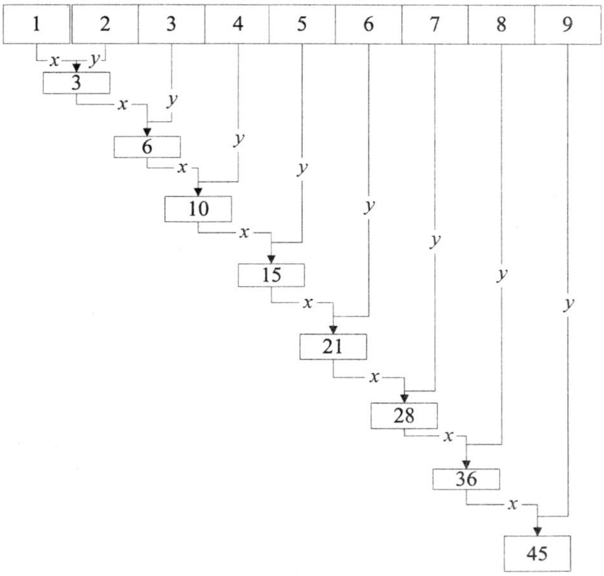

图 2-1　reduce()函数执行过程示意图

内置函数 filter()将一个单参数函数作用到一个可迭代对象上，返回该可迭代对象中使得该函数返回值等价于 True 的那些元素组成的 filter 对象，如果指定函数为 None，则返回可迭代对象中等价于 True 的元素。

```
>>> seq = ['foo','x41','?! ','***']
>>> def func(x):
    return x.isalnum()                        #测试是否为字母或数字
>>> filter(func,seq)                          #返回 filter 对象
<filter object at 0x000000000305D898>
>>> list(filter(func,seq))                    #把 filter 对象转换为列表
['foo','x41']
>>> seq                                       #不对原列表做任何修改
['foo','x41','?! ','***']
>>> [x for x in seq if x.isalnum()]           #使用列表推导式实现相同功能
['foo','x41']
>>> list(filter(lambda x: x.isalnum(),seq))   #使用 lambda 表达式实现相同功能
['foo','x41']
>>> list(filter(None,[1,2,3,0,0,4,0,5]))      #指定函数为 None
[1,2,3,4,5]
```

2.4.7 range()

range()是 Python 开发中非常常用的一个内置函数，语法格式为 range([start,]

stop [, step]),有 range(stop)、range(start, stop)和 range(start, stop, step)3 种用法。**该函数返回具有惰性求值特点的 range 对象,其中包含左闭右开区间[start,stop)内以 step 为步长的整数**。参数 start 默认为 0,step 默认为 1。

```
>>> range(5)                                    #start 默认为 0,step 默认为 1
range(0,5)
>>> list(_)
[0,1,2,3,4]
>>> list(range(1,10,2))                         #指定起始值和步长
[1,3,5,7,9]
>>> list(range(9,0,-2))                         #步长为负数时,start 应比 stop 大
[9,7,5,3,1]
```

在循环结构中经常使用 range()函数来控制循环次数,例如:

```
>>> for i in range(4):                          #循环 4 次
    print(3,end=' ')
3 3 3 3
```

当然,也可以使用 range()函数来控制数值范围。例如,下面的程序片段可以用来输出 200 以内能被 17 整除的最大正整数。

```
for i in range(200,0,-1):
      if i%17 == 0:
          print(i)
          break
```

2.4.8 zip()

zip()函数用来把多个可迭代对象中的元素压缩到一起,返回一个可迭代的 zip 对象,其中每个元素都是包含原来的多个可迭代对象对应位置上元素的元组,最终结果中包含的元素个数取决于所有参数序列或可迭代对象中最短的那个。可以这样理解这个函数,把多个可迭代对象中的所有元素左对齐,然后像拉拉链一样往右拉,把所经过的每个序列中相同位置上的元素都放到一个元组中,只要有一个可迭代对象中的所有元素都处理完了就不再拉拉链了(map()函数也具有类似的特点),返回包含若干元组的 zip 对象。

```
>>> list(zip('abcd',[1,2,3]))                   #压缩字符串和列表
[('a',1),('b',2),('c',3)]
>>> list(zip('abcd'))                           #对 1 个可迭代对象也可以压缩
[('a',),('b',),('c',),('d',)]
>>> list(zip('123','abc',',.! '))               #压缩 3 个可迭代对象
[('1','a',','),('2','b','.'),('3','c','! ')]
>>> for item in zip('abcd',range(3)):           #zip 对象是可迭代的
    print(item)
('a',0)
```

```
('b',1)
('c',2)
>>> x = zip('abcd','1234')
>>> list(x)
[('a','1'),('b','2'),('c','3'),('d','4')]
>>> list(x)                                     #zip 对象只能遍历一次
[]
```

2.4.9 eval()

内置函数 eval()用来计算字符串的值,在有些场合也可以用来实现类型转换的功能,这个用法在 2.4.1 节和 2.4.3 节出现过多次,这里不再重复。除此之外,eval()也可以对字节串进行求值,还可以执行内置函数 compile()编译生成的代码对象。

```
>>> eval(b'3+5')
8
>>> eval(compile('print(3+5)','temp.txt','exec'))     #可以 help(compile)查看帮助
8
>>> eval('9')                                   #把数字字符串转换为数字
9
>>> eval('09')                                  #抛出异常,不允许以 0 开头的数字
SyntaxError: invalid token
>>> int('09')                                   #这样转换是可以的
9
```

另外,由于 eval()并不对参数字符串进行安全性检查,如果精心构造一些语句可能会引发安全漏洞,应尽量使用标准库 ast 提供的安全求值函数 literal_eval(),见 7.4.11 节。

```
>>> eval("__import__('os').startfile(r'C:\Windows\notepad.exe')")
                                                #打开记事本程序
>>> import ast
>>> ast.literal_eval("__import__('os').startfile(r'C:\Windows\notepad.exe')")
                                                #无法执行,引发异常
ValueError: malformed node or string:<_ast.Call object at 0x00000000033E2C18>
```

2.5 精彩案例赏析

示例 2-1　用户输入一个三位自然数,计算并输出其百位、十位和个位上的数字。

解法一:

```
x = input('请输入一个三位自然数:')
x = int(x)
a = x // 100
b = x // 10 % 10
```

```
c = x %10
print(a, b, c)
```

解法二:

```
x = input('请输入一个三位自然数:')
x = int(x)
a, b = divmod(x, 100)
b, c = divmod(b, 10)
print(a, b, c)
```

解法三:

```
x = input('请输入一个三位自然数:')
a, b, c = map(int, x)
print(a, b, c)
```

示例 2-2 已知三角形的两边长及其夹角,求第三边长。

```
import math

x = input('输入两边长及夹角(度),使用空格分隔:')
a, b, theta = map(float, x.split())
c = math.sqrt(a**2 + b**2 - 2*a*b*math.cos(theta*math.pi/180))
print('c=', c)
```

示例 2-3 任意输入 3 个英文单词,按字典顺序输出。

```
s = input('x,y,z=')
x, y, z = sorted(s.split(','))
print(x, y, z)
```

本章小结

(1) Python 中一切都是对象。

(2) 在 Python 中,不需要事先声明变量名及其类型,直接赋值就可以创建任意类型的变量。

(3) 在 Python 中,不仅变量的值是可以变化的,类型也是可以随时发生变化的。

(4) Python 采用基于值的内存管理模式。

(5) Python 属于强类型编程语言。

(6) Python 变量名必须以字母、汉字或下画线开头且不能包含空格或标点符号,不能使用关键字作为变量名,不建议使用内置对象、标准库对象或扩展库对象作为变量名。

(7) Python 字符串与字节串之间可以互相转换。

(8) 圆括号是明确和改变表达式运算顺序的利器。

习　　题

2.1　表达式 int('11111', 2)的值为____________________。

2.2　表达式 chr(ord('D')+2)的值为____________________。

2.3　简单解释 Python 基于值的内存管理模式。

2.4　简单解释运算符/和//的区别。

2.5　运算符%________(可以/不可以)对浮点数进行求余数操作。

2.6　一个数字 5 ________(是/不是)合法的 Python 表达式。

2.7　判断对错：在 Python 3.x 中，内置函数 input()把用户的键盘输入一律作为字符串返回。

第 3 章 详解 Python 序列结构

Python 中常用的序列结构有列表、元组、字典、字符串、集合等(虽然有人并不主张把字典和集合看作序列,但这真的不重要)。从是否有序这个角度看,Python 序列可以分为有序序列和无序序列;从是否可变来看,Python 序列可以分为可变序列和不可变序列两大类,如图 3-1 所示。另外,生成器对象和 range、map、enumerate、filter、zip 等对象的某些用法也类似于序列,尽管这些对象更大的特点是惰性求值。**列表、元组、字符串等有序序列以及 range 对象均支持双向索引**,第一个元素下标为 0,第二个元素下标为 1,以此类推;如果使用负数作为索引,则最后一个元素下标为−1,倒数第二个元素下标为−2,以此类推。**可以使用负整数作为索引是 Python 有序序列的一大特色**,熟练掌握和运用可以大幅度提高开发效率。

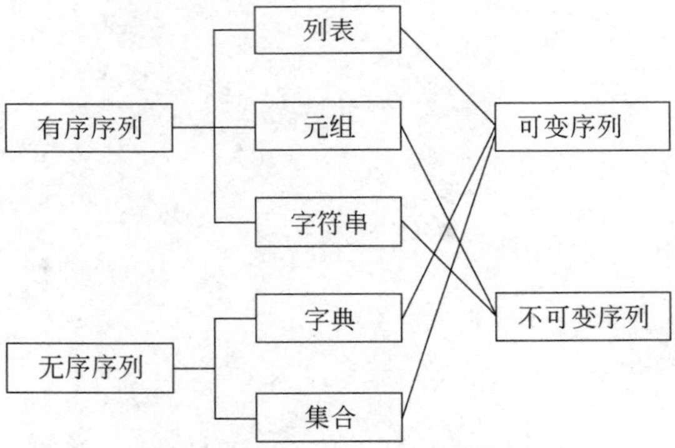

图 3-1　Python 序列分类示意图

3.1　列表:打了激素的数组

列表(list)是最重要的 Python 内置对象之一,是**包含若干元素的有序连续内存空间**。当列表增加或删除元素时,**列表对象自动进行内存的扩展或收缩**,从而**保证相邻元素之间没有缝隙**。Python 列表的这个内存自动管理功能可以大幅度减少程序员的负担,但插入和删除非尾部元素时涉及列表中大量元素的移动,会严重影响效率。另外,在非尾部位置插入和删除元素时会改变该位置后面的元素在列表中的索引,这对于某些操作可能会导致意外的错误结果。所以,除非确实有必要,否则**应尽量从列表尾部进行元素的追加与删除操作**。

在形式上,列表的所有元素放在一对方括号[]中,相邻元素之间使用逗号分隔。同一个列表中元素的数据类型可以各不相同,可以同时包含整数、实数、字符串等基本类型的元素,也可以包含列表、元组、字典、集合、函数以及其他任意对象。如果只有一对方括号而没有任何元素则表示空列表。下面几个都是合法的列表对象:

```
[10,20,30,40]
['crunchy frog','ram bladder','lark vomit']
['spam',2.0,5,[10,20]]
[['file1',200,7],['file2',260,9]]
[{3},{5:6},(1,2,3)]
```

Python 采用基于值的自动内存管理模式,变量并不直接存储值,而是存储值的引用或内存地址,这也是 python 中变量可以随时改变类型的重要原因。同理,**Python 列表中的元素也是值的引用**,所以列表中各元素可以是不同类型的数据。

需要注意的是,列表的功能虽然非常强大,但是负担也比较重,开销较大,在实际开发中,最好根据实际的问题选择一种合适的数据类型,要**尽量避免过多使用列表**。

3.1.1　列表创建与删除

使用"="直接将一个列表赋值给变量即可创建列表对象。

```
>>>a_list =['a','b','mpilgrim','z','example']
>>>a_list =[]                                    #创建空列表
```

也可以使用 list()函数把元组、range 对象、字符串、字典、集合或其他可迭代对象转换为列表。需要注意的是,把字典转换为列表时默认是将字典的"键"转换为列表,而不是把字典的元素转换为列表,如果想把字典的元素转换为列表,需要使用字典对象的 items()方法明确说明,当然也可以使用 values()来明确说明要把字典的"值"转换为列表。

```
>>>list((3,5,7,9,11))                        #将元组转换为列表
[3,5,7,9,11]
>>>list(range(1,10,2))                       #将 range 对象转换为列表
[1,3,5,7,9]
>>>list('hello world')                       #将字符串转换为列表
['h','e','l','l','o',' ','w','o','r','l','d']
>>>list({3,7,5})                             #将集合转换为列表
[3,5,7]
>>>list({'a':3,'b':9,'c':78})                #将字典的"键"转换为列表
['a','b','c']
>>>list({'a':3,'b':9,'c':78}.items())        #将字典的"键:值"对转换为列表
[('a',3),('b',9),('c',78)]
>>>x =list()                                 #创建空列表
```

当一个列表不再使用时,可以使用 del 命令将其删除,这一点适用于所有类型的

Python 对象。

```
>>>x = [1,2,3]
>>>del x                                        #删除列表对象
>>>x                                            #对象删除后无法再访问,抛出异常
NameError: name 'x' is not defined
```

3.1.2 列表元素访问

创建列表之后,可以**使用整数作为下标**来访问其中的元素,其中下标为 0 的元素表示第 1 个元素,下标为 1 的元素表示第 2 个元素,下标为 2 的元素表示第 3 个元素,以此类推;列表还支持使用负整数作为下标,其中下标为-1 的元素表示最后一个元素,下标为-2 的元素表示倒数第 2 个元素,下标为-3 的元素表示倒数第 3 个元素,以此类推,如图 3-2 所示(以列表['P', 'y', 't', 'h', 'o', 'n']为例)。

```
>>>x =list('Python')                            #创建列表对象
>>>x
['P','y','t','h','o','n']
>>>x[0]                                         #下标为 0 的元素,第一个元素
'P'
>>>x[-1]                                        #下标为-1 的元素,最后一个元素
'n'
```

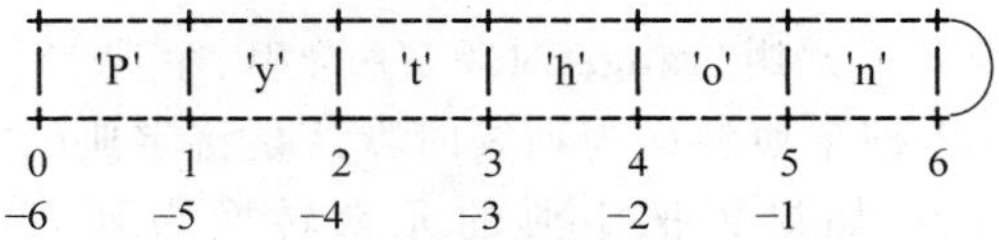

图 3-2 双向索引示意图

3.1.3 列表常用方法

列表、元组、字典、集合、字符串等 Python 序列有很多操作是通用的,不同类型的序列又有一些特有的方法或者支持某些特有的运算符和内置函数。列表对象常用的方法如表 3-1 所示。

表 3-1 列表对象常用的方法

方 法	说 明
append(x)	将 x 追加至列表尾部
extend(L)	将列表 L 中的所有元素追加至列表尾部
insert(index, x)	在列表 index 位置处插入 x,该位置后面的所有元素后移并且在列表中的索引加 1,如果 index 为正数且大于列表长度则在列表尾部追加 x,如果 index 为负数且小于列表长度的相反数则在列表头部插入元素 x

续表

方　法	说　　明
remove(x)	在列表中删除第一个值为 x 的元素，该元素之后所有元素前移并且索引减 1，如果列表中不存在 x 则抛出异常
pop([index])	删除并返回列表中下标为 index 的元素，如果不指定 index 则默认为 −1，弹出最后一个元素；如果弹出中间位置的元素则后面的元素索引减 1；如果 index 不是[−L, L)区间的整数则抛出异常，L 表示列表长度
clear()	清空列表，删除列表中的所有元素，保留列表对象
index(x)	返回列表中第一个值为 x 的元素的索引，若不存在值为 x 的元素则抛出异常
count(x)	返回 x 在列表中的出现次数
reverse()	对列表所有元素进行原地逆序，首尾交换
sort(key=None, reverse=False)	对列表中的元素进行原地排序，key 用来指定排序规则，reverse 为 False 表示升序，True 表示降序
copy()	返回列表的浅复制

1. append()、insert()、extend()

这 3 个方法都可以用于向列表对象中添加元素，其中 append()用于向列表尾部追加一个元素，insert()用于向列表任意指定位置插入一个元素，extend()用于将另一个可迭代对象中的所有元素追加至当前列表的尾部。这 3 个方法都属于**原地操作，不影响列表对象在内存中的起始地址**。对于长列表而言，使用 insert()方法在列表首部或中间位置插入元素时效率较低。如果确实需要在首部按序插入多个元素，可以先在尾部追加，然后使用 reverse()方法进行翻转，或者考虑使用标准库 collections 中的双端队列 deque 对象提供的 appendleft()方法。

```
>>>x = [1,2,3]
>>>id(x)                          #查看对象的内存地址
50159368
>>>x.append(4)                    #在尾部追加元素
>>>x.insert(0,0)                  #在指定位置插入元素
>>>x.extend([5,6,7])              #在尾部追加多个元素
>>>x
[0,1,2,3,4,5,6,7]
>>>id(x)                          #列表在内存中的地址不变
50159368
```

2. pop()、remove()、clear()

这 3 个方法用于删除列表中的元素，其中 pop()用于**删除并返回**指定位置(默认是最后一个)上的元素，如果指定的位置不是合法的索引则抛出异常，对空列表调用 pop()方

法也会抛出异常；remove()用于删除列表中第一个值与指定值相等的元素，如果列表中不存在该元素则抛出异常；clear()用于清空列表中的所有元素。这 3 个方法也属于**原地操作**，不影响列表对象的内存地址。另外，还可以使用 del 命令删除列表中指定位置的元素，这个方法同样也属于原地操作。

```
>>>x = [1,2,3,4,5,6,7]
>>>x.pop()                              #弹出并返回尾部元素
7
>>>x.pop(0)                             #弹出并返回指定位置的元素
1
>>>x.clear()                            #删除所有元素
>>>x
[]
>>>x = [1,2,1,1,2]
>>>x.remove(2)                          #删除首个值为 2 的元素
>>>del x[3]                             #删除指定位置上的元素
>>>x
[1,1,1]
```

必须强调的是，由于**列表具有内存自动收缩和扩张功能**，在列表中间位置插入或删除元素时，不仅效率较低，而且该位置后面所有元素在列表中的索引也会发生变化，必须牢牢记住这一点。

3. count()、index()

列表方法 count()用于返回列表中指定元素出现的次数；index()用于返回指定元素在列表中**首次出现**的位置，如果该元素不在列表中则抛出异常。

```
>>>x = [1,2,2,3,3,3,4,4,4,4]
>>>x.count(3)                           #元素 3 在列表 x 中的出现次数
3
>>>x.count(5)                           #不存在,返回 0
0
>>>x.index(2)                           #元素 2 在列表 x 中首次出现的索引
1
>>>x.index(5)                           #列表 x 中没有 5,抛出异常
ValueError: 5 is not in list
```

通过前面的介绍我们已经知道，列表对象的很多方法在特殊情况下会抛出异常，而一旦出现异常，整个程序就会崩溃，这是我们不希望的。为避免引发异常而导致程序崩溃，一般来说有两种方法：①使用选择结构确保列表中存在指定元素再调用有关的方法；②使用异常处理结构。下面的代码使用异常处理结构保证用户输入的是三位数，然后使用关键字 in 来测试用户输入的数字是否在列表中，如果存在则输出其索引，否则提示不存在。

```
from random import sample

lst =sample(range(100,1000),100)

while True:                               #循环结构见第 4 章
    x =input('请输入一个三位数：')
    try:                                  #异常处理结构见第 11 章
        assert len(x)==3,'长度必须为 3'
        x =int(x)
        break
    except:
        pass

if x in lst:                              #选择结构见第 4 章
    print('元素{0}在列表中的索引为：{1}'.format(x,lst.index(x)))
else:
    print('列表中不存在该元素.')
```

4. sort()、reverse()

列表对象的 sort()方法用于按照指定的规则对所有元素进行排序，默认规则是所有元素从小到大升序排序；reverse()方法用于将列表所有元素逆序或翻转，也就是第一个元素和倒数第一个元素交换位置，第二个元素和倒数第二个元素交换位置，以此类推。

```
>>>x =list(range(11))                    #包含 11 个整数的列表
>>>import random
>>>random.shuffle(x)                      #把列表 x 中的元素随机乱序
>>>x
[6,0,1,7,4,3,2,8,5,10,9]
>>>x.sort(key=lambda item:len(str(item)),reverse=True)
                                          #按转换成字符串以后的长度降序排列
>>>x                                      #长度一样的保持原来的相对顺序
[10,6,0,1,7,4,3,2,8,5,9]
>>>x.sort(key=str)                        #按转换为字符串后的大小升序排序
>>>x
[0,1,10,2,3,4,5,6,7,8,9]
>>>x.sort()                               #按默认规则排序
>>>x
[0,1,2,3,4,5,6,7,8,9,10]
>>>x.reverse()                            #把所有元素翻转或逆序
>>>x
[10,9,8,7,6,5,4,3,2,1,0]
```

列表对象的 sort()和 reverse()分别对列表进行原地排序（in-place sorting）和逆序，没有返回值。所谓“原地”，意思是用处理后的数据替换原来的数据，列表首地址不变，列表中元素原来的顺序全部丢失。

如果不想丢失原来的顺序，可以使用 2.4.4 节介绍的内置函数 sorted()和 reversed()。其中，内置函数 sorted()返回排序后的新列表，参数 key 和 reverse 的含义与列表方法 sort()完全相同；内置函数 reversed()返回一个逆序后的 reversed 对象。充分利用列表对象的 sort()方法和内置函数 sorted()的 key 参数，可以实现更加复杂的排序，以内置函数 sorted()为例：

```
>>>gameresult = [['Bob',95.0,'A'],
                 ['Alan',86.0,'C'],
                 ['Mandy',83.5,'A'],
                 ['Rob',89.3,'E']]
>>>from operator import itemgetter
>>>sorted(gameresult,key=itemgetter(2))      #按子列表第3个元素进行升序排序
[['Bob',95.0,'A'],['Mandy',83.5,'A'],['Alan',86.0,'C'],['Rob',89.3,'E']]
>>>sorted(gameresult,key=itemgetter(2,0))
                              #先按第3个元素升序并排列，再按第一个元素升序排序
[['Bob',95.0,'A'],['Mandy',83.5,'A'],['Alan',86.0,'C'],['Rob',89.3,'E']]
>>>sorted(gameresult,key=itemgetter(2,0),reverse=True)
[['Rob',89.3,'E'],['Alan',86.0,'C'],['Mandy',83.5,'A'],['Bob',95.0,'A']]
>>>list1 = ["what","I'm","sorting","by"]     #以一个列表内容为依据
>>>list2 = ["something","else","to","sort"]  #对另一个列表内容进行排序
>>>pairs = zip(list1,list2)                  #把两个列表中的对应位置元素配对
>>>[item[1] for item in sorted(pairs,key=lambda x:x[0],reverse=True)]
['something','to','sort','else']
>>>x = [[1,2,3],[2,1,4],[2,2,1]]
>>>sorted(x,key=lambda item:(item[1],-item[2]))
                                             #以第2个元素升序
                                             #第3个元素降序排序
                                             #这里的负号只适用于数值型元素
[[2,1,4],[1,2,3],[2,2,1]]
>>>x = ['aaaa','bc','d','b','ba']
>>>sorted(x,key=lambda item: (len(item),item))
                                             #先按长度排序，长度一样的正常排序
['b','d','ba','bc','aaaa']
```

5. copy()(选讲)

列表对象的 copy()方法返回列表的浅复制。**所谓浅复制，是指生成一个新的列表，并且把原列表中所有元素的引用都复制到新列表中**。如果原列表中只包含整数、实数、复数等基本类型或元组、字符串这样的不可变类型的数据，一般是没有问题的。但是，如果原列表中包含列表之类的可变数据类型，由于浅复制时只是把子列表的引用复制到新列表中，于是修改任何一个都会影响另外一个。

```
>>>x = [1,2,[3,4]]                           #原列表中包含子列表
```

```
>>> y = x.copy()                       #浅复制
>>> y                                  #两个列表中的内容看起来完全一样
[1,2,[3,4]]
>>> y[2].append(5)                     #为子列表追加元素,影响 x
>>> x[0] = 6                           #整数、实数等不可变类型不受此影响
>>> y.append(6)                        #在新列表尾部追加元素
>>> y
[1,2,[3,4,5],6]
>>> x                                  #原列表不受影响
[6,2,[3,4,5]]
```

列表对象的 copy()方法和切片操作以及标准库 copy 中的 copy()函数一样都是返回浅复制,如果想避免上面代码演示的问题,可以使用标准库 copy 中的 deepcopy()函数实现深复制。**所谓深复制,是指对原列表中的元素进行递归,把所有的值都复制到新列表中,对嵌套的子列表不再是复制引用**。这样一来,新列表和原列表是互相独立的,修改任何一个都不会影响另外一个。

```
>>> import copy
>>> x = [1,2,[3,4]]
>>> y = copy.deepcopy(x)               #深复制
>>> x[2].append(5)                     #为原列表中的子列表追加元素
>>> y.append(6)                        #在新列表尾部追加元素
>>> y
[1,2,[3,4],6]
>>> x
[1,2,[3,4,5]]
```

不论是浅复制还是深复制,与列表对象的直接赋值都是不一样的情况。下面的代码把同一个列表赋值给两个不同的变量,这两个变量是互相独立的,修改任何一个都不会影响另外一个。

```
>>> x = [1,2,[3,4]]
>>> y = [1,2,[3,4]]                    #把同一个列表对象赋值给两个变量
>>> x.append(5)
>>> x[2].append(6)                     #修改其中一个列表的子列表
>>> x
[1,2,[3,4,6],5]
>>> y                                  #不影响另外一个列表
[1,2,[3,4]]
```

下面的代码演示的是另外一种情况,**把一个列表变量赋值给另外一个变量,这样两个变量指向同一个列表对象,对其中一个做的任何修改都会立刻在另外一个变量得到体现。**

```
>>> x = [1,2,[3,4]]
>>> y = x                              #两个变量指向同一个列表
>>> x[2].append(5)
```

```
>>>x.append(6)
>>>x[0]=7
>>>x
[7,2,[3,4,5],6]
>>>y                                            #对 x 做的任何修改,y 都会受到影响
[7,2,[3,4,5],6]
```

3.1.4 列表对象支持的运算符

加法运算符+也可以实现列表增加元素的目的,但这个运算符不属于原地操作,而是返回新列表,并且涉及大量元素的复制,效率非常低。使用复合赋值运算符+=实现列表追加元素时属于原地操作,与 extend()方法一样高效。

```
>>>x=[1,2,3]
>>>id(x)
53868168
>>>x=x+[4]                                      #连接两个列表
>>>x
[1,2,3,4]
>>>id(x)                                        #内存地址发生改变
53875720
>>>x+=[5]                                       #为列表追加元素
>>>x
[1,2,3,4,5]
>>>id(x)                                        #内存地址不变
53875720
```

乘法运算符 * 可以用于列表和整数相乘,表示序列重复,返回新列表,从一定程度上来说也可以实现为列表增加元素的功能。与加法运算符一样,该运算符也适用于元组和字符串。另外,运算符*=也可以用于列表元素重复,与运算符+=一样属于原地操作。

```
>>>x =[1,2,3,4]
>>>id(x)
54497224
>>>x =x*2                                       #元素重复,返回新列表
>>>x
[1,2,3,4,1,2,3,4]
>>>id(x)                                        #地址发生改变
54603912
>>>x *=2                                        #元素重复,原地进行
>>>x
[1,2,3,4,1,2,3,4,1,2,3,4,1,2,3,4]
>>>id(x)                                        #地址不变
54603912
```

```
>>> [1,2,3]*0                                      #重复 0 次,清空
[]
```

成员测试运算符 in 可用于测试列表中是否包含某个元素,查询时间随着列表长度的增加而线性增加,而同样的操作对于集合而言则是常数级的。

```
>>> 3 in [1,2,3]
True
>>> 3 in [1,2,'3']
False
```

3.1.5 内置函数对列表的操作

除了列表对象自身方法之外,很多 Python 内置函数也可以对列表进行操作。例如,max()、min()函数用于返回列表中所有元素的最大值和最小值,sum()函数用于返回列表中所有元素之和,len()函数用于返回列表中元素的个数,zip()函数用于将多个列表中对应位置的元素重新组合为元组并返回包含这些元组的 zip 对象,enumerate()函数返回包含若干下标和值的迭代器对象,map()函数把函数映射到列表上的每个元素,filter()函数根据指定函数的返回值对列表元素进行过滤,all()函数用来测试列表中是否所有元素都等价于 True,any()函数用来测试列表中是否有等价于 True 的元素。

```
>>> x =list(range(11))                        #生成列表
>>> import random
>>> random.shuffle(x)                         #打乱列表中元素的顺序
>>> x
[0,6,10,9,8,7,4,5,2,1,3]
>>> all(x)                                    #测试是否所有元素都等价于 True
False
>>> any(x)                                    #测试是否存在等价于 True 的元素
True
>>> max(x)                                    #返回最大值
10
>>> max(x,key=str)                            #按指定规则返回最大值
9
>>> min(x)
0
>>> sum(x)                                    #所有元素之和
55
>>> len(x)                                    #列表元素个数
11
>>> list(zip(x,[1] * 11))                     #多列表元素重新组合
[(0,1),(6,1),(10,1),(9,1),(8,1),(7,1),(4,1),(5,1),(2,1),(1,1),(3,1)]
>>> list(zip(range(1,4)))                     #zip()函数也可以用于一个序列或迭代对象
[(1,),(2,),(3,)]
```

```
>>>list(zip(['a','b','c'],[1,2]))          #如果两个列表不等长,则以短的为准
[('a',1),('b',2)]
>>>enumerate(x)                            #枚举列表元素,返回 enumerate 对象
<enumerate object at 0x00000000030A9120>
>>>list(enumerate(x))                      #enumerate 对象可以转换为列表、元组、集合
[(0,0),(1,6),(2,10),(3,9),(4,8),(5,7),(6,4),(7,5),(8,2),(9,1),(10,3)]
```

3.1.6 列表推导式语法与应用案例

列表推导式(list comprehension)也称为列表解析式,可以使用非常简洁的方式对列表或其他可迭代对象的元素进行遍历、过滤或再次计算,快速生成满足特定需求的新列表,代码非常简洁,具有很强的可读性,是 Python 程序开发时应用较多的技术之一。Python 的内部实现对列表推导式做了大量优化,可以保证很快的运行速度,也是推荐使用的一种技术。列表推导式的语法形式为

```
[expression for expr1 in sequence1 if condition1
            for expr2 in sequence2 if condition2
            for expr3 in sequence3 if condition3
            ⋮
            for exprN in sequenceN if conditionN]
```

列表推导式在逻辑上等价于一个循环语句,只是形式上更加简洁。例如:

```
>>>aList =[x*x for x in range(10)]
```

相当于

```
>>>aList =[]
>>>for x in range(10):
    aList.append(x*x)
```

再如:

```
>>>freshfruit =[' banana',' loganberry ','passion fruit ']
>>>aList =[w.strip() for w in freshfruit]      #字符串方法 strip()删除两端空格
```

等价于下面的代码:

```
>>>aList =[]
>>>for item in freshfruit:
    aList.append(item.strip())
```

当然也等价于:

```
>>>aList =list(map(lambda x: x.strip(),freshfruit))
```

或

```
>>>aList =list(map(str.strip,freshfruit))
```

大家应该听过一个故事，说的是阿凡提（也有的说是阿基米德）与国王比赛下棋，国王说要是自己输了阿凡提想要什么他都可以拿得出来。阿凡提说那就要点米吧，棋盘一共 64 个小格子，在第一个格子里放 1 粒米，第二个格子里放 2 粒米，第三个格子里放 4 粒米，第四个格子里放 8 粒米。以此类推，后面每个格子里的米都是前一个格子里的 2 倍，一直把 64 个格子都放满。那么到底需要多少粒米呢？使用列表推导式再结合内置函数 sum()就很容易知道答案。

```
>>> sum([2**i for i in range(64)])
18446744073709551615
```

按一斤大米约 26 000 粒计算，为放满棋盘，需要大概 3500 亿吨大米。结果可想而知，最后国王没有办法拿出那么多米。

接下来再通过几个示例来进一步展示列表推导式的强大功能。

1. 实现嵌套列表的平铺

```
>>> vec = [[1,2,3],[4,5,6],[7,8,9]]
>>> [num for elem in vec for num in elem]
[1,2,3,4,5,6,7,8,9]
```

在这个列表推导式中有两个循环，其中第一个循环可以看作外循环，执行得慢；第二个循环可以看作内循环，执行得快。上面代码的执行过程等价于下面的写法：

```
>>> vec = [[1,2,3],[4,5,6],[7,8,9]]
>>> result = []
>>> for elem in vec:
    for num in elem:
        result.append(num)
>>> result
[1,2,3,4,5,6,7,8,9]

>>> list(chain(*vec))                    #需要先执行 from itertools import chain
[1,2,3,4,5,6,7,8,9]
```

当然，这里演示的只是一层嵌套列表的平铺，如果有多级嵌套或者不同子列表嵌套深度不同，就不能使用上面的方法了。这时，可以使用函数递归实现。

```
def flatList(lst):                       #函数定义见第 5 章
    result = []                          #存放最终结果的列表
    def nested(lst):                     #函数嵌套定义，见第 5 章
        for item in lst:
            if isinstance(item,list):
                nested(item)             #递归子列表
            else:
                result.append(item)      #扁平化列表
    nested(lst)                          #调用嵌套定义的函数
```

```
    return result                    #返回结果
```

2. 过滤不符合条件的元素

在列表推导式中可以使用 if 子句对列表中的元素进行筛选,只在结果列表中保留符合条件的元素。下面的代码可以列出当前文件夹下所有 Python 源文件:

```
>>> import os
>>> [filename for filename in os.listdir('.') if filename.endswith(('.py',
'.pyw'))]
```

下面的代码用于从列表中选择符合条件的元素组成新的列表:

```
>>> aList = [-1,-4,6,7.5,-2.3,9,-11]
>>> [i for i in aList if i>0]                        #所有大于 0 的数字
[6,7.5,9]
```

再如,已知有一个包含一些同学成绩的字典,现在需要计算所有成绩的最高分、最低分、平均分,并查找所有最高分同学,代码可以这样编写:

```
>>> scores = {'Zhang San': 45,'Li Si': 78,'Wang Wu': 40,'Zhou Liu': 96,
              'Zhao Qi': 65,'Sun Ba': 90,'Zheng Jiu': 78,'Wu Shi': 99,
              'Dong Shiyi': 60}
>>> highest = max(scores.values())                    #最高分
>>> lowest = min(scores.values())                     #最低分
>>> average = sum(scores.values())/len(scores)        #平均分
>>> highest,lowest,average
(99,40,72.33333333333333)
>>> highestPerson = [name for name,score in scores.items() if score==highest]
>>> highestPerson
['Wu Shi']
```

与上面的代码功能类似,下面的代码使用列表推导式查找列表中最大元素的所有位置:

```
>>> from random import randint
>>> x = [randint(1,10) for i in range(20)]            #20 个介于[1,10]的整数
>>> x
[10,2,3,4,5,10,10,9,2,4,10,8,2,2,9,7,6,2,5,6]
>>> m = max(x)
>>> [index for index,value in enumerate(x) if value==m]  #最大整数的所有出现位置
[0,5,6,10]
```

3. 同时遍历多个列表或可迭代对象

```
>>> [(x,y) for x in [1,2,3] for y in [3,1,4] if x!=y]
[(1,3),(1,4),(2,3),(2,1),(2,4),(3,1),(3,4)]
```

```
>>> [(x,y) for x in [1,2,3] if x==1 for y in [3,1,4] if y!=x]
[(1,3),(1,4)]
```

对于包含多个循环的列表推导式，一定要清楚多个循环的执行顺序或"嵌套关系"。例如，上面第一个列表推导式等价于

```
>>>result=[]
>>>for x in [1,2,3]:
    for y in [3,1,4]:
        if x != y:
            result.append((x,y))
>>>result
[(1,3),(1,4),(2,3),(2,1),(2,4),(3,1),(3,4)]
```

4. 使用列表推导式实现矩阵转置

```
>>>matrix = [[1,2,3,4],[5,6,7,8],[9,10,11,12]]
>>> [[row[i] for row in matrix] for i in range(4)]
[[1,5,9],[2,6,10],[3,7,11],[4,8,12]]
```

对于嵌套了列表推导式的列表推导式，一定要清楚其执行顺序。例如，上面列表推导式的执行过程等价于下面的代码。

```
>>>matrix = [[1,2,3,4],[5,6,7,8],[9,10,11,12]]
>>>result = []
>>>for i in range(len(matrix[0])):
    result.append([row[i] for row in matrix])
>>>result
[[1,5,9],[2,6,10],[3,7,11],[4,8,12]]
```

如果把内层的列表推导式也展开，完整的执行过程可以通过下面的代码来模拟：

```
>>>matrix = [ [1,2,3,4],[5,6,7,8],[9,10,11,12]]
>>>result = []
>>>for i in range(len(matrix[0])):
    temp = []
    for row in matrix:
        temp.append(row[i])
    result.append(temp)
>>>result
[[1,5,9],[2,6,10],[3,7,11],[4,8,12]]
```

当然，也可以使用内置函数 zip()和 list()来实现矩阵转置：

```
>>>list(map(list,zip(*matrix)))
[[1,5,9],[2,6,10],[3,7,11],[4,8,12]]
```

5. 列表推导式中可以使用函数或复杂表达式

```
>>>def f(v):
    if v%2 == 0:
        v = v**2
    else:
        v = v+1
    return v
>>>print([f(v) for v in [2,3,4,-1] if v>0])
[4,4,16]
>>>print([v**2 if v%2==0 else v+1 for v in [2,3,4,-1] if v>0])
[4,4,16]
```

6. 列表推导式支持文件对象迭代

```
>>>with open('C:\\RHDSetup.log','r') as fp:          #为节约篇幅,略去输出结果
    print([line for line in fp])
```

7. 使用列表推导式生成 100 以内的所有素数

```
>>> [p for p in range(2,100) if 0 not in [p%d for d in range(2,int(sqrt(p))+1)]]
[2,3,5,7,11,13,17,19,23,29,31,37,41,43,47,53,59,61,67,71,73,79,83,89,97]
```

3.1.7 切片操作的强大功能

切片是 Python 序列的重要操作之一,除了适用于列表之外,还适用于元组、字符串、range 对象,但列表的切片操作具有最强大的功能。不仅可以使用切片来截取列表中的任何部分得到一个新列表,也可以通过切片来修改和删除列表中部分元素,甚至可以通过切片操作为列表对象增加元素。

在形式上,切片使用 2 个冒号分隔的 3 个数字来完成。

```
[start:stop:step]
```

其中,3 个数字的含义与内置函数 range(start, stop, step)完全一致,第一个数字 start 表示切片开始的位置,默认为 0;第二个数字 stop 表示切片截止(但不包含)的位置(默认为列表长度);第三个数字 step 表示切片的步长(默认为 1)。当 start 为 0 时可以省略,当 stop 为列表长度时可以省略,当 step 为 1 时可以省略,省略步长时还可以同时省略最后一个冒号。另外,当 step 为负整数时,表示反向切片,这时 start 应该在 stop 的右侧才行。

1. 使用切片获取列表的部分元素

使用切片可以返回列表中部分元素组成的新列表。与使用索引作为下标访问列表元素的方法不同,**切片操作不会因为下标越界而抛出异常**,而是简单地在列表尾部截断或者

返回一个空列表，代码具有更强的健壮性。

```
>>> aList = [3,4,5,6,7,9,11,13,15,17]
>>> aList[::]                            #返回包含原列表中所有元素的新列表
[3,4,5,6,7,9,11,13,15,17]
>>> aList[::-1]                          #返回包含原列表中所有元素的逆序列表
[17,15,13,11,9,7,6,5,4,3]
>>> aList[::2]                           #隔一个取一个，获取偶数位置的元素
[3,5,7,11,15]
>>> aList[1::2]                          #隔一个取一个，获取奇数位置的元素
[4,6,9,13,17]
>>> aList[3:6]                           #指定切片的开始和结束位置
[6,7,9]
>>> aList[0:100]                         #切片结束位置大于列表长度时，从列表尾部截断
[3,4,5,6,7,9,11,13,15,17]
>>> aList[100]                           #抛出异常，不允许越界访问
IndexError: list index out of range
>>> aList[100:]                          #切片开始位置大于列表长度时，返回空列表
[]
>>> aList[-15:3]                         #进行必要的截断处理
[3,4,5]
>>> len(aList)
10
>>> aList[3:-10:-1]                      #位置3在位置-10的右侧，-1表示反向切片
[6,5,4]
>>> aList[3:-5]                          #位置3在位置-5的左侧，正向切片
[6,7]
```

2. 使用切片为列表增加元素（选讲）

可以使用切片操作在列表任意位置插入新元素，不影响列表对象的内存地址，属于原地操作。

```
>>> aList = [3,5,7]
>>> aList[len(aList):]
[]
>>> aList[len(aList):] = [9]             #在列表尾部增加元素
>>> aList[:0] = [1,2]                    #在列表头部插入多个元素
>>> aList[3:3] = [4]                     #在列表中间位置插入元素
>>> aList
[1,2,3,4,5,7,9]
```

3. 使用切片替换和修改列表中的元素（选讲）

```
>>> aList = [3,5,7,9]
```

```
>>>aList[:3] = [1,2,3]                  #替换列表元素,等号两边的列表长度相等
>>>aList
[1,2,3,9]
>>>aList[3:] = [4,5,6]                  #切片连续,等号两边的列表长度可以不相等
>>>aList
[1,2,3,4,5,6]
>>>aList[::2] = [0] * 3                 #隔一个修改一个
>>>aList
[0,2,0,4,0,6]
>>>aList[::2] = ['a','b','c']           #隔一个修改一个
>>>aList
['a',2,'b',4,'c',6]
>>>aList[1::2] = range(3)               #序列解包的用法,见 3.5 节
>>>aList
['a',0,'b',1,'c',2]
>>>aList[1::2] = map(lambda x: x!=5,range(3))
>>>aList
['a',True,'b',True,'c',True]
>>>aList[1::2] = zip('abc',range(3))  #map、filter、zip 对象都支持这样的用法
>>>aList
['a',('a',0),'b',('b',1),'c',('c',2)]
>>>aList[::2] = [1]                     #切片不连续时等号两边列表的长度必须相等
ValueError: attempt to assign sequence of size 1 to extended slice of size 3
```

4. 使用切片删除列表中的元素(选讲)

```
>>>aList = [3,5,7,9]
>>>aList[:3] = []                       #删除列表中前 3 个元素
>>>aList
[9]
```

另外,也可以使用 del 命令与切片结合来删除列表中的部分元素,并且切片元素可以不连续。

```
>>>aList = [3,5,7,9,11]
>>>del aList[:3]                        #切片元素连续
>>>aList
[9,11]
>>>aList = [3,5,7,9,11]
>>>del aList[::2]                       #切片元素不连续,隔一个删一个
>>>aList
[5,9]
```

5. 切片得到的是列表的浅复制

在 3.1.3 节介绍列表对象的 copy()方法时曾经提到,切片返回的是列表元素的浅复

制，与列表对象的直接赋值并不一样，和 3.1.3 节介绍的深复制也有本质的不同。

```
>>>aList = [3,5,7]
>>>bList = aList[::]                 #切片,浅复制
>>>aList == bList                    #两个列表的值相等
True
>>>aList is bList                    #浅复制,不是同一个对象
False
>>>id(aList) == id(bList)            #两个列表对象的地址不相等
False
>>>id(aList[0]) == id(bList[0])      #相同的值在内存中只有一份
True
>>>bList[1]=8                        #修改 bList 列表元素的值不会影响 aList
>>>bList                             #bList 的值发生改变
[3,8,7]
>>>aList                             #aList 的值没有发生改变
[3,5,7]
>>>x = [[1],[2],[3]]                 #如果列表中包含列表或其他可变序列
>>>y = x[:]                          #情况会复杂一些
>>>y
[[1],[2],[3]]
>>>y[0] = [4]                        #直接修改 y 中下标为 0 的元素值,不影响 x
>>>y
[[4],[2],[3]]
>>>y[1].append(5)                    #通过列表对象的方法原地增加元素
>>>y
[[4],[2,5],[3]]
>>>x                                 #列表 x 也受到同样的影响
[[1],[2,5],[3]]
```

3.2　元组：轻量级列表

3.2.1　元组创建与元素访问

列表的功能虽然很强大，但负担也很重，在很大程度上影响了运行效率。有时并不需要那么多功能，很希望能有个轻量级的列表，元组(tuple)正是这样一种类型。在形式上，元组的所有元素放在一对圆括号中，元素之间使用逗号分隔，**如果元组中只有一个元素则必须在最后增加一个逗号**。

```
>>>x = (1,2,3)                       #直接把元组赋值给一个变量
>>>type(x)                           #使用 type()函数查看变量的类型
<class 'tuple'>
>>>x[0]                              #元组支持使用下标访问特定位置的元素
1
```

```
>>>x[-1]                                #最后一个元素,元组支持双向索引
3
>>>x[1]=4                               #元组是不可变的
TypeError: 'tuple' object does not support item assignment
>>>x = (3)                              #这和 x=3 是一样的
>>>x
3
>>>x = (3,)                             #如果元组中只有一个元素,必须在后面多写一个逗号
>>>x
(3,)
>>>x = ()                               #空元组
>>>x =tuple()                           #空元组
>>>tuple(range(5))                      #将其他迭代对象转换为元组
(0,1,2,3,4)
```

除了上面的方法可以直接创建元组之外,很多内置函数的返回值也是包含了若干元组的可迭代对象,如 enumerate()、zip()等。

```
>>>list(enumerate(range(5)))
[(0,0),(1,1),(2,2),(3,3),(4,4)]
>>>list(zip(range(3),'abcdefg'))
[(0,'a'),(1,'b'),(2,'c')]
```

3.2.2 元组与列表的异同点

列表和元组都属于有序序列,都支持使用双向索引访问其中的元素,以及使用 count()方法统计元素的出现次数和 index()方法获取元素的索引,len()、map()、filter()等大量内置函数和+、*、+=、in 等运算符也都可以作用于列表和元组。虽然列表和元组有着一定的相似之处,但在本质上和内部实现上都有着很大的不同。

元组属于不可变(immutable)序列,不可以直接修改元组中元素的值,也无法为元组增加或删除元素。所以,元组没有提供 append()、extend()和 insert()等方法,无法向元组中添加元素;同样,元组也没有 remove()和 pop()方法,也不支持对元组元素进行 del 操作,不能从元组中删除元素,只能使用 del 命令删除整个元组。元组也支持切片操作,但是只能通过切片来访问元组中的元素,不允许使用切片来修改元组中元素的值,也不支持使用切片操作来为元组增加或删除元素。从一定程度上讲,可以认为元组是轻量级的列表,或者"常量列表"。

Python 的内部实现对元组做了大量优化,访问速度比列表更快。如果定义了一系列常量值,主要用途仅是对它们进行遍历或其他类似用途,不需要对其元素进行任何修改,那么一般建议使用元组而不用列表。元组在内部实现上不允许修改其元素值,从而使得代码更加安全。例如,调用函数时使用元组传递参数可以防止在函数中修改元组,使用列表则很难保证这一点。

最后,作为不可变序列,与整数、字符串一样,元组可用作字典的键,也可以作为集合

的元素。**列表永远都不能当作字典键使用,也不能作为集合中的元素**,因为列表是可变的。内置函数 hash()可以用来测试一个对象是否可哈希。一般来说,并不需要关心该函数的返回值具体是什么,重点是对象是否可哈希,如果对象不可哈希会抛出异常。

```
>>>hash((1,))                              #元组、数字、字符串都是可哈希的
3430019387558
>>>hash(3)
3
>>>hash('hello world.')                    #不用关心具体的值
-4012655148192931880
>>>hash([1,2])                             #列表不可哈希
TypeError: unhashable type: 'list'
```

3.2.3 生成器推导式

生成器推导式也称为生成器表达式(generator expression),用法与列表推导式非常相似,在形式上生成器推导式使用圆括号(parentheses)作为定界符,而不是列表推导式所使用的方括号(square brackets)。与列表推导式最大的不同是,**生成器推导式的结果是一个生成器对象**。生成器对象属于迭代器对象,具有惰性求值的特点,只在需要时生成新元素,比列表推导式具有更高的效率,空间占用非常少,尤其适合大数据处理的场合。

使用生成器对象的元素时,可以将其转化为列表或元组,也可以使用生成器对象的__next__()方法或者内置函数 next()进行遍历,或者直接使用 for 循环来遍历其中的元素。但是不管用哪种形式,只能从前往后正向访问其中的元素,**没有任何方法可以再次访问已访问过的元素,也不支持使用下标直接访问其中任意位置的元素**。当所有元素访问结束以后,如果需要重新访问其中的元素,必须重新创建该生成器对象。enumerate、filter、map、zip 等对象也具有同样的特点。最后,包含 yield 语句的函数也可以用来创建生成器对象,详见第 5 章。

```
>>>g = ((i+2)**2 for i in range(10))   #创建生成器对象
>>>g
<generator object<genexpr>at 0x0000000003095200>
>>>tuple(g)                             #将生成器对象转换为元组
(4,9,16,25,36,49,64,81,100,121)
>>>list(g)                              #生成器对象已遍历结束,没有元素了
[]
>>>g = ((i+2)**2 for i in range(10))   #重新创建生成器对象
>>>g.__next__()                         #使用生成器对象的__next__()方法获取元素
4
>>>g.__next__()                         #获取下一个元素
9
>>>next(g)                              #使用函数 next()获取生成器对象中的元素
16
```

```
>>>g = ((i+2)**2 for i in range(10))
>>>for item in g:                              #使用循环直接遍历生成器对象中的元素
    print(item,end=' ')
4 9 16 25 36 49 64 81 100 121
>>>x = filter(None,range(20))                  #filter 对象也具有类似的特点
>>>1 in x
True
>>>5 in x
True
>>>2 in x                                      #不可再次访问已访问过的元素
False
>>>x = map(str,range(20))                      #map 对象也具有类似的特点
>>>'0' in x
True
>>>'0' in x                                    #不可再次访问已访问过的元素
False
```

3.3 字典:反映对应关系的映射类型

字典(dict)是包含若干"键:值"元素的**无序可变**序列,字典中的每个元素包含用冒号分隔开的"键"和"值"两部分,表示一种映射或对应关系,也称为关联数组。定义字典时,每个元素的"键"和"值"之间用冒号分隔,不同元素之间用逗号分隔,所有的元素放在一对大括号"{}"中。

字典中元素的"键"可以是 Python 中任意不可变数据,如整数、实数、复数、字符串、元组等类型的可哈希数据,但不能使用列表、集合、字典或其他可变类型作为字典的"键"。另外,**字典中的"键"不允许重复**,"值"是可以重复的。**字典在内部维护的哈希表使得检索操作非常快**。使用内置字典类型 dict 时不要太在乎元素的先后顺序,如果确实在乎元素顺序可以使用 collections 的 OrderedDict 类。值得一提的是,在 Python 3.6 中又对内置类型 dict 进行了优化,比 Python 3.5.x 大概能节约 20%～25%的内存空间。

3.3.1 字典创建与删除

使用赋值运算符"="将一个字典赋值给一个变量即可创建一个字典变量。

```
>>>aDict = {'server': 'db.diveintopython3.org','database': 'mysql'}
```

也可以使用内置类 dict 以不同形式创建字典,在第 2 章曾经介绍过这种用法,实际上是调用了 dict 类的构造方法。

```
>>>x = dict()                                  #空字典
>>>x = {}                                      #空字典
>>>keys = ['a','b','c','d']
>>>values = [1,2,3,4]
```

```
>>> dictionary =dict(zip(keys,values)) #根据已有数据创建字典
>>> d = dict(name='Dong',age=39)       #以关键参数的形式创建字典
>>> aDict = dict.fromkeys(['name','age','sex'])
                                       #以给定内容为"键"
                                       #创建"值"为空的字典,也可以指定具体的值
>>> aDict
{'name': None,'age': None,'sex': None}
```

与其他类型的对象一样,当不再需要时,可以直接删除字典,不再赘述。

3.3.2 字典元素的访问

字典中的每个元素表示一种映射关系或对应关系,根据提供的"键"作为下标可以访问对应的"值",如果字典中不存在这个"键"会抛出异常。

```
>>> aDict={'age': 39,'score': [98,97],'name': 'Dong','sex': 'male'}
>>> aDict['age']                       #指定的"键"存在,返回对应的"值"
39
>>> aDict['address']                   #指定的"键"不存在,抛出异常
KeyError: 'address'
```

为了避免程序运行时引发异常而导致崩溃,在使用下标的方式访问字典元素时,最好配合条件判断或者异常处理结构。

```
>>> aDict ={'age': 39,'score': [98,97],'name': 'Dong','sex': 'male'}
>>> if 'Age' in aDict:                 #首先判断字典中是否存在指定的"键"
    print(aDict['Age'])
else:                                  #else 在逻辑上和上面的 if 是对齐的
    print('Not Exists.')

Not Exists.
>>> try:                               #使用异常处理结构
    print(aDict['address'])
except:                                #except 在逻辑上和上面的 try 是对齐的
      print('Not Exists.')

Not Exists.
```

字典对象提供了一个 get()方法用来返回指定"键"对应的"值",并且允许指定该键不存在时返回特定的"值"。例如:

```
>>> aDict.get('age')                   #如果字典中存在该"键"则返回对应的"值"
39
>>> aDict.get('address','Not Exists.') #指定的"键"不存在时返回指定的默认值
'Not Exists.'
>>> import string
```

```
>>>import random
>>>x =string.ascii_letters+string.digits
>>>z =''.join((random.choice(x) for i in range(1000))) #生成 1000 个随机字符
>>>d =dict()
>>>for ch in z:                                      #遍历字符串,统计频次
    d[ch]=d.get(ch,0)+1
>>>for k,v in sorted(d.items()):                     #查看统计结果
    print(k,':',v)
```

字典对象的 setdefault()方法用于返回指定"键"对应的"值",如果字典中不存在该"键",就添加一个新元素并设置该"键"对应的"值"(默认为 None)。

```
>>>aDict.setdefault('address','SDIBT') #增加新元素
'SDIBT'
>>>aDict
{'age': 39,'score': [98,97],'name': 'Dong','address': 'SDIBT','sex': 'male'}
```

对字典对象直接进行迭代或者遍历时默认是遍历字典的"键",如果需要遍历字典的元素必须使用字典对象的 items()方法明确说明,如果需要遍历字典的"值"则必须使用字典对象的 values()方法明确说明。当使用 len()、max()、min()、sum()、sorted()、enumerate()、map()、filter()等内置函数以及成员测试运算符 in 对字典对象进行操作时,也遵循同样的约定。

```
>>>aDict ={'age': 39,'score': [98,97],'name': 'Dong','sex': 'male'}
>>>for item in aDict:                               #默认遍历字典的"键"
    print(item,end=' ')
age score name sex
>>>for item in aDict.items():                       #明确指定遍历字典的元素
    print(item,end=' ')
('age',39) ('score',[98,97]) ('name','Dong') ('sex','male')
>>>aDict.items()
dict_items([('age',37),('score',[98,97]),('name','Dong'),('sex','male')])
>>>aDict.keys()
dict_keys(['age','score','name','sex'])
>>>aDict.values()
dict_values([37,[98,97],'Dong','male'])
```

3.3.3 元素的添加、修改与删除

当以指定"键"为下标为字典元素赋值时,有两种含义:①若该"键"存在,表示修改该"键"对应的值;②若该"键"不存在表示添加一个新的"键:值"对,也就是添加一个新元素。

```
>>>aDict ={'age': 35,'name': 'Dong','sex': 'male'}
>>>aDict['age']=39                                  #修改元素值
>>>aDict['address']='SDIBT'                         #添加新元素
```

```
>>>aDict                                #使用字典时并不需要太在意元素的顺序
{'age': 39,'name': 'Dong','sex': 'male','address': 'SDIBT'}
```

使用字典对象的 update()方法可以将另一个字典的"键:值"一次性全部添加到当前字典对象，如果两个字典中存在相同的"键"，则以另一个字典中的"值"为准对当前字典进行更新。

```
>>>aDict ={'age': 37,'score': [98,97],'name': 'Dong','sex': 'male'}
>>>aDict.update({'a':97,'age':39})      #修改'age'键的值，同时添加新元素'a':97
>>>aDict
{''age': 39,score': [98,97],'name': 'Dong','sex': 'male','a': 97}
```

字典对象的 setdefault()方法也可以用来为字典添加新元素，3.3.2 节中已经介绍了该方法的用法。如果需要删除字典中指定的元素，可以使用 del 命令。

```
>>>del aDict['age']                     #删除字典元素
>>>aDict
{'score': [98,97],'name': 'Dong','sex': 'male','a': 97}
```

字典对象的 pop()和 popitem()方法可以弹出并删除指定的元素。

```
>>>aDict ={'age': 37,'score': [98,97],'name': 'Dong','sex': 'male'}
>>>aDict.popitem()                      #弹出一个元素，对空字典会抛出异常
('sex','male')
>>>aDict.pop('age')                     #弹出指定键对应的元素
37
>>>aDict
{'score': [98,97],'name': 'Dong'}
```

字典对象的 clear()方法用于清空字典对象中的所有元素；copy()方法返回字典对象的浅复制，关于浅复制的介绍请参考 3.1.3 节的介绍。

3.3.4 标准库 collections 中与字典有关的类

Python 标准库中提供了很多扩展功能，大幅度提高了开发效率。这里主要介绍 collections 中 OrderedDict 类、defaultdict 类和 Counter 类，deque、namedtuple 以及其他更多的类将在后面章节中介绍。

1. OrderedDict 类(选讲)

内置字典 dict 在 Python 3.5 之前是无序的(3.6 之后可以看作是有序的)，如果需要一个可以严格记住元素插入顺序的字典，可以使用 collections. OrderedDict。

```
>>>import collections
>>>x =collections.OrderedDict()         #有序字典
>>>x['a'] =3
>>>x['b'] =5
```

```
>>>x['c'] =8
>>>x
OrderedDict([('a',3),('b',5),('c',8)])
```

2. defaultdict 类(选讲)

3.3.2 节中字母出现频次统计的问题，也可以使用 collections 模块的 defaultdict 类来实现。

```
>>>import string
>>>import random
>>>x =string.ascii_letters +string.digits +string.punctuation
>>>z =''.join([random.choice(x) for i in range(1000)])
>>>from collections import defaultdict
>>>frequences =defaultdict(int)              #所有值默认为 0
>>>frequences
defaultdict(<class 'int'>,{})
>>>for item in z:
    frequences[item] += 1                     #修改每个字符的频次
>>>frequences.items()
```

3. Counter 类

对于频次统计的问题，使用 collections 模块的 Counter 类可以更加快速地实现这个功能，并且能够提供更多的功能，如查找出现次数最多的元素。

```
>>>from collections import Counter
>>>frequences = Counter(z)                    #这里的 z 还是前面代码中的字符串对象
>>>frequences.items()
>>>frequences.most_common(1)                  #返回出现次数最多的一个字符及其频率
>>>frequences.most_common(3)                  #返回出现次数最多的前 3 个字符及其频率
```

3.4 集合：元素之间不允许重复

集合(set)属于 Python 无序可变序列，使用一对大括号作为定界符，元素之间使用逗号分隔，同一个集合内的每个元素都是唯一的，**元素之间不允许重复**。

集合中只能包含数字、字符串、元组等不可变类型(或者说可哈希)的数据，不能包含列表、字典、集合等可变类型的数据。 Python 提供了一个内置函数 hash()来计算对象的哈希值，凡是无法计算哈希值(调用内置函数 hash()时抛出异常)的对象都不能作为集合的元素，也不能作为字典对象的“键”。

3.4.1 集合对象的创建与删除

直接将集合赋值给变量即可创建一个集合对象。

```
>>>a ={3,5}                               #创建集合对象
>>>type(a)                                #查看对象的类型
<class 'set'>
```

也可以使用 set()函数将列表、元组、字符串、range 对象等其他可迭代对象转换为集合，如果原来的数据中存在重复元素，则在转换为集合的时候只保留一个；如果原序列或迭代器对象中有不可哈希的值，无法转换成为集合，抛出异常。

```
>>>a_set =set(range(8,14))                #把 range 对象转换为集合
>>>a_set
{8,9,10,11,12,13}
>>>b_set =set([0,1,2,3,0,1,2,3,7,8])      #转换时自动去掉重复元素
>>>b_set
{0,1,2,3,7,8}
>>>x =set()                               #空集合
```

除了列表推导式、生成器推导式、字典推导式之外，Python 还支持使用集合推导式来快速生成集合。

```
>>>{x.strip() for x in (' he ','she   ','  I')}
{'I','she','he'}
>>>import random
>>>x ={random.randint(1,500) for i in range(100)}
                                          #生成随机数,自动去除重复元素
>>>len(x)                                 #一般而言输出结果会小于 100
>>>{str(x) for x in range(10)}
{'3','0','1','8','4','7','5','6','9','2'}
```

当不再使用某个集合时，可以使用 del 命令删除整个集合。

3.4.2 集合操作与运算

1. 增加与删除集合元素

集合对象的 add()方法可以增加新元素，如果该元素已存在则忽略该操作，不会抛出异常；update()方法合并另外一个集合中的元素到当前集合中，并自动去除重复元素。

```
>>>s ={1,2,3}
>>>s.add(3)                               #增加元素,重复元素自动忽略
>>>s.update({3,4})                        #更新当前字典,自动忽略重复的元素
>>>s
{1,2,3,4}
```

集合对象的 pop()方法随机删除并返回集合中的一个元素，如果集合为空则抛出异常；remove()方法删除集合中特定值的元素，如果不存在则抛出异常；discard()方法从集合中删除一个特定元素，如果元素不在集合中则忽略该操作；clear()方法清空集合。

```
>>>s.discard(5)                             #删除元素,不存在则忽略该操作
>>>s.remove(5)                              #删除元素,不存在就抛出异常
KeyError: 5
>>>s.pop()                                  #删除并返回一个元素
1
```

2. 集合运算

内置函数 len()、max()、min()、sum()、sorted()、map()、filter()、enumerate()等也适用于集合。另外,Python 集合还支持数学意义上的交集、并集、差集等运算。

```
>>>a_set =set([8,9,10,11,12,13])
>>>b_set ={0,1,2,3,7,8}
>>>a_set | b_set                            #并集
{0,1,2,3,7,8,9,10,11,12,13}
>>>a_set.union(b_set)                       #并集
{0,1,2,3,7,8,9,10,11,12,13}
>>>a_set & b_set                            #交集
{8}
>>>a_set.intersection(b_set)                #交集
{8}
>>>a_set.difference(b_set)                  #差集
{9,10,11,12,13}
>>>a_set - b_set
{9,10,11,12,13}
>>>a_set.symmetric_difference(b_set)        #对称差集
{0,1,2,3,7,9,10,11,12,13}
>>>a_set ^ b_set
{0,1,2,3,7,9,10,11,12,13}
>>>x ={1,2,3}
>>>y ={1,2,5}
>>>z ={1,2,3,4}
>>>x <y                                     #比较集合大小/包含关系
False
>>>x <z                                     #真子集
True
>>>y <z
False
>>>{1,2,3} <={1,2,3}                        #子集
True
>>>x.issubset(y)                            #测试是否为子集
False
>>>x.issubset(z)
True
```

```
>>> {3} & {4}
set()
>>> {3}.isdisjoint({4})                    #如果两个集合的交集为空,返回 True
True
```

需要注意的是,**关系运算符>、>=、<、<=作用于集合时表示集合之间的包含关系**,而不是比较集合中元素的大小关系。对于两个集合 A 和 B,如果 A<B 不成立,不代表 A>=B 就一定成立。

3.4.3 集合应用案例

The Zen of Python 认为 There should be one—and preferably only one—obvious way to do it。编写代码时除了要准确地实现功能之外,还要考虑代码的优化,尽量找到一种更快、更好的方法实现预定功能。Python 字典和集合都使用哈希表来存储元素,元素查找速度非常快,**关键字 in 作用于字典和集合时比作用于列表要快得多**。

```
import random
import time

x1 = list(range(10000))
x2 = tuple(range(10000))
x3 = set(range(10000))
x4 =dict(zip(range(1000),range(10000)))
r =random.randint(0,9999)

for t in (x4,x3,x2,x1):
    start = time.time()
    for i in range(9999999):
        r in t
    print(type(t),'time used:',time.time()-start)
```

从下面的运行结果可以看出,对于成员测试运算符 in,列表的效率远远不如字典和集合,并且随着序列的变长,列表的查找速度越来越慢,而字典和集合基本上不受影响。

```
<class 'dict'>time used: 1.1570661067962646
<class 'set'>time used: 1.442082405090332
<class 'tuple'>time used: 1185.4768052101135
<class 'list'>time used: 1183.18967461586
```

作为集合的具体应用,可以使用集合快速提取序列中的单一元素,即提取出序列中所有不重复的元素。如果使用传统方式,需要编写下面的代码:

```
>>> import random
#生成 100 个介于 0～9999 之间的随机数
>>> listRandom = [random.choice(range(10000)) for i in range(100)]
>>> noRepeat = []
```

```
>>>for i in listRandom :
    if i not in noRepeat :
      noRepeat.append(i)
```

而如果使用集合,只需下面这么一行代码就可以了。

```
>>>newSet = set(listRandom)
```

集合中的元素不允许重复,Python 集合的内部实现为此做了大量相应的优化,添加元素时如果已经存在重复元素则自动忽略。下面的代码用于返回指定范围内一定数量的不重复数字。

```
import random

def randomNumbers(number,start,end):
    '''使用集合来生成 number 个介于 start 和 end 之间的不重复随机数'''
    data = set()
    while len(data)<number:
        element = random.randint(start,end)
        data.add(element)
    return data
```

当然,如果在项目中需要这样一个功能,还是直接使用 random 模块的 sample()函数更好一些。但 random 模块的 sample()函数只支持列表、元组、集合、字符串和 range 对象,不支持字典以及 map、zip、enumerate、filter 等惰性求值的迭代对象。

```
>>>import random
>>>random.sample(range(1000),20)          #在指定分布中选取不重复的元素
[61,538,873,815,708,609,995,64,7,719,922,859,807,464,789,651,31,702,504,25]
```

下面的两段代码用来测试指定列表中是否包含非法数据,很明显第二段使用集合的代码更高效一些。

```
import random

lstColor = ('red','green','blue')
colors = [random.choice(lstColor) for i in range(10000)]

for item in colors:                        #遍历列表中的元素并逐个判断
    if item not in lstColor:
        print('error:',item)
        break

if (set(colors)-set(lstColor)):            #转换为集合之后再比较
    print('error')
```

假设已有若干用户名字及其喜欢的电影清单,现有某用户,已看过并喜欢一些电影,

现在想找个新电影看看，又不知道看什么好。根据已有数据，查找与该用户爱好最相似的用户，也就是看过并喜欢的电影与该用户最接近的用户，然后从那个用户喜欢的电影中选取一个当前用户还没看过的电影，然后推荐。

```
from random import randrange

#其他用户喜欢看的电影清单
data = {'user'+str(i):{'film'+str(randrange(1, 10))\
                       for j in range(randrange(15))}\
        for i in range(10)}

#待测用户曾经看过并感觉不错的电影
user = {'film1', 'film2', 'film3'}
#查找与待测用户最相似的用户和他喜欢看的电影
similarUser, films = max(data.items(),\
                         key=lambda item: len(item[1]&user))
print('历史数据：')
for u, f in data.items():
    print(u, f, sep=':')
print('和您最相似的用户是：', similarUser)
print('他最喜欢看的电影是：', films)
print('他看过的电影中您还没看过的有：', films-user)
```

某次运行结果如图 3-3 所示。

```
历史数据：
user0:{'film9', 'film3', 'film6', 'film7', 'film5', 'film1'}
user1:{'film1'}
user2:{'film7', 'film9', 'film6', 'film2', 'film3', 'film4'}
user3:{'film3', 'film5', 'film9', 'film4'}
user4:{'film8', 'film3', 'film6', 'film2', 'film7', 'film1', 'film4'}
user5:{'film2', 'film3', 'film8', 'film4'}
user6:{'film8', 'film9', 'film6', 'film3', 'film1', 'film5'}
user7:{'film5'}
user8:{'film9', 'film3', 'film6', 'film7', 'film1', 'film4'}
user9:{'film8', 'film9', 'film6', 'film2', 'film3', 'film1', 'film4'}
和您最相似的用户是： user4
他最喜欢看的电影是： {'film8', 'film3', 'film6', 'film2', 'film7', 'film1', 'film4'
他看过的电影中您还没看过的有： {'film7', 'film8', 'film6', 'film4'}
```

图 3-3 电影推荐代码运行结果

3.5 序列解包的多种形式和用法

序列解包(Sequence Unpacking)是 Python 中非常重要和常用的一个功能，可以使用非常简洁的形式完成复杂的功能，提高了代码的可读性，减少了程序员的代码输入量。

```
>>>x,y,z =1,2,3                          #多个变量同时赋值
>>>v_tuple = (False,3.5,'exp')
>>>(x,y,z) = v_tuple
```

```
>>>x,y,z = v_tuple
>>>x,y,z = range(3)                     #可以对 range 对象进行序列解包
>>>x,y,z = iter([1,2,3])                #使用迭代器对象进行序列解包
>>>x,y,z = map(str,range(3))            #使用可迭代的 map 对象进行序列解包
>>>a,b = b,a                            #交换两个变量的值
```

序列解包还可以用于列表、字典、enumerate 对象、filter 对象、zip 对象等。对字典使用时,默认是对字典“键”进行操作,如果对“键:值”对进行操作应使用字典的 items()方法说明,如果需要对字典“值”进行操作应使用字典的 values()方法明确指定。

```
>>>a = [1,2,3]
>>>b,c,d = a                            #列表也支持序列解包的用法
>>>x,y,z = sorted([1,3,2])              #sorted()函数返回排序后的列表
>>>s = {'a':1,'b':2,'c':3}
>>>b,c,d = s.items()                    #这里的重点是序列解包的用法
>>>b
('a',1)
>>>b,c,d = s                            #使用字典时不用太多考虑元素的顺序
>>>b
'a'
>>>b,c,d = s.values()
>>>print(b,c,d)
1 2 3
>>>a,b,c = 'ABC'                        #字符串也支持序列解包
>>>print(a,b,c)
A B C
```

使用序列解包可以很方便地同时遍历多个序列。

```
>>>keys = ['a','b','c','d']
>>>values = [1,2,3,4]
>>>for k,v in zip(keys,values):
   print((k,v),end=' ')
('a',1) ('b',2) ('c',3) ('d',4)
>>>x = ['a','b','c']
>>>for i,v in enumerate(x):
   print('The value on position {0} is {1}'.format(i,v))
The value on position 0 is a
The value on position 1 is b
The value on position 2 is c
>>>s = {'a':1,'b':2,'c':3}
>>>for k,v in s.items():                #字典中的每个元素包含“键”和“值”两部分
   print((k,v),end=' ')
('a',1) ('b',2) ('c',3)
```

下面的代码演示了序列解包的另类用法和错误的用法:

```
>>>print(*[1,2,3],4,*(5,6))
1 2 3 4 5 6
>>>*range(4),4
(0,1,2,3,4)
>>>*range(4)                              #不允许这样用
SyntaxError: can't use starred expression here
>>>{*range(4),4,*(5,6,7)}
{0,1,2,3,4,5,6,7}
>>>{'x': 1, **{'y': 2}}
{'y': 2,'x': 1}
>>>a,b,c =range(3)
>>>a,b,c =*range(3)                       #不允许这样用
SyntaxError: can't use starred expression here
>>>a,b,c,d =*range(3),3
```

下面的代码看起来与序列解包类似，但严格来说是序列解包的逆运算，与函数的可变长度参数一样（详见 5.2.4 节），用来收集等号右侧的多个数值。

```
>>>a,*b,c =1,2,3,4,5
>>>a,b,c
(1,[2,3,4],5)
>>>b
[2,3,4]
>>>a,*b,c =1,2,3,4
>>>a,b,c
(1,[2,3],4)
>>>a,*b,c =tuple(range(20))
>>>b
[1,2,3,4,5,6,7,8,9,10,11,12,13,14,15,16,17,18]
>>>*b =1,2,3,4                            #等号左侧必须为列表、元组或多个变量
SyntaxError: starred assignment target must be in a list or tuple
```

本章小结

（1）列表是包含若干元素的有序连续内存空间，当增加和删除元素时，列表对象自动进行内存的扩展和收缩，保证相邻元素之间没有缝隙。

（2）应尽量从列表尾部进行元素的追加与删除操作。

（3）列表、元组和字符串支持双向索引，字典支持使用“键”作为下标访问其中的元素值，集合不支持任何索引。

（4）切片操作作用于列表时具有最强大的功能。

（5）列表是可变的，元组是不可变的，这是一个非常本质的区别。

（6）列表推导式得到的是列表，生成器推导式得到的是生成器对象。

（7）字典的“键”和集合的元素都不允许重复，并且必须是不可变的数据类型。

(8) 关键字 in 可以用于列表以及其他可迭代对象,包括元组、字典、range 对象、字符串、集合等,常用在循环语句中对可迭代对象中的元素进行遍历。

习　题

3.1　为什么应尽量从列表的尾部进行元素的增加与删除操作?

3.2　Python 3.x 的 range()函数返回一个________。

3.3　编写程序,生成包含 1000 个 0～100 之间的随机整数,并统计每个元素的出现次数。

3.4　表达式"[3] in [1, 2, 3, 4]"的值为________。

3.5　编写程序,用户输入一个列表和两个整数作为下标,然后使用切片获取并输出列表中介于两个下标之间的元素组成的子列表。例如,用户输入[1,2,3,4,5,6]和 2、5,程序输出[3,4,5,6]。

3.6　列表对象的 sort()方法用来对列表元素进行原地排序,该函数的返回值为________。

3.7　列表对象的________方法删除首次出现的指定元素,如果列表中不存在要删除的元素,则抛出异常。

3.8　假设列表对象 aList 的值为[3, 4, 5, 6, 7, 9, 11, 13, 15, 17],那么切片 aList[3:7]得到的值是________。

3.9　设计一个字典,并编写程序,用户输入内容作为"键",然后输出字典中对应的"值",如果用户输入的"键"不存在,则输出"您输入的键不存在!"。

3.10　编写程序,生成包含 20 个随机数的列表,然后将前 10 个元素升序排列,后 10 个元素降序排列,并输出结果。

3.11　在 Python 中,字典和集合都是用一对________作为界定符,字典的每个元素由两部分组成,即________和________,其中________不允许重复。

3.12　使用字典对象的________方法可以返回字典的"键:值"对,使用字典对象的________方法可以返回字典的"键",使用字典对象的________方法可以返回字典的"值"。

3.13　假设有列表 a=['name','age','sex']和 b=['Dong',38,'Male'],请使用一个语句将这两个列表的内容转换为字典,并且以列表 a 中的元素为"键",以列表 b 中的元素为"值",这个语句可以写为________。

3.14　假设有一个列表 a,现要求从列表 a 中每 3 个元素取 1 个,并且将取到的元素组成新的列表 b,可以使用语句________。

3.15　使用列表推导式生成包含 10 个数字 5 的列表,语句可以写为________。

3.16　________(可以、不可以)使用 del 命令来删除元组中的部分元素。

第 4 章 程序控制结构

有了合适的数据类型和数据结构之后，还要依赖于选择和循环结构来实现特定的业务逻辑。一个完整的选择结构或循环结构可以看作是一个大的“语句”，从这个角度来讲，程序中的多条“语句”是顺序执行的。

4.1 条件表达式

在选择结构和循环结构中，都要根据条件表达式的值来确定下一步的执行流程。条件表达式的值只要不是 False、0(或 0.0、0j 等)、空值 None、空列表、空元组、空集合、空字典、空字符串、空 range 对象或其他空迭代对象，Python 解释器均认为与 True 等价。从这个意义上来讲，所有的 Python 合法表达式都可以作为条件表达式，包括含有函数调用的表达式。

关于表达式和运算符的详细内容请参考 2.2 节，这里再重点介绍一下几个比较特殊的运算符。

1. 关系运算符

Python 中的关系运算符可以连续使用，这样不仅可以减少代码量，也比较符合人类的思维方式。

```
>>>print(1<2<3)                          #等价于 1<2 and 2<3
True
>>>print(1<2>3)
False
>>>print(1<3>2)
True
```

在 Python 语法中，**条件表达式中不允许使用赋值运算符“=”**，避免了误将关系运算符“==”写成赋值运算符“=”带来的麻烦。在条件表达式中使用赋值运算符“=”将抛出异常，提示语法错误。

```
>>>if a =3:                              #条件表达式中不允许使用赋值运算符
SyntaxError: invalid syntax
>>>if (a=3) and (b=4):
SyntaxError: invalid syntax
```

关系运算符具有惰性计算的特点,只计算必须计算的值,而不是计算关系表达式中的每个表达式。

```
>>> 1 > 2 > xxx                        #当前上下文中并不存在变量 xxx
False
```

2. 逻辑运算符

逻辑运算符 and、or、not 分别表示与、或、非 3 种逻辑运算,在功能上可以与电路的连接方式做个简单类比:or 运算符类似于并联电路,只要有一个开关是通的那么灯就是亮的;and 运算符类似于串联电路,必须所有开关都是通的灯才会亮;not 运算符类似于短路电路,如果开关通了那么灯就灭了,如图 4-1 所示。

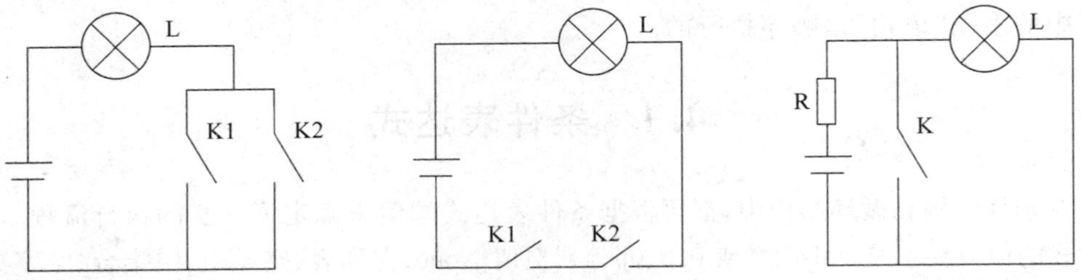

(a) or, 类似于并联电路　(b) and, 类似于串联电路　(c) not, 类似于短路

图 4-1　逻辑运算符与几种电路的类比关系

与关系运算符类似,**逻辑运算符 and 和 or 具有短路求值或惰性求值的特点**,可能不会对所有表达式进行求值,而是只计算必须计算的表达式的值。以 and 为例,对于表达式"表达式 1 and 表达式 2"而言,如果"表达式 1"的值为 False 或其他等价值时,不论"表达式 2"的值是什么,整个表达式的值都是 False,丝毫不受"表达式 2"的影响,因此"表达式 2"不会被计算。**在设计包含多个条件的条件表达式时,如果能够大概预测不同条件失败的概率,并将多个条件根据 and 和 or 运算符的短路求值特性来组织顺序,可以提高程序运行效率。**

```
>>> 3 and 5
5
>>> 3 or 5
3
>>> 0 and 5
0
>>> 0 or 5
5
>>> not 3
False
>>> not 0
True
```

下面的函数使用指定的分隔符把多个字符串连接成一个字符串，如果用户没有指定分隔符则使用逗号。

```
>>>def Join(chList,sep=None):
   return (sep or ',').join(chList)  #注意：参数 sep 不是字符串时会抛出异常
>>>chTest = ['1','2','3','4','5']
>>>Join(chTest)
'1,2,3,4,5'
>>>Join(chTest,':')
'1:2:3:4:5'
```

当然，也可以把上面的函数直接定义为下面带有默认值参数的形式：

```
>>>def Join(chList,sep=','):
   return sep.join(chList)
```

4.2 选择结构

常见的选择结构有单分支选择结构、双分支选择结构、多分支选择结构及嵌套的分支结构，也可以构造跳转表来实现类似的逻辑。另外，循环结构和异常处理结构中也可以带有 else 子句，可以看作特殊形式的选择结构，参考 4.3 节和 11.1 节的介绍。

4.2.1 单分支选择结构

单分支选择结构语法如下所示，其中表达式后面的冒号“:”是不可缺少的，表示一个语句块的开始，并且语句块必须做相应的缩进，一般是以 4 个空格为缩进单位。

```
if 表达式:
    语句块
```

当表达式的值为 True 或其他与 True 等价的值时，表示条件满足，语句块被执行，否则该语句块不被执行，而是继续执行后面的代码(如果有)，如图 4-2 所示。

下面的代码演示了单分支选择结构的用法：

```
x =input('Input two numbers:')
a,b = map(int,x.split())
if a > b:
    a,b = b,a                        #序列解包,交换两个变量的值
print(a,b)
```

在 Python 中，代码的缩进非常重要，**缩进是体现代码逻辑关系的重要方式，同一个代码块必须保证相同的缩进量**。在实际开发中，只要遵循一定的约定，Python 代码的排版是可以降低要求的。例如下面的代码，虽然不建议这样写，但确实是可以执行的。

```
>>>if 3>2: print('ok')              #如果语句较短,可以直接写在分支语句后面
ok
```

```
>>>if True:print(3);print(5)        #在一行写多个语句,使用分号分隔
3
5
```

4.2.2 双分支选择结构

双分支选择结构的语法为

```
if 表达式:
    语句块 1
else:
    语句块 2
```

当表达式的值为 True 或其他等价值时,执行语句块 1,否则执行语句块 2。语句块 1 或语句块 2 总有一个会执行,然后执行后面的代码(如果有),如图 4-3 所示。

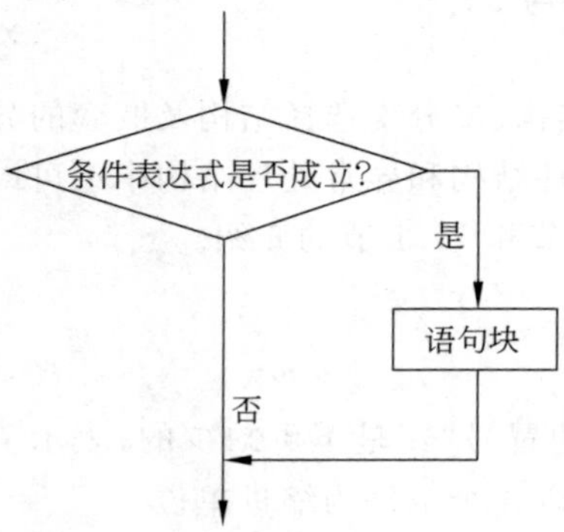

图 4-2 单分支选择结构

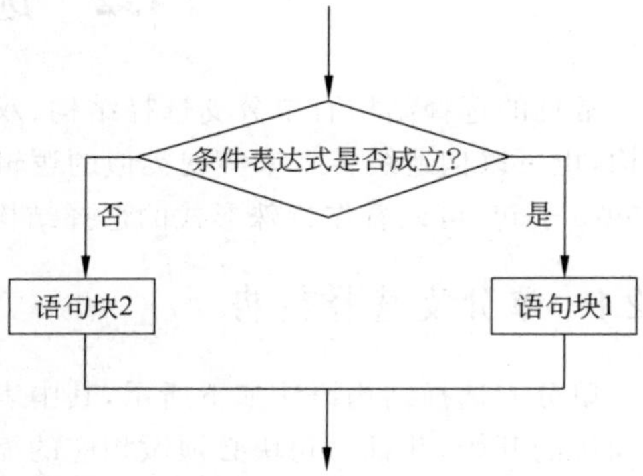

图 4-3 双分支选择结构

下面的代码通过鸡兔同笼问题演示了双分支结构的用法。

```
jitu,tui = map(int,input('请输入鸡兔总数和腿总数: ').split())
tu = (tui-jitu*2)/2
if int(tu) == tu:
    print('鸡: {0},兔: {1}'.format(int(jitu-tu),int(tu)))
else:
    print('数据不正确,无解')
```

另外,Python 还提供了一个三元运算符,并且在三元运算符构成的表达式中还可以嵌套三元运算符,可以实现与选择结构相似的效果。语法为

```
value1 if condition else value2
```

当条件表达式 condition 的值与 True 等价时,表达式的值为 value1,否则表达式的值为 value2。另外,value1 和 value2 本身也可以是复杂表达式,也可以包含函数调用,甚至可以是三元运算符构成的表达式。这个结构的表达式也具有惰性求值的特点。

```
>>>a =5
>>>print(6) if a>3 else print(5)
6
>>>print(6 if a>3 else 5)                        #虽然结果与上一行代码一样,但代码含义不同
6
>>>b = 6 if a>13 else 9                                      #赋值运算符的优先级非常低
>>>b
9
>>>x = math.sqrt(9) if 5>3 else random.randint(1,100)   #还没有导入 math 模块
NameError: name 'math' is not defined
>>>import math
>>>x =math.sqrt(9) if 5>3 else random.randint(1,100)    #还没有导入 random 模块
                                                        #但表达式 5>3 的值为 True
                                                        #所以可以正常运行
>>>x =math.sqrt(9) if 2>3 else random.randint(1,100)    #条件表达式 2>3 的值为 False
                                                        #需要计算第二个表达式
                                                        #但此时还没导入 random
                                                        #所以出错
NameError: name 'random' is not defined
>>>import random                                        #导入 random,成功执行
>>>x =math.sqrt(9) if 2>3 else random.randint(1,100)
```

虽然三元运算符可以嵌套使用,可以实现复杂的多分支选择结构的效果,但这样的代码可读性非常差,不建议使用。在下面的代码中,函数的定义为 f=lambda x:x*x。

```
>>>x =3
>>> (1 if x>2 else 0) if f(x)>5 else ('a' if x<5 else 'b')   #可以嵌套使用,不建议这样写
1
>>>x =0
>>> (1 if x>2 else 0) if f(x)>5 else ('a' if x<5 else 'b')
'a'
```

4.2.3 多分支选择结构

多分支选择结构的语法为

```
if 表达式 1:
    语句块 1
elif 表达式 2:
    语句块 2
elif 表达式 3:
    语句块 3
⋮
else:
```

```
    语句块 n
```

其中,关键字 elif 是 else if 的缩写。下面的代码演示了如何利用多分支选择结构将成绩从百分制变换到等级制。

```
def func(score):
    if score>100 or score<0:
        return 'wrong score.must between 0 and 100.'
    elif score >=90:
        return 'A'
    elif score >=80:
        return 'B'
    elif score >=70:
        return 'C'
    elif score >=60:
        return 'D'
    else:
        return 'E'
```

4.2.4 选择结构的嵌套

选择结构可以通过嵌套来实现复杂的业务逻辑,语法如下:

```
if 表达式 1:
    语句块 1
    if 表达式 2:
        语句块 2
    else:
        语句块 3
else:
    if 表达式 4:
        语句块 4
```

上面语法示意中的代码层次和隶属关系如图 4-4 所示,注意相同层次的代码必须具有相同的缩进量。

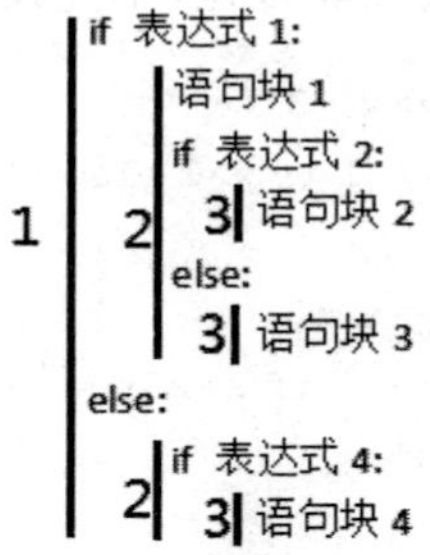

图 4-4 代码层次与隶属关系

使用嵌套选择结构时,一定要严格控制好不同级别代码块的缩进量,因为这决定了不同代码块的从属关系和业务逻辑是否被正确地实现,以及代码是否能够被解释器正确理解和执行。例如,前面百分制转等级制的代码,作为一种编程技巧,还可以尝试下面的写法:

```
def func(score):
    degree ='DCBAAE'
    if score>100 or score<0:
        return 'wrong.score must between 0 and 100.'
    else:
```

```
    index = (score-60) // 10
    if index >=0:
        return degree[index]
    else:
        return degree[-1]
```

4.3 循环结构

4.3.1 for 循环与 while 循环

Python 主要有 for 循环和 while 循环两种形式的循环结构，多个循环可以嵌套使用，并且还经常和选择结构嵌套使用来实现复杂的业务逻辑。while 循环一般用于循环次数难以提前确定的情况，当然也可以用于循环次数确定的情况；for 循环一般用于循环次数可以提前确定的情况，尤其适用于枚举或遍历可迭代对象中元素的场合。对于带有 else 子句的循环结构，如果循环因为条件表达式不成立或序列遍历结束而**自然结束**时则执行 else 结构中的语句，如果循环是因为执行了 break 语句而导致循环**提前结束**则不会执行 else 中的语句。两种循环结构的完整语法形式分别为

```
while 条件表达式:
    循环体
[else:
    else 子句代码块]
```

和

```
for 取值 in 序列或迭代对象:
    循环体
[else:
    else 子句代码块]
```

其中，方括号内的 else 子句可以没有，也可以有。下面的代码使用循环结构遍历并输出列表中的所有元素。

```
a_list = ['a','b','mpilgrim','z','example']
for i,v in enumerate(a_list):
    print('列表的第',i+1,'个元素是：',v)
```

下面的代码用来输出 1～100 之间能被 7 整除但不能同时被 5 整除的所有整数。

```
for i in range(1,101):
    if i%7==0 and i%5!=0:
        print(i)
```

下面的代码使用嵌套的循环结构打印九九乘法表。

```
for i in range(1,10):
```

```
    for j in range(1,i+1):
        print('{0} * {1}={2}'.format(i,j,i*j),end=' ')
    print()                                    #打印空行
```

下面的代码演示了带有 else 子句的循环结构,该代码用来计算 1+2+3+…+99+100 的结果。

```
s =0
for i in range(1,101):                         #不包括 101
    s += i
else:
    print(s)
```

下面的代码使用 while 循环实现了同样的功能:

```
s = i = 0
while i <=100:
    s+=i
    i+=1
else:
    print(s)
```

当然,上面的两段代码只是为了演示循环结构的用法,其中的 else 子句实际上并没有必要,循环结束后直接输出结果就可以了。另外,如果只是计算 1+2+3+…+99+100 的值,直接用内置函数 sum()和 range()就可以了。

```
>>> sum(range(1,101))
5050
```

4.3.2 break 与 continue 语句

break 与 continue 语句在 while 循环和 for 循环中都可以使用,并且一般常与选择结构或异常处理结构结合使用。一旦 break 语句被执行,将使得 break 语句所属层次的循环提前结束;continue 语句的作用是提前结束本次循环,忽略 continue 之后的所有语句,提前进入下一次循环。

下面的代码用来计算小于 100 的最大素数,内循环用来测试特定的整数 n 是否为素数,如果其中的 break 语句得到执行则说明 n 不是素数,并且由于循环提前结束而不会执行后面的 else 子句。如果某个整数 n 为素数,则内循环中的 break 语句不会执行,内循环自然结束后执行后面 else 子句中的语句,输出素数 n 之后执行 break 语句跳出外循环。

```
for n in range(100,1,-1):
    if n%2 == 0:
        continue
    for i in range(3,int(n**0.5)+1,2):
```

```
        if n%i == 0:
            #结束内循环
            break
    else:
        print(n)
        #结束外循环
        break
```

需要注意的是,过多的 break 和 continue 语句会降低程序的可读性。所以,除非 break 或 continue 语句可以让代码更简单或更清晰,否则不要轻易使用。

4.3.3 循环代码优化技巧

实际开发中,正确实现了预定功能之后,一般还需要再优化一下代码以追求更高的执行效率。如果能从算法层面上进行优化,那毫无疑问会带来效率的大幅度提升。例如,判断一个大整数 n 是否为素数,如果根据素数定义去判断应该逐个测试[2,n-1]区间上的数是否能够整除 n,而实际上只需判断从 2 到 n 的平方根这个小范围就可以了,再进一步说,实际上只需判断 2 以及 3 到 n 的平方根之间所有奇数这个更小的范围。对于大整数 n 来说,循环次数和余数运算的次数减少是非常可观的,n 越大算法效率的提高越显著。

在编写循环语句时,应尽量减少循环内部不必要或无关的计算,与循环变量无关的代码应该尽可能地提取到循环之外。尤其是多重循环嵌套的情况,一定要尽量减少内层循环中不必要的计算,尽最大可能地把计算向外提。例如下面的代码,第二段明显比第一段的运行效率要高。

```
digits = (1,2,3,4)

for i in range(1000):
    result = []
    for i in digits:
        for j in digits:
            for k in digits:
                result.append(i*100+j*10+k)

for i in range(1000):
    result = []
    for i in digits:
        i = i*100
        for j in digits:
            j = j*10
            for k in digits:
                result.append(i+j+k)
```

另外,在循环中应尽量引用局部变量,局部变量的查询和访问速度比全局变量略快。

同样的道理,在使用模块中的方法时,可以通过将其转换为局部变量来提高运行速度。例如下面的代码,第二段代码的速度就比第一段代码略快。当然,也可以使用 from math import sin as loc_sin 来代替其中的写法。

```
import math

for i in range(10000000):
    math.sin(i)

loc_sin = math.sin
for i in range(10000000):
    loc_sin(i)
```

代码优化涉及的内容非常广泛,除了在算法层面的优化之外,编码过程本身对程序员的功底要求也非常高。除了上面介绍的循环代码优化,本书其他章节中也会涉及一些优化的内容。例如,如果经常需要测试一个序列是否包含一个元素就应该尽量使用字典或集合而不使用列表,把多个字符串连接成一个字符串时尽量使用 join()方法而不要使用运算符+,对列表进行元素的插入和删除操作时应尽量从列表尾部进行,等等。实际开发中需要注意的是,**首先要把代码写对,保证完全符合功能要求,然后进行必要的优化来提高性能**。过早地追求性能优化有时候可能会带来灾难而浪费大量精力。

4.4 精彩案例赏析

示例 4-1 输入若干个成绩,求所有成绩的平均分。每输入一个成绩后询问是否继续输入下一个成绩,回答 yes 就继续输入下一个成绩,回答 no 就停止输入成绩。

```
numbers = []                                  #使用列表存放临时数据
while True:
    x = input('请输入一个成绩: ')
    try:                                      #异常处理结构有关知识见第 11 章
        numbers.append(float(x))
    except:
        print('不是合法成绩')
    while True:
        flag = input('继续输入吗? (yes/no)').lower()
        if flag not in ('yes','no'):          #限定用户输入内容必须为 yes 或 no
            print('只能输入 yes 或 no')
        else:
            break
    if flag == 'no':
        break

print(sum(numbers)/len(numbers))
```

示例 4-2 编写程序,判断今天是今年的第几天。

```
import time

date = time.localtime()                                          #获取当前日期时间
year,month,day = date[:3]
day_month = [31,28,31,30,31,30,31,31,30,31,30,31]
if year%400==0 or (year%4==0 and year%100!=0):                   #判断是否为闰年
    day_month[1] = 29
if month ==1:
    print(day)
else:
    print(sum(day_month[:month-1])+day)
```

Python 标准库 datetime 提供了 datetime 和 timedelta 对象可以很方便地计算指定年、月、日、时、分、秒之前或之后的日期时间,还提供了返回结果中包含"今天是今年第几天""今天是本周第几天"等答案的 timetuple()函数,等等。

```
>>> import datetime
>>> Today = datetime.date.today()
>>> Today
datetime.date(2016,10,8)
>>> Today - datetime.date(Today.year,1,1) + datetime.timedelta(days= 1)
datetime.timedelta(282)
>>> Today.timetuple().tm_yday                                     #今天是今年的第几天
282
>>> Today.replace(year=2013)                                      #替换日期中的年
datetime.date(2013,10,8)
>>> Today.replace(month=1)                                        #替换日期中的月
datetime.date(2016,1,8)
>>> now = datetime.datetime.now()
>>> now
datetime.datetime(2016,10,8,15,55,16,272174)
>>> now.replace(second=30)                                        #替换日期时间中的秒
datetime.datetime(2016,10,8,15,55,30,272174)
>>> now + datetime.timedelta(days=5)                              #计算 5 天后的日期时间
datetime.datetime(2016,10,13,15,55,16,272174)
>>> now + datetime.timedelta(weeks=-5)                            #计算 5 周前的日期时间
datetime.datetime(2016,9,3,15,55,16,272174)
>>> def daysBetween(year1,month1,day1,year2,month2,day2):
    from datetime import date                                     #计算两个日期之间相差多少天
    dif = date(year1,month1,day1) - date(year2,month2,day2)
    return dif.days

>>> daysBetween(2016,12,11,2016,11,27)
14
```

```
>>>daysBetween(2016,12,11,2011,11,27)
1841
```

另外,标准库 calendar 也提供了一些与日期操作有关的方法。例如:

```
>>>import calendar                              #导入模块
>>>print(calendar.calendar(2016))               #查看 2016 年的日历表,结果略
>>>print(calendar.month(2016,11))               #查看 2016 年 11 月份的日历表
>>>calendar.isleap(2016)                        #判断是否为闰年
True
>>>calendar.weekday(2016,10,26)                 #查看指定日期是周几
2
```

示例 4-3 编写代码,输出由星号 * 组成的菱形图案,并且可以灵活控制图案的大小。

```
def main(n):
    for i in range(n):
        print(('* '*i).center(n*3))
    for i in range(n,0,-1):
        print(('* '*i).center(n*3))
```

图 4-5 和图 4-6 分别为参数 n=6 和 n=10 时的运行效果。

```

        * 
       * * 
      * * * 
     * * * * 
    * * * * * 
   * * * * * * 
    * * * * * 
     * * * * 
      * * * 
       * * 
        * 
```

图 4-5 n=6 时的运行效果

```

              * 
             * * 
            * * * 
           * * * * 
          * * * * * 
         * * * * * * 
        * * * * * * * 
       * * * * * * * * 
      * * * * * * * * * 
     * * * * * * * * * * 
      * * * * * * * * * 
       * * * * * * * * 
        * * * * * * * 
         * * * * * * 
          * * * * * 
           * * * * 
            * * * 
             * * 
              * 
```

图 4-6 n=10 时的运行效果

示例 4-4 快速判断一个数是否为素数。

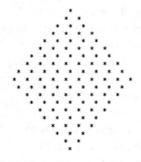

```
n = input("Input an integer:")
n = int(n)
if n == 2:
    print('Yes')
#偶数必然不是素数
elif n%2 == 0:
    print('No')
else:
    #大于 5 的素数必然出现在 6 的倍数两侧
    #因为 6x+2、6x+3、6x+4 肯定不是素数,假设 x 为大于 1 的自然数
    m = n % 6
    if m!=1 and m!=5:
```

```
        print('No')
    else:
        for i in range(3,int(n**0.5)+1,2):
            if n%i == 0:
                print('No')
                break
        else:
            print('Yes')
```

示例 4-5 编写程序，计算组合数 C(n,i)，即从 n 个元素中任选 i 个，有多少种选法。根据组合数的定义，可以编写代码如下：

```
import math

def Cni1(n,i):
    return int(math.factorial(n)/math.factorial(i)/math.factorial(n-i))
```

虽然在 Python 中不用担心数字太大而超过变量的表示范围，但是计算大整数的阶乘也确实需要一些时间，尤其是上面的函数中存在大量的重复计算，严重影响速度。如果把组合数的定义展开并化简一下的话可以发现其中隐藏的规律，以 Cni(8,3) 为例，Cni(8,3)=8!/3!/(8−3)! =(8×7×6×5×4×3×2×1)/(3×2×1)/(5×4×3×2×1)，对于(5,8]区间的数，分子上出现一次而分母上没出现；(3,5]区间的数在分子、分母上各出现一次；[1,3]区间的数分子上出现一次而分母上出现两次。根据这一规律，可以编写如下非常高效的组合数计算程序。另外，Python 3.8 开始提供了标准库函数 math.comb() 可以直接计算组合数。

```
def Cni2(n,i):
    if not (isinstance(n,int) and isinstance(i,int) and n>=i):
        print('n and i must be integers and n must be larger than or equal to i.')
        return
    result =1
    Min,Max =sorted((i,n-i))
    for i in range(n,0,-1):
        if i > Max:
            result*=i
        elif i <= Min:
            result //=i
    return result

print(Cni2(6,2))
```

Python 标准库 itertools 提供了组合函数 combinations()、排列函数 permutations()、用于循环遍历可迭代对象元素的函数 cycle()、根据一个序列的值对另一个序列进行过滤的函数 compress()、根据函数返回值对序列进行分组的函数 groupby()、返回包含无限连续值的 count 对象的 count 函数()、计算笛卡儿积的函数 product()等。下面的代码演示了部分函数的用法。

```
>>> import itertools
>>> for it in itertools.combinations(range(1,5),3): #从 4 个元素中选 3 个元素的组合
    print(it,end=' ')
(1,2,3) (1,2,4) (1,3,4) (2,3,4)
>>> list(itertools.permutations([1,2,3,4],3))        #从 4 个元素中任选 3 个元素的排列
>>> x =itertools.permutations([1,2,3,4],4)            #4 个元素的全排列
>>> for i in range(5):                                #输出前 5 个排列
    print(next(x),end=' ')
(1,2,3,4) (1,2,4,3) (1,3,2,4) (1,3,4,2) (1,4,2,3)
>>> x = 'Private Key'
>>> y =itertools.cycle(x)                             #循环遍历序列中的元素
>>> for i in range(20):
    print(next(y),end=',')
P,r,i,v,a,t,e,,K,e,y,P,r,i,v,a,t,e,,K,
>>> for i in range(5):
    print(next(y),end=',')
e,y,P,r,i,
>>> x =range(1,20)
>>> y = (1,0) * 9+ (1,)
>>> y
(1,0,1,0,1,0,1,0,1,0,1,0,1,0,1,0,1,0,1)
>>> list(itertools.compress(x,y))                     #根据一个序列的值,对另一个序列进行过滤
[1,3,5,7,9,11,13,15,17,19]
>>> def group(v):
     if v >10:
         return 'greater than 10'
     elif v <5:
         return 'less than 5'
     else:
         return 'between 5 and 10'
>>> x =range(20)                                      #x 中的元素必须已排序
>>> y =itertools.groupby(x,group)                     #对序列元素进行分组
>>> for k,v in y:
    print(k,':',list(v))
less than 5 : [0,1,2,3,4]
between 5 and 10 : [5,6,7,8,9,10]
greater than 10 : [11,12,13,14,15,16,17,18,19]
>>> x =itertools.count(5,3)                           #起始值为 5、步长为 3 的 count 对象
>>> for i in range(10):
    print(next(x),end=' ')
5 8 11 14 17 20 23 26 29 32
```

```
>>> list(zip('abcde',itertools.count()))          #count 对象中的元素个数是无穷的
[('a',0),('b',1),('c',2),('d',3),('e',4)]
>>> list(zip('abc',itertools.count()))
[('a',0),('b',1),('c',2)]
>>> list(zip('abcdefghi',itertools.count()))
[('a',0),('b',1),('c',2),('d',3),('e',4),('f',5),('g',6),('h',7),('i',8)]
>>> for item in itertools.product('abc',range(4)):   #笛卡儿积
    print(item,end=' ')
('a',0) ('a',1) ('a',2) ('a',3) ('b',0) ('b',1) ('b',2) ('b',3) ('c',0) ('c',1)
('c',2) ('c',3)
>>> for item in itertools.product('abc','123','BC'):
    print(item,end=' ')
('a','1','B') ('a','1','C') ('a','2','B') ('a','2','C') ('a','3','B') ('a','3',
'C') ('b','1','B') ('b','1','C') ('b','2','B') ('b','2','C') ('b','3','B') ('b',
'3','C') ('c','1','B') ('c','1','C') ('c','2','B') ('c','2','C') ('c','3','B')
('c','3','C')
>>> func = lambda x:x.isnumeric()
>>> list(itertools.takewhile(func,'1234abcd'))    #过滤元素
['1','2','3','4']
>>> list(itertools.dropwhile(func,'1234abcd'))
['a','b','c','d']
```

示例 4-6　编写代码，模拟决赛现场最终成绩的计算过程。

```
while True:
    try:
        n = int(input('请输入评委人数：'))
        if n <= 2:
            print('评委人数太少，必须多于 2 个人。')
        else:
            break
    except:
        pass

scores = []

for i in range(n):
    #这个 while 循环用来保证用户必须输入 0～100 的数字
    while True:
        try:
            score = input('请输入第{0}个评委的分数：'.format(i+1))
            #把字符串转换为实数
            score = float(score)
            assert 0<=score<=100
```

```
                scores.append(score)
                #如果数据合法,跳出 while 循环,继续输入下一个评委的分数
                break
            except:
                print('分数错误')

    #计算并删除最高分与最低分
    highest = max(scores)
    lowest = min(scores)
    scores.remove(highest)
    scores.remove(lowest)
    finalScore = round(sum(scores)/len(scores),2)

    formatter = '去掉一个最高分{0}\n 去掉一个最低分{1}\n 最后得分{2}'
    print(formatter.format(highest,lowest,finalScore))
```

本章小结

(1) 在 Python 中,关系运算符可以连用。

(2) 条件表达式的值只要不是 False、0(或 0.0、0j 等)、空值 None、空列表、空元组、空集合、空字典、空字符串、空 range 对象或其他空迭代对象,Python 解释器均认为与 True 等价。

(3) 关系运算符和逻辑运算符都具有惰性求值的特点。

(4) 编写程序时,一定要注意代码的缩进。

(5) Python 中的 for 循环和 while 循环都可以带有 else 子句。

习　题

4.1　分析逻辑运算符 or 的短路求值特性。

4.2　编写程序,运行后用户输入 4 位整数作为年份,判断其是否为闰年。如果年份能被 400 整除,则为闰年;如果年份能被 4 整除但不能被 100 整除也为闰年。

4.3　Python 提供了两种基本的循环结构:________和________。

4.4　编写程序,生成一个包含 50 个随机整数的列表,然后删除其中所有奇数(提示:从后向前删)。

4.5　编写程序,生成一个包含 20 个随机整数的列表,然后对其中偶数下标的元素进行降序排列,奇数下标的元素不变(提示:使用切片)。

4.6　编写程序,用户从键盘输入小于 1000 的整数,对其进行因式分解。例如,10=2×5,60=2×2×3×5。

4.7　编写程序,至少使用两种不同的方法计算 100 以内所有奇数的和。

4.8　编写程序,输出所有由 1、2、3、4 这 4 个数字组成的素数,并且在每个素数中每

个数字只使用一次。

4.9　编写程序，实现分段函数计算，如下所示：

$$y=\begin{cases}0 & x<0\\ x & 0\leqslant x<5\\ 3x-5 & 5\leqslant x<10\\ 0.5x-2 & 10\leqslant x<20\\ 0 & x\geqslant 20\end{cases}$$

第 5 章 函数

在软件开发过程中，经常有很多操作是完全相同或者是非常相似的，仅仅是要处理的数据不同而已，因此经常会在不同的代码位置多次执行相似甚至完全相同的代码块。很显然，从软件设计和代码复用的角度来讲，直接将代码块复制到多个相应的位置然后进行简单修改绝对不是一个好主意。虽然这样可以使得多份复制的代码可以彼此独立地进行修改，但这样不仅增加了代码量，也增加了代码阅读、理解和维护的难度，为代码测试和纠错带来很大的困难。一旦被复制的代码块将来某天被发现存在问题而需要修改，必须对所有的复制都做同样的正确修改，这在实际中是很难完成的一项任务。更糟糕的情况是，由于代码量的大幅度增加，导致代码之间的关系更加复杂，很可能在修补旧漏洞的同时又引入了新漏洞，维护成本大幅度增加。因此，**应尽量减少使用直接复制代码的方式来实现复用**。解决这个问题的有效方法是设计函数(function)和类(class)。本章介绍函数的设计与使用，第 6 章介绍面向对象程序设计。

将可能需要反复执行的代码封装为函数，然后在需要该功能的地方调用封装好的函数，不仅可以实现代码的复用，更重要的是可以保证代码的一致性，只需要修改该函数的代码则所有调用位置均得到体现。同时，把大任务拆分成多个函数也是分治法的经典应用，复杂问题简单化，使得软件开发像搭积木一样简单。当然，在实际开发中，需要对函数进行良好的设计和优化才能充分发挥其优势，并不是使用了函数就万事大吉了。在编写函数时，有很多原则需要参考和遵守。例如，不要在同一个函数中执行太多的功能，尽量只让其完成一个高度相关且大小合适的功能，提高模块的内聚性。另外，尽量减少不同函数之间的隐式耦合。例如，减少全局变量的使用，使得函数之间仅通过调用和参数传递来显式体现其相互关系。再就是设计函数时应尽量减少副作用，只实现指定的功能就可以了，不要做多余的事情。最后，在实际项目开发中，往往会把一些通用的函数封装到一个模块中，并把这个通用模块文件放到顶层文件夹中，这样更方便管理。

5.1 函数定义与使用

5.1.1 基本语法

在 Python 中，定义函数的语法如下：

```
def 函数名([参数列表]):
```

```
    '''注释'''
    函数体
```

在 Python 中使用 def 关键字来定义函数，然后是一个空格和函数名称，接下来是一对括号，在括号内是形式参数列表，如果有多个参数则使用逗号分隔开，括号之后是一个冒号和换行，最后是注释和函数体代码。定义函数时在语法上需要注意的问题主要有：**①函数形参不需要声明其类型，也不需要指定函数的返回值类型；②即使该函数不需要接收任何参数，也必须保留一对空的括号；③括号后面的冒号必不可少；④函数体相对于 def 关键字必须保持一定的空格缩进。**

下面的函数用来计算斐波那契数列中小于参数 n 的所有值：

```
def fib(n):                                      #定义函数，括号里的 n 是形参
    '''accept an integer n.
      return the numbers less than n in Fibonacci sequence.'''
    a,b =1,1
    while a <n:
        print(a,end=' ')
        a,b =b,a+b
    print()
```

该函数的调用方式为

```
fib(1000)                                        #调用函数，括号里的 1000 是实参
```

如果代码本身不能提供非常好的可读性，那么最好加上适当的注释来说明。在定义函数时，开头部分的注释并不是必需的，如果为函数的定义加上一段注释，可以为用户提供友好的提示和使用帮助。例如，可以使用内置函数 help()来查看函数的使用帮助，并且在调用该函数时输入左侧圆括号之后，立刻就会得到该函数的使用说明，如图 5-1 所示。

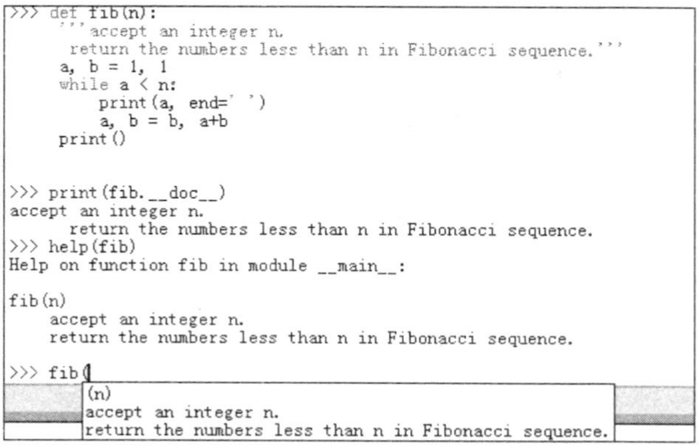

图 5-1　使用注释来为用户提示函数使用说明

在 Python 中，定义函数时也不需要声明函数的返回值类型，而是使用 return 语句结束函数执行的同时返回任意类型的值，**函数返回值类型与 return 语句返回表达式的类型**

一致。不论 return 语句出现在函数的什么位置,一旦得到执行将直接结束函数的执行。**如果函数没有 return 语句、有 return 语句但是没有执行到或者执行了不返回任何值的 return 语句,解释器都会认为该函数以 return None 结束,即返回空值。**

在编写函数时,应尽量减少副作用,尽量不要修改参数本身,不要修改除返回值以外的其他内容。另外,应充分利用 Python 函数式编程的特点,让自己定义的函数尽量符合纯函数式编程的要求,如保证线程安全、可以并行运行等。

5.1.2 函数嵌套定义、可调用对象与修饰器(选讲)

1. 函数嵌套定义

Python 允许函数的嵌套定义,在函数内部可以再定义另外一个函数。在 2.4 节有一段代码是用来实现可迭代对象与数字四则运算的,当时是使用 lambda 表达式实现的主要功能,如果使用函数嵌套定义,代码可以写作:

```
>>>def myMap(iterable,op,value):                    #自定义函数
    if op not in '+-*/':
        return 'Error operator'
    def nested(item):                               #嵌套定义函数
        return eval(repr(item)+op+repr(value))
    return map(nested,iterable)                     #使用在函数内部定义的函数
>>>list(myMap(range(5),'+',5))                      #调用外部函数,不需要关心其内部实现
[5,6,7,8,9]
>>>list(myMap(range(5),'-',5))
[-5,-4,-3,-2,-1]
>>>list(myMap(range(5),'*',5))
[0,5,10,15,20]
>>>list(myMap(range(5),'/',5))
[0.0,0.2,0.4,0.6,0.8]
```

下面的函数利用函数嵌套定义和递归实现帕斯卡公式 C(n,i)=C(n-1, i)+C(n-1, i-1),进行组合数 C(n,i)的快速求解。

```
def f2(n,i):
    cache2 =dict()

    def f(n,i):
        if n==i or i==0:
            return 1
        elif (n,i) not in cache2:
            cache2[(n,i)] =f(n-1,i) +f(n-1,i-1)
        return cache2[(n,i)]

    return f(n,i)
```

尽管函数嵌套定义使用很方便，也很灵活，但并不提倡过多使用，因为这样会导致内部的函数反复定义而影响执行效率。

2. 可调用对象

函数属于 Python 可调用对象之一，由于构造方法的存在，类也是可调用的。像 list()、tuple()、dict()、set()这样可以创建新类型对象的工厂函数实际上都是调用了类的构造方法。另外，任何包含__call__()方法的类的对象也是可调用的。下面的代码使用函数的嵌套定义实现了可调用对象的定义：

```
def linear(a,b):
    def result(x):                          #在 Python 中，函数是可以嵌套定义的
        return a*x +b
    return result                           #返回可被调用的函数
```

下面的代码演示了可调用对象类的定义：

```
class linear:
    def __init__(self,a,b):
        self.a,self.b = a,b
    def __call__(self,x):                   #这里是关键
        return self.a * x +self.b
```

使用上面的嵌套函数和类这两种方式中任何一种，都可以通过以下方式来定义一个可调用对象：

```
taxes =linear(0.3,2)
```

然后通过以下方式来调用该对象：

```
taxes(5)
```

3. 修饰器

修饰器(decorator)是函数嵌套定义的另一个重要应用。**修饰器本质上也是一个函数，只不过这个函数接收其他函数作为参数并对其进行一定的改造之后返回新函数。**后面第 6 章中的静态方法、类方法、属性等也都是通过修饰器实现的，Python 中还有很多这样的用法。下面的代码演示了修饰器的定义与使用方法，定义其他函数调用之前或之后需要执行的通用代码，可作用于其他任何函数，提高代码复用度。

```
def before(func):                           #定义修饰器
    def wrapper(*args,**kwargs):
        print('Before function called.')
        return func(*args,**kwargs)
    return wrapper

def after(func):                            #定义修饰器
```

```
    def wrapper(*args,**kwargs):
        result = func(*args,**kwargs)
        print('After function called.')
        return result
    return wrapper

@before
@after
def test():                          #同时使用两个修饰器改造函数,距离近的先起作用
    print(3)
#调用被修饰的函数
test()
```

和预想的完全一样,上面代码的运行结果为

```
Before function called.
3
After function called.
```

5.1.3 函数递归调用

函数的递归调用是函数调用的一种特殊情况,函数调用自己,自己再调用自己,自己再调用自己……,当某个条件得到满足时就不再调用了,然后再一层一层地返回,直到该函数的第一次调用,如图 5-2 所示。

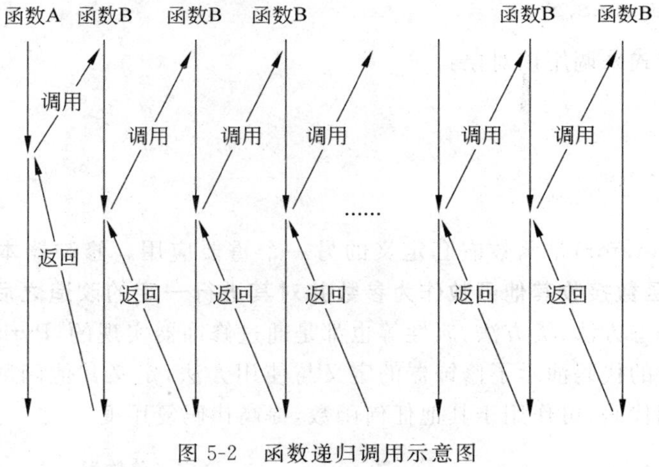

图 5-2 函数递归调用示意图

函数递归通常用来把一个大型的复杂问题层层转化为一个与原来问题本质相同但规模很小、很容易解决或描述的问题,只需要很少的代码就可以描述解决问题过程中需要的大量重复计算。下面的代码使用递归计算列表中所有元素之和,尽管在 Python 中没有这样做的必要。

```
def recursiveSum(lst):
    if len(lst) ==1:
        return lst[0]
    return lst[0] +recursiveSum(lst[1:])
```

下面的代码使用递归实现了整数的因数分解，函数执行结束后，fac 中包含了整数 num 因数分解的结果。

```
from random import randint

def factors(num,fac=[]):
    #每次都从 2 开始查找因数
    for i in range(2,int(num**0.5)+1):
        #找到一个因数
        if num%i ==0:
            fac.append(i)
            #对商继续分解,重复这个过程
            factors(num//i,fac)
            #注意,这个 break 非常重要
            break
    else:
        #不可分解了,自身也是个因数
        fac.append(num)

facs =[]
n =randint(2,10**8)
factors(n,facs)
result ='*'.join(map(str,facs))
if n ==eval(result):
    print(n,'='+result)
```

最后，从图 5-2 可以看出，每次调用函数必须记住离开的位置才能保证函数运行结束以后回到正确的位置，这个过程称为保存现场，这需要一定的栈空间。另外，调用一个函数时会为该函数分配一个栈帧，用来存放普通参数和函数内部局部变量的值，这个栈帧会在函数调用结束后自动释放。而在函数递归调用的情况中，一个函数执行尚未结束就又调用了自己，原来的栈帧还没释放又分配了新栈帧，会占用大量的栈空间。所以，递归深度如果太大，可能会导致栈空间不足进而导致程序崩溃。

5.2 函数参数

函数定义时括号内是使用逗号分隔开的形参列表(parameters)，函数可以有多个参数，也可以没有参数，但定义和调用时一对括号必须有，表示这是一个函数并且不接收参数。调用函数时向其传递实参(arguments)，将实参的引用传递给形参。**定义函数时不需要声明参数类型**，解释器会根据实参的类型自动推断形参类型，在一定程度上类似于函数重载和泛型函数的功能。

一般来说,**在函数内部直接修改形参的值不会影响实参**。例如:

```
>>> def addOne(a):
    a +=1                                  #这条语句会得到一个新的变量 a
>>> a =3
>>> addOne(a)
>>> a                                      #实参的值没有受到影响
3
```

从运行结果可以看出,在函数内部修改了形参 a 的值,但是当函数运行结束以后,实参 a 的值并没有被修改。然而,列表、字典、集合这样的可变序列类型作为函数参数时,如果在函数内部通过列表、字典或集合对象自身的方法修改参数中的元素时,同样的作用也会体现到实参上。

```
>>> def modify(v):                         #修改列表元素值
    v[0]=v[0]+1
>>> a = [2]
>>> modify(a)
>>> a
[3]
>>> def modify(v,item):                    #为列表增加元素
    v.append(item)
>>> a = [2]
>>> modify(a,3)
>>> a
[2,3]
>>> def modify(d):                         #修改字典元素值或为字典增加元素
    d['age']=38
>>> a ={'name':'Dong','age':37,'sex':'Male'}
>>> modify(a)
>>> a
{'name': 'Dong','age': 38,'sex': 'Male'}
>>> def modify(s,v):                       #为集合添加元素
    s.add(v)
>>> s ={1,2,3}
>>> modify(s,4)
>>> s
{1,2,3,4}
```

也就是说,**如果传递给函数的是列表、字典、集合或其他自定义的可变序列,并且在函数内部使用下标或序列自身支持的方式为可变序列增加、删除元素或修改元素值时,修改后的结果是可以反映到函数之外的**,即实参也得到了相应的修改。

第 2 章和第 3 章曾经多次提到,Python 采用的是基于值的自动内存管理模式,变量

并不直接存储值，而是存储值的引用。从这个角度来讲，在 Python 中调用函数时，**实参到形参都是传递的引用**。也就是说，**Python 函数不存在传值调用**。

5.2.1 位置参数

位置参数(positional arguments)是比较常用的形式，调用函数时实参和形参的顺序必须严格一致，并且实参和形参的数量必须相同。

```
>>> def demo(a,b,c):                    #所有形参都是位置参数
    print(a,b,c)
>>> demo(3,4,5)
3 4 5
>>> demo(3,5,4)
3 5 4
>>> demo(1,2,3,4)                       #实参与形参的数量必须相同
TypeError: demo() takes 3 positional arguments but 4 were given
```

5.2.2 默认值参数

在定义函数时，Python 支持默认值参数，在定义函数时可以为形参设置默认值。在调用带有默认值参数的函数时，可以不用为设置了默认值的形参传递实参，此时函数将会直接使用函数定义时设置的默认值，当然也可以通过显式传递实参来替换其默认值。也就是说，**在调用函数时是否为默认值参数传递实参是可选的**，具有较大的灵活性，在一定程度上类似于函数重载的功能，同时还能在为函数增加新的参数和功能时通过为新参数设置默认值来保证向后兼容而不影响老用户的使用。需要注意的是，在定义带有默认值参数的函数时，**任何一个默认值参数右边都不能再出现没有默认值的普通位置参数**，否则会提示语法错误。带有默认值参数的函数定义语法如下：

```
def 函数名(…,形参名=默认值):
    函数体
```

可以使用“函数名.__defaults__”随时查看函数所有默认值参数的当前值，其返回值为一个元组，其中的元素依次表示每个默认值参数的当前值。

```
>>> def say(message,times=1):
    print((message+' ')*times)
>>> say.__defaults__
(1,)
```

调用该函数时，如果只为第一个参数传递实参，则第二个参数使用默认值 1，如果为第二个参数传递实参，则不再使用默认值 1，而是使用调用者显式传递的值。

```
>>> say('hello')
hello
>>> say('hello',3)
```

```
hello hello hello
```

多次调用函数并且不为默认值参数传递值时，默认值参数只在函数定义时进行一次解释和初始化，对于列表、字典这样可变类型的默认值参数，这一点可能会导致很严重的逻辑错误，而这种错误或许会耗费大量精力来定位和纠正。

```
>>>def demo(newitem,old_list=[]):
    old_list.append(newitem)
    return old_list

>>>print(demo('5',[1,2,3,4]))
[1,2,3,4,'5']
>>>print(demo('aaa',['a','b']))
['a','b','aaa']
>>>print(demo('a'))
['a']
>>>print(demo('b'))                          #注意这里的输出结果
['a','b']
```

上面的函数使用列表作为默认参数，由于其可记忆性，连续多次调用该函数而不给该参数传值时，再次调用将保留上一次调用的结果。一般来说，**要避免使用列表、字典、集合或其他可变序列作为函数参数默认值**，对于上面的函数，更建议使用下面的写法。

```
def demo(newitem,old_list=None):
    if old_list is None:
        old_list = []
    old_list.append(newitem)
    return old_list
```

另外一个需要注意的问题是，如果在定义函数时某个参数的默认值为另一个变量的值，那么参数的默认值只依赖于函数定义时该变量的值，或者说**函数的默认值参数是在函数定义时确定值的**，所以只会被初始化一次。例如：

```
>>>i = 3
>>>def f(n=i):                               #参数 n 的值仅取决于 i 的当前值
    print(n)
>>>f()
3
>>>i = 5                                     #函数定义后修改 i 的值不影响参数 n 的默认值
>>>f()
3
>>>i = 7
>>>f()
3
>>>def f(n=i):                               #重新定义函数
    print(n)
```

```
>>>f()
7
```

5.2.3　关键参数

关键参数主要指调用函数时的参数传递方式，与函数定义无关。通过关键参数可以按参数名字传递值，明确指定哪个值传递给哪个参数，**实参顺序可以和形参顺序不一致**，但不影响参数的传递结果，避免了用户需要牢记参数位置和顺序的麻烦，使得函数的调用和参数传递更加灵活方便。

```
>>>def demo(a,b,c=5):
   print(a,b,c)
>>>demo(3,7)                           #按位置传递参数
3 7 5
>>>demo(c=8,a=9,b=0)                   #关键参数
9 0 8
```

5.2.4　可变长度参数

可变长度参数在定义函数时主要有两种形式：*parameter 和**parameter，前者用来接收任意多个位置实参并将其放在一个元组中，后者接收类似于关键参数一样显式赋值形式的多个实参并将其放入字典中。

下面的代码演示了第一种形式可变长度参数的用法，无论调用该函数时传递了多少实参，一律将其放入元组中：

```
>>>def demo(*p):
    print(p)
>>>demo(1,2,3)
(1,2,3)
>>>demo(1,2,3,4,5,6,7)
(1,2,3,4,5,6,7)
```

下面的代码演示了第二种形式可变长度参数的用法，即在调用该函数时自动将接收的参数转换为字典：

```
>>>def demo(**p):
    for item in p.items():
        print(item)
>>>demo(x=1,y=2,z=3)
('y',2)
('x',1)
('z',3)
```

Python 定义函数时可以同时使用位置参数、关键参数、默认值参数和可变长度参数，

但是除非真的很必要,否则不要这样做,因为这会使得代码非常混乱而严重降低可读性,并导致程序查错非常困难。另外,一般而言,如果一个函数可以接收很多不同类型的参数,很可能是函数设计得不好。例如,函数功能过多,需要进行必要的拆分和重新设计,以满足模块高内聚的要求。

5.2.5 传递参数时的序列解包

与可变长度的参数相反,这里的序列解包是指实参,同样也有 * 和**两种形式。调用含有多个位置参数(positional arguments)的函数时,可以使用 Python 列表、元组、集合、字典以及其他可迭代对象作为实参,并在实参名称前加一个星号,Python 解释器将自动进行解包,然后把序列中的值分别传递给多个单变量形参。

```
>>> def demo(a,b,c):                      #可以接收多个位置参数的函数
    print(a+b+c)
>>> seq = [1,2,3]
>>> demo(*seq)                            #对列表进行解包
6
>>> tup = (1,2,3)
>>> demo(*tup)                            #对元组进行解包
6
>>> dic = {1:'a',2:'b',3:'c'}
>>> demo(*dic)                            #对字典的键进行解包
6
>>> demo(*dic.values())                   #对字典的值进行解包
abc
>>> Set = {1,2,3}
>>> demo(*Set)                            #对集合进行解包
6
```

如果实参是个字典,可以使用两个星号**对其进行解包,会把字典元素转换成类似于关键参数的形式进行参数传递。对于这种形式的序列解包,要求实参字典中的所有键都必须是函数的形参名称,或者与函数中两个星号的可变长度参数相对应。

```
>>> p = {'a':1,'b':2,'c':3}               #要解包的字典
>>> def f(a,b,c=5):                       #带有位置参数和默认值参数的函数
    print(a,b,c)
>>> f(**p)
1 2 3
>>> def f(a=3,b=4,c=5):                   #带有多个默认值参数的函数
    print(a,b,c)
>>> f(**p)                                #对字典元素进行解包
1 2 3
>>> def demo(**p):                        #接收字典形式可变长度参数的函数
    for item in p.items():
```

```
        print(item)
>>>p ={'x':1,'y':2,'z':3}
>>>demo(**p)                          #对字典元素进行解包
('y',2)
('z',3)
('x',1)
```

如果一个函数需要以多种形式来接收参数,定义时一般把位置参数放在最前面,然后是默认值参数,接下来是一个星号的可变长度参数,最后是两个星号的可变长度参数;调用函数时,一般也按照这个顺序进行参数传递。调用函数时如果对实参使用一个星号*进行序列解包,那么这些解包后的实参将会被当作普通位置参数对待,并且会在关键参数和使用两个星号**进行序列解包的参数之前进行处理。

```
>>>def demo(a,b,c):                   #定义函数
    print(a,b,c)
>>>demo(*(1,2,3))                     #调用,序列解包
1 2 3
>>>demo(1,*(2,3))                     #位置参数和序列解包同时使用
1 2 3
>>>demo(1,*(2,),3)
1 2 3
>>>demo(a=1,*(2,3))                   #一个星号的序列解包相当于位置参数
                                      #优先处理,引发异常
TypeError: demo() got multiple values for argument 'a'
>>>demo(b=1,*(2,3))                   #重复给 b 赋值,引发异常
TypeError: demo() got multiple values for argument 'b'
>>>demo(c=1,*(2,3))                   #一个星号的序列解包相当于位置参数
                                      #优先处理
2 3 1
>>>demo(**{'a':1,'b':2},*(3,))        #序列解包不能在关键参数解包之后
SyntaxError: iterable argument unpacking follows keyword argument unpacking
>>>demo(*(3,),**{'a':1,'b':2})        #一个星号的序列解包相当于位置参数
                                      #优先处理,引发异常
TypeError: demo() got multiple values for argument 'a'
>>>demo(*(3,),**{'c':1,'b':2})
3 2 1
```

5.3　变量作用域

变量起作用的代码范围称为变量的作用域,**不同作用域内同名变量之间互不影响**,就像不同文件夹中的同名文件之间互不影响一样。在函数外部和在函数内部定义的变量,其作用域是不同的,函数内部定义的变量一般为局部变量,在函数外部定义的变量为全局

变量。不管是局部变量还是全局变量,其作用域都是从定义的位置开始的,在此之前无法访问。

在函数内定义的局部变量只在该函数内可见,当函数运行结束后,在其内部定义的所有局部变量将被自动删除而不可访问。**在函数内部使用 global 定义的全局变量当函数结束以后仍然存在并且可以访问。**

如果在函数内部修改一个定义在函数外的变量值,必须使用 global 明确声明,否则会自动创建新的局部变量。在函数内部通过 global 关键字来声明或定义全局变量,这分两种情况。

(1) **一个变量已在函数外定义,如果在函数内需要修改这个变量的值,并将修改的结果反映到函数之外,可以在函数内用关键字 global 明确声明要使用已定义的同名全局变量。**

(2) **在函数内部直接使用 global 关键字将一个变量声明为全局变量,如果在函数外没有定义该全局变量,在调用这个函数之后,会创建新的全局变量。**

或者说,也可以这么理解:**①在函数内如果只引用某个变量的值而没有为其赋新值,该变量为(隐式的)全局变量;②如果在函数内某条代码有为变量赋值的操作,该变量就被认为是(隐式的)局部变量,除非在函数内赋值操作之前显式地用关键字 global 进行了声明。**

下面的代码演示了局部变量和全局变量的用法。

```
>>>def demo():
    global x                          #声明或创建全局变量,必须在使用 x 之前执行
    x =3                              #修改全局变量的值
    y =4                              #局部变量
    print(x,y)
>>>x =5                               #在函数外部定义了全局变量 x
>>>demo()                             #本次调用修改了全局变量 x 的值
3 4
>>>x
3
>>>y                                  #局部变量在函数运行结束之后自动删除,不再存在
NameError: name 'y' is not defined
>>>del x                              #删除了全局变量 x
>>>x
NameError: name 'x' is not defined
>>>demo()                             #本次调用创建了全局变量
3 4
>>>x
3
```

如果在某个作用域内有为变量赋值的操作,那么该变量将被认为是该作用域内的局部变量,这一点一定要引起注意。

```
>>> x = 10                                  #全局变量
>>> def demo():
    print(x)                                #这条语句会引发异常，因为 x 变量现在还不存在
    x = x+1                                 #赋值语句，x 将被认为是该作用域内的局部变量
    print(x)

>>> demo()
UnboundLocalError: local variable 'x' referenced before assignment
```

如果局部变量与全局变量具有相同的名字，那么该局部变量会在自己的作用域内暂时隐藏同名的全局变量。

```
>>> def demo():
    x = 3                                   #创建了局部变量，并自动隐藏了同名的全局变量
    print(x)
>>> x = 5                                   #创建全局变量
>>> x
5
>>> demo()
3
>>> x                                       #函数调用结束后，不影响全局变量 x 的值
5
```

5.4　lambda 表达式

lambda 表达式常用来声明匿名函数，即没有函数名字的临时使用的小函数，常用在临时需要一个类似于函数的功能但又不想定义函数的场合。例如，内置函数 sorted()和列表方法 sort()的 key 参数，内置函数 map()和 filter()的第一个参数，等等。lambda 表达式功能上等价于函数，但只可以包含一个表达式，不允许包含其他复杂的语句，但在表达式中可以调用其他函数，该表达式的计算结果相当于函数的返回值。下面的代码演示了不同情况下 lambda 表达式的应用。

```
>>> f = lambda x,y,z: x+y+z                 #也可以给 lambda 表达式起个名字
>>> print(f(1,2,3))                         #把 lambda 表达式当作函数使用
6
>>> g = lambda x,y=2,z=3: x+y+z             #支持默认值参数
>>> print(g(1))
6
>>> print(g(2,z=4,y=5))                     #调用时使用关键参数
11
>>> L = [(lambda x: x**2),(lambda x: x**3),(lambda x: x**4)]
>>> print(L[0](2),L[1](2),L[2](2))
4 8 16
>>> D = {'f1':(lambda: 2+3),'f2':(lambda: 2*3),'f3':(lambda: 2**3)}
```

```
>>>print(D['f1'](),D['f2'](),D['f3']())
5 6 8
>>>L = [1,2,3,4,5]
>>>list(map(lambda x: x+10,L))          #lambda表达式作为函数参数
[11,12,13,14,15]
>>>def demo(n):
    return n * n
>>>demo(5)
25
>>>a_list = [1,2,3,4,5]
>>>list(map(lambda x: demo(x),a_list))  #在lambda表达式中可以调用函数
[1,4,9,16,25]
>>>data = list(range(20))
>>>import random
>>>random.shuffle(data)
>>>data
[4,3,11,13,12,15,9,2,10,6,19,18,14,8,0,7,5,17,1,16]
>>>data.sort(key=lambda x: x)           #用在列表的sort()方法中,作为函数参数
>>>data
[0,1,2,3,4,5,6,7,8,9,10,11,12,13,14,15,16,17,18,19]
>>>data.sort(key=lambda x: len(str(x))) #使用lambda表达式指定排序规则
>>>data
[0,1,2,3,4,5,6,7,8,9,10,11,12,13,14,15,16,17,18,19]
>>>data.sort(key=lambda x: len(str(x)),reverse=True)
>>>data
[10,11,12,13,14,15,16,17,18,19,0,1,2,3,4,5,6,7,8,9]
```

在使用lambda表达式时,要注意变量作用域可能会带来的问题。例如,下面的代码中变量x是在外部作用域中定义的,对lambda表达式而言不是局部变量,从而导致出现了错误。

```
>>>r = []
>>>for x in range(10):
    r.append(lambda: x**2)
>>>r[1]()                               #请自行验证r[0]()、r[2]()、r[3]()和其他几个
81
>>>x = 3
>>>r[1]()
9
```

而修改为下面的代码,则可以得到正确的结果。

```
>>>r = []
>>>for x in range(10):
    r.append(lambda n=x: n**2)
>>>r[0]()
```

```
0
>>> r[1]()
1
>>> r[5]()                                  #请自行验证其他几个
25
```

或许下面这个例子更能说明问题，这里的 lambda 表达式相当于只有一条 return i 语句的小函数，调用时真正的返回值取决于全局变量 i 的当前值。

```
>>> f = lambda: i
>>> i = 3
>>> f()
3
>>> i = 5
>>> f()
5
```

最后应注意，虽然使用 lambda 表达式可以很方便灵活地定义一些小函数，但是，如果仅仅是需要一个简单的运算，那么应该尽量使用标准库 operator 中提供的函数，避免自己定义 lambda 表达式。

5.5　生成器函数设计要点

包含 yield 语句的函数可以用来创建生成器对象，这样的函数也称为生成器函数。yield 语句与 return 语句的作用相似，都是用来从函数中返回值。return 语句一旦执行会立刻结束函数的运行，而**每次执行到 yield 语句并返回一个值之后会暂停或挂起后面代码的执行**，下次通过生成器对象的__next__()方法、内置函数 next()、for 循环遍历生成器对象元素或其他方式显式"索要"数据时恢复执行。**生成器具有惰性求值的特点**，适合大数据处理。下面的代码演示了如何使用生成器来生成斐波那契数列：

```
>>> def f():
    a, b = 1, 1                             #序列解包，同时为多个元素赋值
    while True:
        yield a                             #暂停执行，需要时再产生一个新元素
        a, b = b, a+b                       #序列解包，继续生成新元素
>>> a = f()                                 #创建生成器对象
>>> for i in range(10):                     #斐波那契数列中前 10 个元素
    print(a.__next__(), end=' ')
1 1 2 3 5 8 13 21 34 55
>>> for i in f():                           #斐波那契数列中第一个大于 100 的元素
    if i > 100:
        print(i, end=' ')
        break
144
```

```
>>>a = f()                              #创建生成器对象
>>>next(a)                              #使用内置函数 next()获取生成器对象中的元素
1
>>>next(a)                              #每次索取新元素时,由 yield 语句生成
1
>>>a.__next__()                         #也可以调用生成器对象的__next__()方法
2
>>>a.__next__()
3
>>>def f():
    yield from 'abcdefg'                #使用 yield 表达式创建生成器

>>>x = f()
>>>next(x)
'a'
>>>next(x)
'b'
>>>for item in x:                       #输出 x 中的剩余元素
    print(item, end=' ')

c d e f g
>>>def gen():
    yield 1
    yield 2
    yield 3

>>>x, y, z = gen()                      #生成器对象支持序列解包
```

Python 标准库 itertools 提供了一个 count(start, step)函数,用来连续不断地生成无穷个数,这些数中的第一个数是 start(默认为 0),相邻两个数的差是 step(默认为 1)。下面的代码使用生成器模拟了标准库 itertools 中的 count()函数。

```
>>>def count(start,step):
    num = start
    while True:                         #无穷循环
        yield num                       #返回一个数,暂停执行,等待下一次索要数据
        num += step
>>>x = count(3,5)
>>>for i in range(10):
    print(next(x), end=' ')
3 8 13 18 23 28 33 38 43 48
>>>for i in range(10):
    print(next(x), end=' ')
53 58 63 68 73 78 83 88 93 98
```

5.6　精彩案例赏析

示例 5-1　编写函数，接收任意多个实数，返回一个元组，其中第一个元素为所有参数的平均值，其他元素为所有参数中大于平均值的实数。

```
def demo(*para):
    avg = sum(para)/len(para)            #平均值
    g = [i for i in para if i>avg]       #列表推导式
    return (avg,) + tuple(g)
```

示例 5-2　编写函数，接收字符串参数，返回一个元组，其中第一个元素为大写字母个数，第二个元素为小写字母个数。

```
def demo(s):
    result = [0,0]
    for ch in s:
        if ch.islower():
            result[1] += 1
        elif ch.isupper():
            result[0] += 1
    return tuple(result)
```

示例 5-3　编写函数，接收包含 n 个整数的列表 lst 和一个整数 k(0⩽k<n)作为参数，返回新列表。处理规则为：将列表 lst 中下标 k(不包括 k)之前的元素逆序，下标 k(包括 k)之后的元素逆序，然后将整个列表 lst 中的所有元素逆序。

```
def demo(lst,k):
    x = lst[k-1::-1]
    y = lst[:k-1:-1]
    return list(reversed(x+y))
```

本例描述的实际上是将列表循环左移 k 位的算法实现，下面的代码使用了更加直接的方法，但对于长列表来说效率远不如上面的代码高，因为 pop(0)操作在列表首部删除元素，这会引起大量元素的前移。

```
def demo(lst,k):
    temp = lst[:]
    for i in range(k):
        temp.append(temp.pop(0))
    return temp
```

搞清楚问题的本质以后，对于本例中描述的问题，使用切片可以直接实现，可以达到最快的速度。

```
def demo(lst,k):
```

```
    return lst[k:] + lst[:k]
```

Python 标准库 collections 提供的双端队列可以直接实现循环左移位和右移位，更加灵活方便。

```
>>> from collections import deque
>>> q = deque(range(20))                    # 创建双端队列
>>> q.rotate(3)                             # 循环右移位
>>> q
deque([17,18,19,0,1,2,3,4,5,6,7,8,9,10,11,12,13,14,15,16])
>>> q.rotate(-3)                            # 循环左移位
>>> q
deque([0,1,2,3,4,5,6,7,8,9,10,11,12,13,14,15,16,17,18,19])
```

示例 5-4 编写函数，接收一个整数 t 作为参数，打印杨辉三角前 t 行。

```
def yanghui(t):
    printv[1])
    line = [1,1]
    print(line)
    for i in range(2,t):
        r = []
        for j in range(0,len(line)-1):
            r.append(line[j]+line[j+1])
        line = [1]+r+[1]
        print(line)
```

示例 5-5 编写函数，使用 collections 标准库的 defaultdict 类实现上例的功能。

杨辉三角也可以使用 Python 标准库 collections 提供的 defaultdict 类来实现，也就是带默认值的字典。如果需要访问 defaultdict 类的对象中某个特定的值但不存在时，不会抛出异常，而是会给出一个默认值。

```
from collections import defaultdict

def yanghui(n):
    # 所有元素默认值为 0
    triangle = defaultdict(int)
    for row in range(n):
        # 每行第一个元素为 1
        triangle[row,0] = 1
        print(triangle[row,0],end='\t')
        # 生成该行后续元素
        for col in range(1,row+1):
            # 如果指定位置的元素不存在，默认为 0
            triangle[row,col] = triangle[row-1,col-1] + triangle[row-1,col]
            print(triangle[row,col],end='\t')
```

```
        print()

yanghui(14)
```

示例 5-6 编写函数，接收一个正偶数作为参数，输出两个素数，并且这两个素数之和等于原来的正偶数。如果存在多组符合条件的素数，则全部输出。

```
def demo(n):
    def IsPrime(p):
        if p == 2:
            return True
        if p%2 == 0:
            return False
        for i in range(3,int(p**0.5)+1,2):
            if p%i == 0:
                return False
        return True

    if isinstance(n,int) and n>0 and n%2==0:
        for i in range(2,n//2+1):
            if IsPrime(i) and IsPrime(n-i):
                print(i,'+',n-i,'=',n)
```

示例 5-7 编写函数，接收两个正整数作为参数，返回一个元组，其中第一个元素为最大公约数，第二个元素为最小公倍数。

```
def demo(m,n):
    p = m * n
    while m%n != 0:
        m,n = n,m%n
    return (n, p//n)
```

另外，Python 标准库 fractions 中提供了 gcd()函数用来计算最大公约数，在 Python 3.5 和更新版本中，标准库 math 也提供了计算最大公约数的函数 gcd()，Python 3.9 中同名函数可计算多个整数的最大公约数。利用 gcd()函数，上面的代码也可以写作：

```
def demo(m,n):
    import math
    r = math.gcd(m,n)
    return (r,(m*n)//r)
```

示例 5-8 编写函数，接收一个所有元素值都不相等的整数列表 x 和一个整数 n，要求将值为 n 的元素作为支点，将列表中所有值小于 n 的元素全部放到 n 的前面，所有值大于 n 的元素放到 n 的后面。

```
def demo(x,n):
    t1 = [i for i in x if i<n]
```

```
    t2 = [i for i in x if i>n]
    return t1 + [n] + t2
```

上面的代码已经很棒了,只是还有一点小瑕疵。这段代码使用了两个列表推导式,对列表 x 中的元素扫描了两遍。下面的代码虽然看起来长了一点,但是只需要对列表中的元素扫描一遍就能得到结果,对于长列表而言执行效率还是有很大提升的。

```
def demo(x,n):
    t1 = []
    t2 = []
    for i in x:
        if i < n:
            t1.append(i)
        elif i > n:
            t2.append(i)
    return t1 + [n] + t2
```

示例 5-9 编写函数,计算字符串匹配的准确率。

以打字练习程序为例,假设 origin 为原始内容,userInput 为用户输入的内容,下面的代码用来测试用户输入的准确率。

```
def Rate(origin,userInput):
    if not (isinstance(origin,str) and isinstance(userInput,str)):
        print('The two parameters must be strings.')
        return
    right = sum((1 for o,u in zip(origin,userInput) if o==u))
    return round(right/len(origin),2)
```

示例 5-10 编写函数,使用非递归方法对整数进行因数分解。

```
from random import randint
from math import sqrt

def factoring(n):
    '''对大数进行因数分解'''
    if not isinstance(n,int):
        print('You must give me an integer')
        return
    #开始分解,把所有因数都添加到 result 列表中
    result = []
    for p in primes:
        while n !=1:
            if n%p == 0:
                n = n / p
                result.append(p)
            else:
```

```
                break
        else:
            result ='*'.join(map(str,result))
            return result
    #考虑参数本身就是素数的情况
    if not result:
        return n

testData =[randint(10,100000) for i in range(50)]
#随机数中的最大数
maxData =max(testData)
#小于 maxData 的所有素数
primes =[ p for p in range(2,maxData) if 0 not in
          [ p%d for d in range(2,int(sqrt(p))+1)] ]

for data in testData:
    r =factoring(data)
    print(data,'=',r)
    #测试分解结果是否正确
    print(data==eval(r))
```

示例 5-11 编写函数模拟猜数游戏。系统随机产生一个数,玩家最多可以猜 5 次,系统会根据玩家的猜测进行提示,玩家则可以根据系统的提示对下一次的猜测进行适当调整。

```
from random import randint

def guess(maxValue=100,maxTimes=5):
    #随机生成一个整数
    value =randint(1,maxValue)
    for i in range(maxTimes):
        prompt ='Start to Guess:' if i==0 else 'Guess again:'
        #使用异常处理结构,防止输入不是数字的情况
        try:
            x =int(input(prompt))
        except:
            print('Must input an integer between 1 and ',maxValue)
        else:
            #猜对了
            if x ==value:
                print('Congratulations!')
                break
            elif x >value:
                print('Too big')
            else:
```

```
            print('Too little')
    else:
        #次数用完还没猜对,游戏结束,提示正确答案
        print('Game over. FAIL.')
        print('The value is ',value)
```

示例 5-12 编写函数,计算形式如 a+aa+aaa+aaaa+…+aaa…aaa 的表达式的值,其中 a 为小于 10 的自然数。

```
def demo(v,n):
    assert type(n)==int and 0<v<10,'v must be integer between 1 and 9'
    result,t = 0,0
    for i in range(n):
        t = t * 10 + v
        result += t
    return result

print(demo(3,4))
```

也可以使用下面的代码实现同样功能。

```
def demo2(a, n):
    a =str(a)
    result=sum(eval(a*i) for i in range(1,n+1))
    return result
```

示例 5-13 编写函数模拟报数游戏。有 n 个人围成一圈,顺序编号,第一个人开始从 1 到 k(假设 k=3)报数,报到 k 的人退出圈子,然后圈子缩小,从下一个人继续游戏,问最后留下的是原来的第几号。

```
from itertools import cycle

def demo(lst,k):
    #切片,以免影响原来的数据
    t_lst = lst[:]
    #游戏一直进行到只剩下最后一个人
    while len(t_lst) >1:
        #创建 cycle 对象
        c = cycle(t_lst)
        #从 1 到 k 报数
        for i in range(k):
            t = next(c)
        #一个人出局,圈子缩小
        index =t_lst.index(t)
        t_lst = t_lst[index+1:] + t_lst[:index]
    #游戏结束
```

```
    return t_lst[0]

lst = list(range(1,11))
print(demo(lst,3))
```

示例 5-14 汉诺塔问题基于递归算法的实现。

据说古代有一个梵塔，塔内有 3 个底座 A、B、C，A 座上有 64 个盘子，盘子大小不等，大的在下，小的在上。有一个和尚想把这 64 个盘子从 A 座移到 C 座，但每次只允许移动一个盘子，在移动盘子的过程中可以利用 B 座，但任何时刻 3 个座上的盘子都必须始终保持大盘在下、小盘在上的顺序。如果只有一个盘子，不需要利用 B 座，直接将盘子从 A 移动到 C 即可。和尚想知道这项任务的详细移动步骤和顺序。这实际上是一个非常巨大的工程，是一个不可能完成的任务。根据数学知识我们可以知道，移动 n 个盘子需要 2^n-1 步，64 个盘子需要 18 446 744 073 709 551 615 步。如果每步需要一秒，那么就需要 584 942 417 355.072 年。

```
def hannoi(num,src,dst,temp=None):
    #声明用来记录移动次数的变量为全局变量
    global times
    #确认参数类型和范围
    assert type(num)==int,'num must be an integer'
    assert num>0,'num must>0'
    #只剩最后或只有一个盘子需要移动,这也是函数递归调用的结束条件
    if num ==1:
        print('The {0} Times move:{1}==>{2}'.format(times,src,dst))
        times += 1
    else:
        #递归调用函数自身
        #先把除最后一个盘子之外的所有盘子移动到临时柱子上
        hannoi(num-1,src,temp,dst)
        #把最后一个盘子直接移动到目标柱子上
        hannoi(1,src,dst)
        #把除最后一个盘子之外的其他盘子从临时柱子上移动到目标柱子上
        hannoi(num-1,temp,dst,src)
#用来记录移动次数的变量
times =1
#A 表示最初放置盘子的柱子,C 是目标柱子,B 是临时柱子
hannoi(3,'A','C','B')
```

示例 5-15 编写函数计算任意位数的黑洞数。黑洞数是指这样的整数：由这个数字每位上的数字组成的最大数减去每位数字组成的最小数仍然得到这个数自身。例如，3 位黑洞数是 495，因为 954－459＝495，4 位数字是 6174，因为 7641－1467＝6174。

```
def main(n):
    '''参数 n 表示数字的位数,例如 n=3 时返回 495,n=4 时返回 6174'''
```

```
    #待测试数范围的起点和结束值
    start = 10**(n-1)
    end =10**n
    #依次测试每个数
    for i in range(start,end):
        #由这几个数字组成的最大数和最小数
        big =''.join(sorted(str(i),reverse=True))
        little =''.join(reversed(big))
        big,little =map(int,(big,little))
        if big-little == i:
            print(i)
n = 4
main(n)
```

示例 5-16 24 点游戏是指随机选取 4 张扑克牌(不包括大小王),然后通过四则运算来构造表达式,如果表达式的值恰好等于 24 就赢一次。下面的代码定义了一个函数用来测试随机给定的 4 个数是否符合 24 点游戏规则,如果符合就输出所有可能的表达式。

```
from random import randint
from itertools import permutations

#4 个数字和 3 个运算符可能组成的表达式形式
exps = ('((%s %s %s) %s %s) %s %s',
        '(%s %s %s) %s (%s %s %s)',
        '(%s %s (%s %s %s)) %s %s',
        '%s %s ((%s %s %s) %s %s)',
        '%s %s (%s %s (%s %s %s))')
ops =r'+- * /'

def test24(v):
    result =[]
    #Python 允许函数的嵌套定义
    #这个函数对字符串表达式求值并验证是否等于 24
    def check(exp):
        try:
            #有可能会出现除以 0 异常,所以放到异常处理结构中
            return eval(exp)==24
        except:
            return False
    #全排列,枚举 4 个数的所有可能顺序
    for a in permutations(v):
        #查找 4 个数的当前排列能实现 24 的表达式
        t =[exp % (a[0],op1,a[1],op2,a[2],op3,a[3]) for op1 in ops for op2 in ops
            for op3 in ops for exp in exps if check(exp%(a[0],op1,a[1],op2,a[2],
            op3,a[3]))]
```

```
        if t:
            result.append(t)
    return result

for i in range(20):
    print('=' * 20)
    #生成随机数字进行测试
    lst = [randint(1,13) for j in range(4)]
    r = test24(lst)
    if r:
        print(r)
    else:
        print('No answer for ',lst)
```

示例 5-17　编写函数，查找序列元素的最大值和最小值。给定一个序列，返回一个元组，其中元组第一个元素为序列最大值，第二个元素为序列最小值。

```
def myMaxMin(iterable):
    '''返回序列的最大值和最小值'''
    tMax = tMin = iterable[0]
    for item in iterable[1:]:
        if item > tMax:
            tMax = item
        elif item < tMin:
            tMin = item

    return (tMax, tMin)
```

示例 5-18　编写函数，模拟内置函数 all()、any()和 zip()。

```
def myAll(iterable):
    '''模拟内置函数 all()'''
    #只要有一个元素等价于 False,返回 False
    for item in iterable:
        if not item:
            return False
    #如果所有元素都等价于 True,返回 True
    return True

def myAny(iterable):
    '''模拟内置函数 any()'''
    #只要有一个元素等价于 True,返回 True
    for item in iterable:
        if item:
            return True
    #如果所有元素都等价于 False,返回 False
```

```
    return False

def myZip(*iterables):
    '''模拟内置函数 zip()'''
    #获取所有迭代对象的最小长度
    min_length = min(map(len,iterables))

    #依次返回所有迭代对象中对应位置上元素组成的元组
    for i in range(min_length):
        yield tuple((it[i] for it in iterables))
```

示例 5-19 编写函数,使用非递归算法实现冒泡排序算法。

```
from random import randint

def bubbleSort(lst,reverse=False):
    length = len(lst)
    for i in range(0,length):
        flag = False
        for j in range(0,length-i-1):
            #比较相邻两个元素大小,并根据需要进行交换
            #默认升序排列
            exp = 'lst[j]>lst[j+1]'
            #如果 reverse=True 则降序排列
            if reverse:
                exp = 'lst[j]<lst[j+1]'
            if eval(exp):
                lst[j],lst[j+1]=lst[j+1],lst[j]
                #flag=True 表示本次扫描发生过元素交换
                flag = True
        #如果一次扫描结束后,没有发生过元素交换,说明已经按序排列
        if not flag:
            break

lst = [randint(1,100) for i in range(20)]
print('Before sort:\n',lst)
bubbleSort(lst,True)
print('After sort:\n',lst)
```

示例 5-20 编写函数,使用递归算法实现冒泡排序算法。

```
from random import randint

def bubbleSort(lst,end=None,reverse=False):
    if end == None:
        length = len(lst)
```

```
    else:
        length =end
    if length <=1:
        return
    #flag用来标记本次扫描过程中是否发生了元素的交换
    flag =False
    for j in range(length-1):
        #比较相邻两个元素的大小,并根据需要进行交换
        #默认升序排列
        exp ='lst[j]>lst[j+1]'
        #如果 reverse=True 则降序排列
        if reverse:
            exp ='lst[j]<lst[j+1]'
        if eval(exp):
            lst[j],lst[j+1] =lst[j+1],lst[j]
            flag =True
    #如果没有发生元素交换,则表示已按序排列
    if flag ==False:
        return
    else:
        #对剩余的元素进行排序
        bubbleSort(lst,length-1,reverse)

#测试
lst =[randint(1,100) for i in range(20)]
print('Before sorted:\n',lst)
#升序排列
bubbleSort(lst)
#降序排列
#bubbleSort(lst,reverse=True)
print('After sorted:\n',lst)
```

示例 5-21　编写函数,模拟选择法排序。

```
def selectSort(lst,reverse=False):
    length =len(lst)
    for i in range(0,length):
        #假设剩余元素中第一个最小或最大
        m =i
        #扫描剩余元素
        for j in range(i+1,length):
            #如果有更小或更大的,就记录下它的位置
            exp ='lst[j]<lst[m]'
            if reverse:
                exp ='lst[j]>lst[m]'
            if eval(exp):
```

```
            m =j
        #如果发现更小或更大的,就交换值
        if m != i:
            lst[i],lst[m]=lst[m],lst[i]
```

示例 5-22 编写函数,模拟二分法查找。

二分法查找算法非常适合在大量元素中查找指定的元素,要求序列已经排好序(这里假设按从小到大排序),首先测试中间位置上的元素是否为想查找的元素,如果是则结束算法;如果序列中间位置上的元素比要查找的元素小,则在序列的后面一半元素中继续查找;如果中间位置上的元素比要查找的元素大,则在序列的前面一半元素中继续查找。重复上面的过程,不断地缩小搜索范围,直到查找成功或者失败(要查找的元素不在序列中)。

```
from random import randint

def binarySearch(lst,value):
    start =0
    end =len(lst)-1
    while start <= end:
        #计算中间位置
        middle = (start+end) // 2
        #查找成功,返回元素对应的位置
        if value ==lst[middle]:
            return middle
        #在后面一半元素中继续查找
        elif value >lst[middle]:
            start = middle + 1
        #在前面一半元素中继续查找
        elif value <lst[middle]:
            end = middle - 1
    #查找不成功,返回 False
    return False
lst = [randint(1,50) for i in range(20)]
lst.sort()
print(lst)
result = binarySearch(lst,30)
if result != False:
    print('Success,its position is:',result)
else:
    print('Fail. Not exist.')
```

标准库 bisect 实现了二分法查找和插入的有关功能,其中的 bisect_left() 和 bisect_right()方法可以用来定位在一个有序列表中插入指定元素而保持新列表有序的正确位置,如果原列表中已存在要插入的元素,那么 bisect_left()返回已有元素前面紧邻的位置,而 bisect_right()返回已有元素后面紧邻的位置;insort_left()和 insort_right()则直接在正确的位置插入新元素并且保持新列表有序。

```
>>>import bisect
>>>lst =list(range(10))                    #创建列表
>>>lst
[0,1,2,3,4,5,6,7,8,9]
>>>bisect.bisect_left(lst,5)               #获取需要插入的新元素的正确位置
5
>>>bisect.bisect_right(lst,5)
6
>>>bisect.bisect_left(lst,5.5)
6
>>>bisect.bisect_right(lst,5.5)
6
>>>lst.insert(6,5.5)                       #插入新元素
>>>bisect.insort_left(lst,7.9)             #插入新元素
>>>lst
[0,1,2,3,4,5,5.5,6,7,7.9,8,9]
```

示例 5-23 编写函数,模拟快速排序算法。

```
from random import randint

def quickSort(lst,reverse=False):
    if len(lst) <=1:
        return lst
    #默认使用最后一个元素作为枢点
    pivot =lst.pop()
    first,second =[],[]
    #默认使用升序排列
    exp ='x<=pivot'
    #reverse=True 表示降序排列
    if reverse ==True:
        exp ='x>=pivot'
    for x in lst:
        first.append(x) if eval(exp) else second.append(x)
    #递归调用
    return quickSort(first,reverse) +[pivot] +quickSort(second,reverse)

lst =[randint(1,1000) for i in range(10)]
print(quickSort(lst,True))
```

上面的代码思路非常清晰,不过空间开销比较大,如果使用经典的快速排序算法,代码可以这样写:

```
def quickSort(x,start,end):
    if start >=end:
```

```
        return

    i = start
    j = end
    #使用第一个元素作为枢点
    key = x[start]

    while i < j:
        #从后向前寻找第一个比指定元素小的元素
        while i<j and x[j]>= key:
            j -= 1
        x[i] = x[j]

        #从前向后寻找第一个比指定元素大的元素
        while i<j and x[i]<= key:
            i += 1
        x[j] = x[i]

    x[i] = key
    quickSort(x,start,i-1)
    quickSort(x,i+1,end)
```

示例 5-24 编写函数,实现归并排序算法,并进行测试。

```
import random

def mergeSort(seq,reverse=False):
    #把原列表分成两部分
    mid = len(seq) // 2
    left,right = seq[:mid],seq[mid:]

    #根据需要进行递归
    if len(left)>1:
        left = mergeSort(left)
    if len(right)>1:
        right = mergeSort(right)

    #现在前后两部分都已排序
    #进行合并
    temp = []
    while left and right:
        if left[-1] >= right[-1]:
            temp.append(left.pop())
        else:
            temp.append(right.pop())
    temp.reverse()
```

```
    result = (left or right) + temp

    #根据需要进行逆序
    if reverse:
        i,j = 0,len(result)-1
        while i < j:
            result[i],result[j] = result[j],result[i]
            i += 1
            j -= 1
    return result

for i in range(100000):
    #生成随机测试数据
    reverse = random.choice((True,False))
    x = [random.randint(1,100) for i in range(20)]
    y = sorted(x,reverse=reverse)
    x = mergeSort(x,reverse)
    if x != y:
        print('error')
```

示例 5-25　编写函数，查找给定序列的最长递增子序列。

```
from itertools import combinations
from random import sample

def subAscendingList(lst):
    '''返回最长递增子序列'''
    for length in range(len(lst),0,-1):
        #按长度递减的顺序进行查找和判断
        for sub in combinations(lst,length):
            #判断当前选择的子序列是否为递增顺序
            if list(sub) == sorted(sub):
                #找到第一个就返回
                return sub

def getList(start=0,end=1000,number=20):
    '''生成随机序列'''
    if number > end-start:
        return None
    return sample(range(start,end),number)

def main():
    lst = getList(number=10)
    if lst:
        print(lst)
        print(subAscendingList(lst))
```

```
main()
```

示例 5-26 编写函数,寻找给定序列中相差最小的两个数字。

```
import random

def getTwoClosestElements(seq):
    #先进行排序,使得相邻元素最接近
    #相差最小的元素必然相邻
    seq = sorted(seq)
    #无穷大
    dif = float('inf')
    #遍历所有元素,两两比较,比较相邻元素的差值
    #使用选择法寻找相差最小的两个元素
    for i,v in enumerate(seq[:-1]):
        d = abs(v - seq[i+1])
        if d < dif:
            first,second,dif = v,seq[i+1],d
    #返回相差最小的两个元素
    return (first,second)

seq = [random.random() for i in range(20)]
print(seq)
print(sorted(seq))
print(getTwoClosestElements(seq))
```

示例 5-27 编写函数,使用筛选法求解小于指定整数的所有素数。

```
def primes(maxNumber):
    '''筛选法获取小于 maxNumber 的所有素数'''
    #待判断整数
    lst = list(range(3,maxNumber,2))
    #最大整数的平方根
    m = int(maxNumber**0.5)
    for index in range(m):
        current = lst[index]
        #如果当前数字已大于最大整数的平方根,结束判断
        if current > m:
            break
        #对该位置之后的元素进行过滤
        lst[index+1:] = list(filter(lambda x: x%current!=0,lst[index+1:]))
    #2 也是素数
    return [2] + lst

print(primes(1000))
```

示例 5-28　模拟整数乘法的小学竖式计算方法。

```
'''小学整数乘法竖式计算示例
    12345
  ×) 678
  ---------
    98760
   86415
  74070
  -----------
  8369910
'''

from random import randint

def mul(a,b):
    '''小学竖式两个整数相乘的算法实现'''
    #把两个整数分离开成为各位数字再逆序
    aa =list(map(int,reversed(str(a))))
    bb =list(map(int,reversed(str(b))))

    #n 位整数和 m 位整数的乘积最多是 n+m 位整数
    result = [0]* (len(aa)+len(bb))

    #按小学整数乘法竖式计算两个整数的乘积
    for ia,va in enumerate(aa):
        #c 表示进位,初始为 0
        c =0
        for ib,vb in enumerate(bb):
            #Python 中内置函数 devmod()可以同时计算整商和余数
            c,result[ia+ib] =divmod(va*vb+c+result[ia+ib],10)
        #最高位的余数应进到更高位
        result[ia+ib+1]=c

    #整理,变成正常结果
    result =int(''.join(map(str,reversed(result))))
    return result

#测试
for i in range(100000):
    a =randint(1,1000)
    b =randint(1,1000)
    r =mul(a,b)
    if r != a*b:
        print(a, b, r,'error')
```

示例 5-29 编写函数,模拟轮盘抽奖游戏。

轮盘抽奖是比较常见的一种游戏,在轮盘上有一个指针和一些不同颜色、不同面积的扇形,用力转动轮盘,轮盘慢慢停下后依靠指针所处的位置来判定是否中奖以及奖项等级。本例中的函数名和很多变量名使用了中文,这在 Python 3. x 中是完全允许的。

```
from random import random

def 轮盘赌(奖项分布):
    本次转盘读数 =random()
    for k,v in 奖项分布.items():
        if v[0] <=本次转盘读数 <v[1]:
            return k
#各奖项在轮盘上所占比例
奖项分布={'一等奖':(0,0.08),
        '二等奖':(0.08,0.3),
        '三等奖':(0.3,1.0)}

中奖情况 =dict()

for i in range(10000):
    本次战况 =轮盘赌(奖项分布)
    中奖情况[本次战况] =中奖情况.get(本次战况,0) +1

for item in 中奖情况.items():
    print(item)
```

本 章 小 结

(1) 应尽量减少使用直接复制代码的方式来实现复用,而是把需要重复使用的代码封装成函数或类。

(2) 定义函数时不需要指定参数类型。

(3) 定义函数时不需要指定函数的返回值类型,而是由 return 语句返回的值的类型来决定。

(4) 在函数中,如果没有 return 语句,或者有 return 语句但是没有返回任何值,或者有 return 语句但是没有执行到,则函数返回空值 None。

(5) 在 Python 中,可以嵌套定义函数。

(6) 在 Python 中,函数参数有普通位置参数、默认值参数、关键参数和可变长度参数等几种类型。

(7) 函数内的局部变量在函数执行结束后会自动释放而不可再访问。

(8) lambda 表达式常用来定义匿名函数,也可以定义具名函数。

(9) 包含 yield 语句的函数称为生成器函数,其返回值是一个具有惰性求值特点的生成器对象。

习　题

5.1　在函数内部可以通过关键字________来定义全局变量。

5.2　编写函数，判断一个整数是否为素数，并编写主程序调用该函数。

5.3　编写函数，接收一个字符串，分别统计大写字母、小写字母、数字、其他字符的个数，并以元组的形式返回结果。

5.4　如果函数中没有 return 语句或者 return 语句不带任何返回值，那么该函数的返回值为________。

5.5　判断题：调用带有默认值参数的函数时，不能为默认值参数传递任何值，必须使用函数定义时设置的默认值。

5.6　在 Python 程序中，局部变量会隐藏同名的全局变量吗？请编写代码进行验证。

5.7　判断题：lambda 表达式只能用来创建匿名函数，不能为这样的函数起名字。

5.8　编写函数，可以接收任意多个整数并输出其中的最大值和所有整数之和。

5.9　编写函数，模拟内置函数 sum()。

5.10　包含________语句的函数可以用来创建生成器对象。

5.11　编写函数，模拟内置函数 sorted()。

5.12　编写函数，模拟内置函数 reversed()。

第 6 章

面向对象程序设计(选讲)

面向对象程序设计(Object Oriented Programming,OOP)的思想主要针对大型软件设计提出的,使得软件设计更加灵活,能够很好地支持代码复用和设计复用,代码具有更好的可读性和可扩展性,大幅度降低了软件开发的难度。面向对象程序设计的一个关键性观念是将数据以及对数据的操作封装在一起,组成一个相互依存、不可分割的整体(对象),不同对象之间通过消息机制来通信或者同步。对于相同类型的对象(instance)进行分类、抽象后,得出共同的特征而形成了类(class),**面向对象程序设计的关键就是如何合理地定义这些类并且组织多个类之间的关系**。

Python 是面向对象的解释型高级动态编程语言,完全支持面向对象的基本功能,如封装、继承、多态以及对基类方法的覆盖或重写。创建类时用变量形式表示对象特征的成员称为**数据成员(attribute)**,用函数形式表示对象行为的成员称为**成员方法(method)**,数据成员和成员方法统称为类的成员。需要注意的是,Python 中对象的概念很广泛,**Python 中的一切内容都可以称为对象,函数也是对象,类也是对象**。

6.1 类的定义与使用

Python 使用 class 关键字来定义类,class 关键字之后是一个空格,接下来是类的名字,如果派生自其他基类则需要把所有基类放到一对括号中并使用逗号分隔,然后是一个冒号,最后换行并定义类的内部实现。类名的首字母一般要大写,当然也可以按照自己的习惯定义类名,但一般推荐参考惯例来命名,并在整个系统的设计和实现中保持风格一致,这一点对于团队合作非常重要。

```
class Car(object):                      #定义一个类,派生自 object 类
    def infor(self):                    #定义成员方法
        print("This is a car")
```

定义了类之后,就可以用来实例化对象,并通过"对象名.成员"的方式来访问其中的数据成员或成员方法。

```
>>> car = Car()                         #实例化对象
>>> car.infor()                         #调用对象的成员方法
This is a car
```

在 Python 中,可以使用内置函数 isinstance()来测试一个对象是否为某个类的实例,或者使用内置函数 type()查看对象类型。

```
>>>isinstance(car,Car)
True
>>>isinstance(car,str)
False
>>>type(car)
<class '__main__.Car'>
```

Python 提供了一个关键字 pass,执行时什么也不会发生,可以用在类和函数的定义中或者选择结构、循环结构、with 块中,表示空语句。如果暂时没有确定如何实现某个功能,或者提前为以后的软件升级预留一点空间,可以使用关键字 pass 来"占位"。

和定义函数一样,在定义类时,也可以使用三引号为类进行必要的注释。

```
>>>class Test:
    '''This is only a test.'''
    pass
>>>Test.__doc__                          #查看类的帮助文档
'This is only a test.'
```

6.2 数据成员与成员方法

6.2.1 私有成员与公有成员

私有成员在类的外部不能直接访问,一般是在类的内部进行访问和操作,或者在类的外部通过调用对象的公有成员方法来访问。公有成员(或称公开成员)是可以公开使用的,既可以在类的内部进行访问,也可以在外部程序中使用。

从形式上看,在定义类的成员时,如果成员名以两个(或更多)下画线开头但是不以两个(或更多)下画线结束则表示是私有成员,否则就不是私有成员。Python 并没有对私有成员提供严格的访问保护机制,通过一种特殊方式"对象名._类名__xxx"也可以在外部程序中访问私有成员,但这会破坏类的封装性,不建议这样做。

```
>>>class A:
    def __init__(self,value1=0,value2=0):    #构造方法
        self._value1 = value1
        self.__value2 = value2              #私有成员
    def setValue(self,value1,value2):       #成员方法,公有成员
        self._value1 = value1
        self.__value2 = value2              #在类内部可以直接访问私有成员
    def show(self):                         #成员方法,公有成员
        print(self._value1)
        print(self.__value2)
>>>a=A()
```

```
>>>a._value1                                      #在类外部可以直接访问非私有成员
0
>>>a._A__value2                                   #在类外部访问对象的私有数据成员
0
```

圆点“.”是成员访问运算符，可以用来访问命名空间、模块或对象中的成员，在IDLE、Eclipse+PyDev、WingIDE、PyCharm 或其他 Python 开发环境中，在对象或类名后面加上一个圆点“.”，都会自动列出其所有公开成员，如图 6-1 所示。如果在圆点“.”后面再加一个下画线，会列出该对象或类的所有成员，包括私有成员，如图 6-2 所示。当然，也可以使用内置函数 dir()来查看指定对象、模块或命名空间的所有成员。

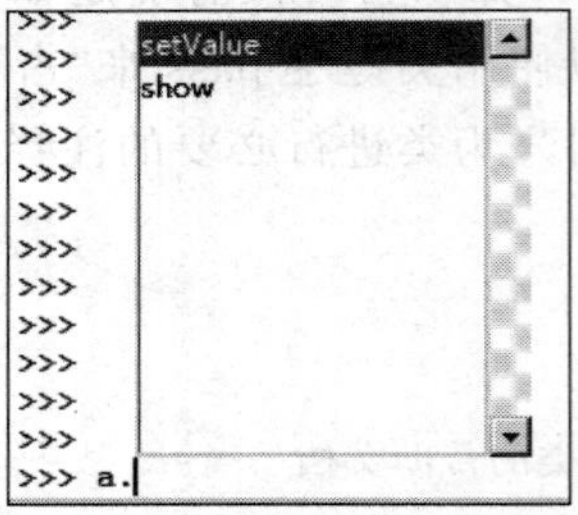

图 6-1　列出对象公开成员

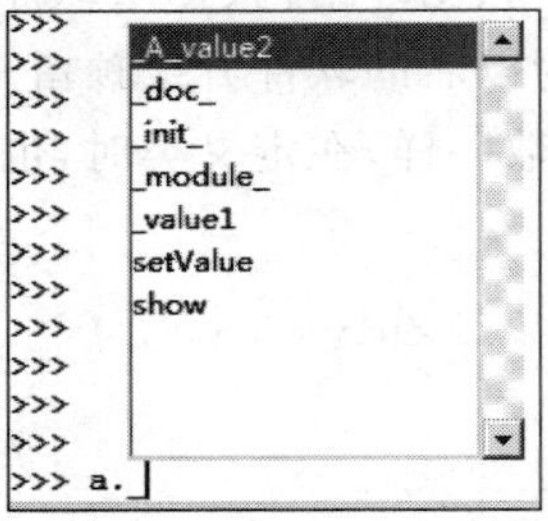

图 6-2　列出对象所有成员

在 Python 中，以下画线开头或结束的成员名有特殊的含义，在类的定义中用下画线作为成员名前缀和后缀往往是表示类的特殊成员。

(1) _xxx：以一个下画线开头，保护成员，只有类对象和子类对象可以访问这些成员，在类的外部一般不建议直接访问；在模块中使用一个或多个下画线开头的成员不能用'from module import *'导入，除非在模块中使用__all__变量明确指明这样的成员可以被导入。

(2) __xxx__：前后各两个下画线，系统定义的特殊成员。

(3) __xxx：以两个或更多下画线开头但不以两个或更多下画线结束，表示私有成员，一般只有基类的对象自己能访问，子类的对象也不能访问该成员，但在基类的对象外部可以通过“对象名._类名__xxx”这样的特殊方式来访问。

6.2.2 数据成员

数据成员可以大致分为两类：属于对象的数据成员和属于类的数据成员。属于对象的数据成员一般在构造方法__init__()中定义，当然也可以在其他成员方法中定义，在定义和在实例方法中访问数据成员时以 self 作为前缀，同一个类的不同对象(实例)的数据成员之间互不影响；属于类的数据成员是该类所有对象共享的，不属于任何一个对象，在定义类时这类数据成员一般不在任何一个成员方法的定义中。在主程序中或类的外部，对象数据成员属于实例(对象)，只能通过对象名访问；类数据成员属于类，可以通过类名或对象名访问。

利用类数据成员的共享性，可以实时获得该类的对象数量，并且可以控制该类创建的对象最大数量。例如：

```
>>>class Demo(object):
    total = 0
    def __new__(cls,*args,**kwargs):              #该方法在__init__()之前被调用
        if cls.total >=3:                         #最多允许创建 3 个对象
            raise Exception('最多只能创建 3 个对象')
        else:
            return object.__new__(cls)
    def __init__(self):
        Demo.total = Demo.total +1
>>>t1 = Demo()
>>>t1
<__main__.Demo object at 0x00000000034A0278>
>>>t2 = Demo()
>>>t3 = Demo()
>>>t4 = Demo()
Exception: 最多只能创建 3 个对象
>>>t4
NameError: name 't4' is not defined
```

6.2.3　成员方法、类方法、静态方法、抽象方法

首先应该明确，**在面向对象程序设计中，函数和方法这两个概念是有本质区别的**。方法一般指与特定实例绑定的函数，通过对象调用方法时，对象本身将被作为第一个参数自动传递过去，普通函数并不具备这个特点。例如，内置函数 sorted()必须要指明要排序的对象，而列表对象的 sort()方法则不需要，默认是对当前列表进行排序。

```
>>>class Demo:
    pass
>>>t = Demo()
>>>def test(self,v):
    self.value = v
>>>t.test = test                                  #动态增加普通函数
>>>t.test
<function test at 0x00000000034B7EA0>
>>>t.test(t,3)                                    #需要为 self 传递参数
>>>print(t.value)
3
>>>import types
>>>t.test = types.MethodType(test,t)              #动态增加绑定的方法
>>>t.test
<bound method test of <__main__.Demo object at 0x000000000074F9E8>>
>>>t.test(5)                                      #不需要为 self 传递参数
```

```
>>>print(t.value)
5
```

Python 类的成员方法大致可以分为公有方法、私有方法、静态方法、类方法和抽象方法这几种类型。公有方法、私有方法和抽象方法一般是指属于对象的实例方法，私有方法的名字以两个或更多个下画线开始，而抽象方法一般定义在抽象类中并且要求派生类必须重新实现。每个对象都有自己的公有方法和私有方法，在这两类方法中都可以访问属于类和对象的成员。公有方法通过对象名直接调用，私有方法不能通过对象名直接调用，只能在其他实例方法中通过前缀 self 进行调用或在外部通过特殊的形式来调用。另外，Python 中的类还支持大量的特殊方法，这些方法的两侧各有两个下画线(__)，往往与某个运算符或内置函数相对应。

所有实例方法(包括公有方法、私有方法、抽象方法和某些特殊方法)都必须至少有一个名为 self 的参数，并且必须是方法的第一个形参(如果有多个形参的话)，self 参数代表当前对象。在实例方法中访问实例成员时需要以 self 为前缀，但在外部通过对象名调用对象方法时并不需要传递这个参数。如果在外部通过类名调用属于对象的公有方法，需要显式为该方法的 self 参数传递一个对象名，用来明确指定访问哪个对象的成员。

静态方法和类方法都可以通过类名和对象名调用，但不能直接访问属于对象的成员，只能访问属于类的成员。另外，静态方法和类方法不属于任何实例，不会绑定到任何实例，当然也不依赖于任何实例的状态，与实例方法相比能够减少很多开销。类方法一般以 cls 作为第一个参数表示该类自身，在调用类方法时不需要为该参数传递值，静态方法可以不接收任何参数。

```
>>>class Root:
    __total = 0
    def __init__(self,v):                #构造方法，特殊方法
        self.__value = v
        Root.__total += 1

    def show(self):                      #普通实例方法，一般以 self 作为第一个参数的名字
        print('self.__value:',self.__value)
        print('Root.__total:',Root.__total)

    @classmethod                         #修饰器，声明类方法
    def classShowTotal(cls):             #类方法，一般以 cls 作为第一个参数的名字
        print(cls.__total)

    @staticmethod                        #修饰器，声明静态方法
    def staticShowTotal():               #静态方法，可以没有参数
        print(Root.__total)
>>>r = Root(3)
>>>r.classShowTotal()                    #通过对象来调用类方法
1
```

```
>>>r.staticShowTotal()                  #通过对象来调用静态方法
1
>>>rr = Root(5)
>>>Root.classShowTotal()                #通过类名调用类方法
2
>>>Root.staticShowTotal()               #通过类名调用静态方法
2
>>>Root.show()                          #试图通过类名直接调用实例方法,失败
TypeError: unbound method show() must be called with Root instance as first
argument (got nothing instead)
>>>Root.show(r)                         #可以通过这种方法来调用方法并访问实例成员
self.__value: 3
Root.__total: 2
```

抽象方法一般在抽象类中定义,并且要求在派生类中必须重新实现,否则不允许派生类创建实例。

```
import abc

class Foo(metaclass=abc.ABCMeta):       #抽象类
    def f1(self):                       #普通实例方法
        print(123)

    def f2(self):                       #普通实例方法
        print(456)

    @abc.abstractmethod                 #抽象方法
    def f3(self):
        raise Exception('You must reimplement this method.')

class Bar(Foo):
    def f3(self):                       #必须重新实现基类中的抽象方法
        print(33333)

b = Bar()
b.f3()
```

6.2.4 属性

公开的数据成员可以在外部随意访问和修改,很难保证用户进行修改时提供新数据的合法性,数据很容易被破坏,也不符合类的封装性要求。解决这一问题的常用方法是定义私有数据成员,然后设计公开的成员方法来提供对私有数据成员的读取和修改操作,修改私有数据成员之前可以对值进行合法性检查,提高了程序的健壮性,保证了数据的完整性。**属性(property)是一种特殊形式的成员方法,结合了私有数据成员和公开成员方法**

的优点,既可以像成员方法那样对值进行必要的检查,又可以像数据成员一样灵活地访问。

在 Python 3.x 中,属性得到了较为完整的实现,支持更加全面的保护机制。如果设置属性为只读,则无法修改其值,也无法为对象增加与属性同名的新成员,当然也无法删除对象属性。例如:

```
>>>class Test:
    def __init__(self,value):
        self.__value = value              #私有数据成员

    @property                             #修饰器,定义属性,提供对私有数据成员的访问
    def value(self):                      #只读属性,无法修改和删除
        return self.__value
>>>t = Test(3)
>>>t.value
3
>>>t.value = 5                            #只读属性不允许修改值
AttributeError: can't set attribute
>>>del t.value                            #试图删除对象属性,失败
AttributeError: can't delete attribute
>>>t.value
3
```

下面的代码则把属性设置为可读、可修改,而不允许删除。

```
>>>class Test:
    def __init__(self,value):
        self.__value = value

    def __get(self):                      #读取私有数据成员的值
        return self.__value

    def __set(self,v):                    #修改私有数据成员的值
        self.__value = v

    value = property(__get,__set)         #可读可写属性,指定相应的读写方法

    def show(self):
        print(self.__value)
>>>t = Test(3)
>>>t.value                                #允许读取属性值
3
>>>t.value = 5                            #允许修改属性值
>>>t.value
5
```

```
>>>t.show()                          #属性对应的私有变量也得到了相应的修改
5
>>>del t.value                           #试图删除属性,失败
AttributeError: can't delete attribute
```

也可以将属性设置为可读、可修改、可删除。

```
>>>class Test:
    def __init__(self,value):
        self.__value = value

    def __get(self):
        return self.__value

    def __set(self,v):
        self.__value = v

    def __del(self):                     #删除对象的私有数据成员
        del self.__value

    value = property(__get,__set,__del)  #可读、可写、可删除的属性

    def show(self):
        print(self.__value)
>>>t = Test(3)
>>>t.show()
3
>>>t.value
3
>>>t.value =5
>>>t.show()
5
>>>t.value
5
>>>del t.value
>>>t.value                               #相应的私有数据成员已删除,访问失败
AttributeError: 'Test' object has no attribute '_Test__value'
>>>t.show()
AttributeError: 'Test' object has no attribute '_Test__value'
>>>t.value =1                            #动态增加属性和对应的私有数据成员
>>>t.show()
1
>>>t.value
1
```

6.2.5 类与对象的动态性、混入机制

在 Python 中可以动态地为自定义类和对象增加数据成员和成员方法，这也是 Python 动态类型的一种重要体现。在 6.2.3 节已经见过相关的用法，下面再详细介绍一下。

```
import types
class Car(object):
    price = 100000                                    #属于类的数据成员
    def __init__(self,c):
        self.color = c                                #属于对象的数据成员

car1 = Car('Red')                                     #实例化对象
print(car1.color,Car.price)                           #访问对象和类的数据成员
Car.price = 110000                                    #修改类属性
Car.name = 'QQ'                                       #动态增加类属性
car1.color = 'Yellow'                                 #修改实例属性
print(car1.color,Car.price,Car.name)
def setSpeed(self,s):
    self.speed = s
car1.setSpeed = types.MethodType(setSpeed,car1)       #动态为对象增加成员方法
car1.setSpeed(50)                                     #调用对象的成员方法
print(car1.speed)
```

Python 类型的动态性使得我们可以动态为自定义类及其对象增加新的属性和行为，俗称混入(mixin)机制，这在大型项目开发中会非常方便和实用。例如，系统中的所有用户分类非常复杂，不同用户组具有不同的行为和权限，并且可能会经常改变。这时可以独立地定义一些行为，然后根据需要来为不同的用户设置相应的行为能力。在动画设计中也有类似的技术。例如，可以设计一些动作，然后根据需要把这些动作附加到相应的角色上。

```
>>> import types
>>> class Person(object):
    def __init__(self,name):
        assert isinstance(name,str),'name must be string'
        self.name = name

>>> def sing(self):
    print(self.name+' can sing.')

>>> def walk(self):
    print(self.name+' can walk.')
```

```
>>>def eat(self):
    print(self.name+' can eat.')

>>>zhang =Person('zhang')
>>>zhang.sing()                                    #用户不具有该行为
AttributeError: 'Person' object has no attribute 'sing'
>>>zhang.sing =types.MethodType(sing,zhang)        #动态增加一个新行为
>>>zhang.sing()
zhang can sing.
>>>zhang.walk()
AttributeError: 'Person' object has no attribute 'walk'
>>>zhang.walk =types.MethodType(walk,zhang)
>>>zhang.walk()
zhang can walk.
>>>del zhang.walk                                  #删除用户行为
>>>zhang.walk()
AttributeError: 'Person' object has no attribute 'walk'
```

6.3　继承、多态

6.3.1　继承

设计一个新类时,如果可以继承一个已有的设计良好的类然后进行二次开发,可以大幅度减少开发工作量,并且可以很大程度地保证质量。在继承关系中,已有的、设计好的类称为父类或基类,新设计的类称为子类或派生类。派生类可以继承父类的公有成员,但是不能继承其私有成员。如果需要在派生类中调用基类的方法,可以使用内置函数super()或者通过"基类名.方法名()"的方式来实现这一目的。

示例 6-1　设计 Person 类,并根据 Person 派生 Teacher 类,分别创建 Person 类与 Teacher 类的对象。

```
#基类必须继承于 object,否则在派生类中将无法使用 super()函数
class Person(object):
    def __init__(self,name='',age=20,sex='man'):
        #通过调用方法进行初始化,这样可以对参数进行更好控制
        self.setName(name)
        self.setAge(age)
        self.setSex(sex)

    def setName(self,name):
        if not isinstance(name,str):
            raise Exception('name must be a string.')
        self.__name =name
```

```
    def setAge(self,age):
        if type(age) != int:
            raise Exception('age must be an integer.')
        self.__age = age

    def setSex(self,sex):
        if sex not in ('man','woman'):
            raise Exception('sex must be "man" or "woman"')
        self.__sex = sex

    def show(self):
        print(self.__name,self.__age,self.__sex,sep='\n')

#派生类
class Teacher(Person):
    def __init__(self,name='',age=30,sex='man',department='Computer'):
        #调用基类构造方法初始化基类的私有数据成员
        super(Teacher,self).__init__(name,age,sex)
        #也可以这样初始化基类的私有数据成员
        #Person.__init__(self,name,age,sex)
        #初始化派生类的数据成员
        self.setDepartment(department)

    def setDepartment(self,department):
        if type(department) != str:
            raise Exception('department must be a string.')
        self.__department = department

    def show(self):
        super(Teacher,self).show()
        print(self.__department)

if __name__ == '__main__':
    #创建基类对象
    zhangsan = Person('Zhang San',19,'man')
    zhangsan.show()
    print('=' * 30)

    #创建派生类对象
    lisi = Teacher('Li si',32,'man','Math')
    lisi.show()
    #调用继承的方法修改年龄
    lisi.setAge(40)
    lisi.show()
```

Python 支持多继承,如果父类中有相同的方法名,而在子类中使用时没有指定父类名,则 Python 解释器将从左向右按顺序进行搜索,使用第一个匹配的成员。

6.3.2　多态

多态(polymorphism)是指基类的同一个方法在不同派生类对象中具有不同的表现和行为。派生类继承了基类的行为和属性之后,还会增加某些特定的行为和属性,同时还可能会对继承来的某些行为进行一定的改变,后者是多态的表现形式,正所谓"龙生九子,子子皆不同"。通过第 2 章的学习大家已经知道,Python 大多数运算符可以作用于多种不同类型的操作数,并且对于不同类型的操作数往往有不同的表现,这本身就是多态,是通过特殊方法与运算符重载实现的,将在 6.4 节进行详细介绍。下面的代码主要演示如何通过在派生类中重写基类方法实现多态。

```
>>> class Animal(object):                          #定义基类
    def show(self):
        print('I am an animal.')
>>> class Cat(Animal):                             #派生类,覆盖了基类的 show()方法
    def show(self):
        print('I am a cat.')
>>> class Dog(Animal):                             #派生类
    def show(self):
        print('I am a dog.')
>>> class Tiger(Animal):                           #派生类
    def show(self):
        print('I am a tiger.')
>>> class Test(Animal):                            #派生类,没有覆盖基类的 show()方法
    pass
>>> x = [item() for item in (Animal,Cat,Dog,Tiger,Test)]
>>> for item in x:                                 #遍历基类和派生类对象并调用 show()方法
    item.show()
I am an animal.
I am a cat.
I am a dog.
I am a tiger.
I am an animal.
```

6.4　特殊方法与运算符重载

Python 类有大量的特殊方法,其中比较常见的是构造方法和析构方法。Python 中类的构造方法是__init__(),用来为数据成员设置初始值或进行其他必要的初始化工作,在实例化对象时被自动调用和执行。如果用户没有设计构造方法,Python 会提供一个默认的构造方法用来进行必要的初始化工作。Python 中类的析构方法是__del__(),一

般用来释放对象占用的资源,在 Python 删除对象和收回对象占用的内存空间时被自动调用和执行。如果用户没有编写析构方法,Python 将提供一个默认的析构方法进行必要的清理工作。

在 Python 中,除了构造方法和析构方法之外,还有大量的特殊方法支持更多的功能。例如,运算符重载就是通过在类中重写特殊方法实现的。在自定义类时如果重写了某个特殊方法即可支持对应的运算符或内置函数,具体实现什么工作则完全可以由程序员根据实际需要来定义。表 6-1 列出了其中一部分比较常用的特殊成员,完整列表请参考下面的网址:

https://docs.python.org/3/reference/datamodel.html#special-method-names

表 6-1 Python 类的特殊成员

方　法	功能说明
__new__()	类的静态方法,用于确定是否要创建对象
__init__()	构造方法,创建对象时自动调用
__del__()	析构方法,释放对象时自动调用
__add__()	+
__sub__()	-
__mul__()	*
__truediv__()	/
__floordiv__()	//
__mod__()	%
__pow__()	**
__eq__()、__ne__()、__lt__()、__le__()、__gt__()、__ge__()	==、!=、<、<=、>、>=
__lshift__()、__rshift__()	<<、>>
__and__()、__or__()、__invert__()、__xor__()	&、|、~、^
__iadd__()、__isub__()	+=、-=,很多其他运算符也有与之对应的复合赋值运算符
__pos__()	一元运算符+,正号
__neg__()	一元运算符-,负号
__contains__ ()	与成员测试运算符 in 对应
__radd__()、__rsub__()	反射加法、反射减法,一般与普通加法和减法具有相同的功能,但操作数的位置或顺序相反,很多其他运算符也有与之对应的反射运算符
__abs__()	与内置函数 abs()对应
__bool__()	与内置函数 bool()对应,要求该方法必须返回 True 或 False

续表

方　法	功 能 说 明
__bytes__()	与内置函数 bytes()对应
__complex__()	与内置函数 complex()对应,要求该方法必须返回复数
__dir__()	与内置函数 dir()对应
__divmod__()	与内置函数 divmod()对应
__float__()	与内置函数 float()对应,要求该方法必须返回实数
__hash__()	与内置函数 hash()对应
__int__()	与内置函数 int()对应,要求该方法必须返回整数
__len__()	与内置函数 len()对应
__next__()	与内置函数 next()对应
__reduce__()	提供对 reduce()函数的支持
__reversed__()	与内置函数 reversed()对应
__round__()	与内置函数 round()对应
__str__()	与内置函数 str()对应,要求该方法必须返回 str 类型的数据
__repr__()	打印、转换,要求该方法必须返回 str 类型的数据
__getitem__()	按照索引获取值
__setitem__()	按照索引赋值
__delattr__()	删除对象的指定属性
__getattr__()	获取对象指定属性的值,对应成员访问运算符"."
__getattribute__()	获取对象指定属性的值,如果同时定义了该方法与__getattr__(),那么__getattr__()将不会被调用,除非在__getattribute__()中显式调用__getattr__()或者抛出 AttributeError 异常
__setattr__()	设置对象指定属性的值
__base__	该类的基类
__class__	返回对象所属的类
__dict__	对象所包含的属性与值的字典
__subclasses__()	返回该类的所有子类
__call__()	包含该特殊方法的类的实例可以像函数一样调用
__get__()	定义了这 3 个特殊方法中任何一个的类称为描述符(descriptor),描述符对象一般作为其他类的属性来使用,这 3 个方法分别在获取属性、修改属性值或删除属性时被调用
__set__()	
__delete__()	

6.5 精彩案例赏析

6.5.1 自定义队列

队列是一种特殊的线性表,只允许在队列尾部插入元素和在队列头部删除元素,具有“先入先出”(FIFO)或“后入后出”(LILO)的特点,在多线程编程、作业管理等方面具有重要的应用。

Python 列表对象的 append()方法用于在列表尾部追加元素,pop(0)可以删除并返回列表头部的元素,可以模拟队列结构的操作。

```
>>> x = []
>>> x.append(1)                                   #在尾部追加元素,模拟入队操作
>>> x.append(2)
>>> x.append(3)
>>> x
[1,2,3]
>>> x.pop(0)                                      #在头部弹出元素,模拟出队操作
1
>>> x.pop(0)
2
>>> x.pop(0)
3
>>> x
[]
>>> x.pop(0)                                      #空队列弹出头部元素失败,抛出异常
IndexError: pop from empty list
```

从上面的代码可以看出,使用 Python 列表直接模拟队列结构,无法限制队列的大小,并且当列表为空时进行弹出元素的操作会抛出异常。可以对列表进行封装,增加外围代码,自定义队列类来避免这些问题。

示例 6-2 设计自定义双端队列类,模拟入队、出队等基本操作。

```
class myDeque:
    #构造方法,默认队列大小为 10
    def __init__(self,iterable=None,maxlen=10):
        if iterable == None:
            self._content = []
            self._current = 0
        else:
            self._content = list(iterable)
            self._current = len(iterable)
        self._size = maxlen
        if self._size < self._current:
```

```
        self._size = self._current

    #析构方法
    def __del__(self):
        del self._content

    #修改队列大小
    def setSize(self,size):
        if size < self._current:
            #如果缩小队列,需要同时删除后面的元素
            for i in range(size,self._current)[::-1]:
                del self._content[i]
            self._current = size
        self._size = size

    #在右侧入队
    def appendRight(self,v):
        if self._current < self._size:
            self._content.append(v)
            self._current = self._current +1
        else:
            print('The queue is full')

    #在左侧入队
    def appendLeft(self,v):
        if self._current < self._size:
            self._content.insert(0,v)
            self._current = self._current +1
        else:
            print('The queue is full')

    #在左侧出队
    def popLeft(self):
        if self._content:
            self._current = self._current -1
            return self._content.pop(0)
        else:
            print('The queue is empty')

    #在右侧出队
    def popRight(self):
        if self._content:
            self._current = self._current -1
            return self._content.pop()
```

```
        else:
            print('The queue is empty')

    #循环移位
    def rotate(self,k):
        if abs(k) > self._current:
            print('k must <= '+str(self._current))
            return
        self._content = self._content[-k:] + self._content[:-k]

    #元素翻转
    def reverse(self):
        self._content = self._content[::-1]

    #显示当前队列中元素的个数
    def __len__(self):
        return self._current

    #使用print()打印对象时,显示当前队列中的元素
    def __str__(self):
        return f'myDeque({self._content},maxlen={self._size})'

    #直接对象名当作表达式时,显示当前队列中的元素
    __repr__ = __str__

    #队列置空
    def clear(self):
        self._content = []
        self._current = 0

    #测试队列是否为空
    def isEmpty(self):
        return not self._content

    #测试队列是否已满
    def isFull(self):
        return self._current == self._size

if __name__ == '__main__':
    print('Please use me as a module.')
```

将上面的代码保存为 myDeque.py 文件,并保存在当前文件夹、Python 安装文件夹或 sys.path 列表指定的其他文件夹中,当然也可以使用 append()方法把该文件所在文件夹添加到 sys.path 列表中。下面的代码演示了自定义队列类的用法:

```
>>> from myDeque import myDeque            #导入自定义双端队列类
>>> q = myDeque(range(5))                  #创建双端队列对象
>>> q
myDeque([0,1,2,3,4],maxlen=10)
>>> q.appendLeft(-1)                       #在队列左侧入队
>>> q.appendRight(5)                       #在队列右侧入队
>>> q
myDeque([-1,0,1,2,3,4,5],maxlen=10)
>>> q.popLeft()                            #在队列左侧出队
-1
>>> q.popRight()                           #在队列右侧出队
5
>>> q.reverse()                            #元素翻转
>>> q
myDeque([4,3,2,1,0],maxlen=10)
>>> q.isEmpty()                            #测试队列是否为空
False
>>> q.rotate(-3)                           #元素循环左移
>>> q
myDeque([1,0,4,3,2],maxlen=10)
>>> q.setSize(20)                          #改变队列大小
>>> q
myDeque([1,0,4,3,2],maxlen=20)
>>> q.clear()                              #清空队列元素
>>> q
myDeque([],maxlen=20)
>>> q.isEmpty()
True
```

6.5.2 自定义栈

栈也是一种运算受限的线性表,仅允许在一端进行元素的插入和删除操作,最后入栈的元素最先出栈,最先入栈的元素最后出栈,即“先入后出”(FILO)或“后入先出”(LIFO)。

使用 Python 列表对象提供的 append()、pop()方法也可以模拟栈结构及其基本运算,但无法限制栈的大小,并且在栈为空时尝试获取其元素时会引发异常。

```
>>> s = []
>>> s.append(3)                            #在尾部追加元素,模拟入栈操作
>>> s.append(5)
>>> s.append(7)
>>> s
[3,5,7]
```

```
>>>s.pop()                              #在尾部弹出元素,模拟出栈操作
7
>>>s.pop()
5
>>>s.pop()
3
>>>s.pop()                              #列表已空,弹出失败
IndexError: pop from empty list
```

如同封装 Python 列表实现自定义队列类一样,也可以对 Python 列表进行封装来模拟栈结构。

示例 6-3 设计自定义栈类,模拟入栈、出栈、判断栈是否为空、判断栈是否已满以及改变栈大小等操作。

```
class Stack:
    #构造方法
    def __init__(self,maxlen=10):
        self._content = []
        self._size = maxlen
        self._current = 0

    #析构方法,释放列表控件
    def __del__(self):
        del self._content

    #清空栈中的元素
    def clear(self):
        self._content = []
        self._current = 0

    #测试栈是否为空
    def isEmpty(self):
        return not self._content

    #修改栈的大小
    def setSize(self,size):
        #不允许新的栈大小小于已有元素数量
        if size <self._current:
            print('new size must >=' +str(self._current))
            return
        self._size =size

    #测试栈是否已满
    def isFull(self):
```

```
        return self._current == self._size

    #入栈
    def push(self,v):
        if self._current < self._size:
            #在列表尾部追加元素
            self._content.append(v)
            #栈中元素个数加 1
            self._current = self._current + 1
        else:
            print('Stack is Full!')

    #出栈
    def pop(self):
        if self._content:
            #栈中元素个数减 1
            self._current = self._current - 1
            #弹出并返回列表尾部元素
            return self._content.pop()
        else:
            print('Stack is empty!')

    def __str__(self):
        return f'Stack({self._content},maxlen={self._size})'

    #复用__str__方法的代码
    __repr__ = __str__
```

将代码保存为 stackDfg.py 文件，下面的代码演示了自定义栈结构的用法。

```
>>> from stackDfg import Stack          #导入自定义栈
>>> s = Stack()                         #创建栈对象
>>> s.push(5)                           #元素入栈
>>> s.push(8)
>>> s.push('a')
>>> s.pop()                             #元素出栈
'a'
>>> s.push('b')
>>> s.push('c')
>>> s                                   #查看栈对象
Stack([5,8,'b','c'],maxlen=10)
>>> s.setSize(8)                        #修改栈大小
>>> s
Stack([5,8,'b','c'],maxlen=8)
>>> s.setSize(3)
```

```
new size must >=4
>>>s.clear()                                        #清空栈元素
>>>s.isEmpty()
True
>>>s.setSize(2)
>>>s.push(1)
>>>s.push(2)
>>>s.push(3)
Stack Full!
```

本 章 小 结

(1) 面向对象程序设计的关键是如何合理地定义类并且组织多个类之间的关系。

(2) Python 是面向对象的解释型高级动态编程语言,完全支持面向对象的基本功能和特性。

(3) 定义类的成员时,如果某个成员以 2 个(或更多)下画线开头并且不以 2 个(或更多)下画线结束,则表示是私有成员。

(4) 在类的外部不能直接访问私有成员,但是可以通过一种特殊的形式"对象名._类名__私有成员名"来访问。

(5) 函数和方法这两个概念有本质的区别。

(6) 所有实例方法都必须至少有一个名为 self 的参数,并且必须是第一个参数。

(7) 属性是一种特殊形式的成员方法,结合了私有数据成员和公开成员方法两者的优点。

(8) Python 类型的动态性使得人们可以动态地为自定义类及其对象增加新的属性和行为,俗称混入机制。

(9) 如果需要在派生类中调用基类的方法,可以使用内置函数 super()或者通过"基类名.方法名()"的形式。

(10) 多态是指基类的同一个方法在不同派生类对象中具有不同的表现和行为。

(11) Python 类中前后各有 2 个下画线的成员表示特殊成员,这些特殊成员是预定义好的。

(12) Python 类的特殊方法与特定的内置函数或运算符相对应,在自定义类中实现了某个特殊方法,就支持了某个运算符和内置函数。

习 题

6.1 继承 6.3 节例 6-1 中的 Person 类生成 Student 类,填写新的方法用来设置学生专业,然后生成该类对象并显示信息。

6.2 设计一个三维向量类,并实现向量的加法、减法以及向量与标量的乘法和除法运算。

6.3　面向对象程序设计的三要素分别为________、________和________。

6.4　简单解释 Python 中以下画线开头的变量名的含义。

6.5　与运算符**对应的特殊方法名为________,与运算符//对应的特殊方法名为________。

6.6　假设 a 为类 A 的对象且包含一个私有数据成员__value,那么在类的外部通过对象 a 直接将其私有数据成员__value 的值设置为 3 的语句可以写作________。

第 7 章 字符串

在 Python 中，字符串属于**不可变有序**序列，使用单引号(这是最常用的，或许是因为敲键盘方便)、双引号、三单引号或三双引号作为定界符，并且不同的定界符之间可以互相嵌套。下面几种都是合法的 Python 字符串：

```
'abc'、'123'、'中国'、"Python"、'''Tom said,"Let's go"'''
```

除了支持序列通用操作(包括双向索引、比较大小、计算长度、元素访问、切片、成员测试等)以外，字符串类型还支持一些特有的用法，如字符串格式化、查找、替换、排版等。但由于字符串属于不可变序列，不能直接对字符串对象进行元素增加、修改与删除等操作，切片操作也只能访问其中的元素而无法使用切片来修改字符串中的字符。另外，字符串对象提供的 replace()和 translate()方法以及大量排版方法也不是对原字符串直接进行修改替换，而是返回一个新字符串作为结果。

如果需要判断一个变量是否为字符串，可以使用内置方法 isinstance()或 type()。除了支持 Unicode 编码的 str 类型之外，Python 还支持字节串类型 bytes，str 类型字符串可以通过 encode()方法使用指定的字符串编码格式编码成为 bytes 对象，bytes 对象可以通过 decode()方法使用正确的编码格式解码成为 str 字符串。另外，也可以使用内置函数 str()和 bytes()在这两种类型之间进行转换。

```
>>>type('中国')
<class 'str'>
>>>type('中国'.encode('gbk'))                  #编码成字节串，采用 GBK 编码格式
<class 'bytes'>
>>>bytes                                      #bytes 也是 Python 的内置类
<class 'bytes'>
>>>isinstance('中国',str)
True
>>>type('中国')==str
True
>>>type('中国'.encode())==bytes
True
>>>'中国'.encode()                             #默认使用 UTF-8 进行编码
b'\xe4\xb8\xad\xe5\x9b\xbd'
```

```
>>>_.decode()                              #默认使用 UTF-8 进行解码
'中国'
>>>bytes('董付国','gbk')
b'\xb6\xad\xb8\xb6\xb9\xfa'
>>>str(_,'gbk')
'董付国'
```

7.1 字符串编码格式简介

最早的字符串编码是美国标准信息交换码 ASCII，仅对 10 个数字、26 个大写英文字母、26 个小写英文字母及一些其他符号进行了编码。ASCII 码采用一个字节来对字符进行编码，最多只能表示 256 个符号。

随着信息技术的发展和信息交换的需要，各国的文字都需要进行编码，不同的应用领域和场合对字符串编码的要求也略有不同，于是又分别设计了多种不同的编码格式，常见的主要有 UTF-8、UTF-16、UTF-32、GB2312、GBK、CP936、base64、CP437 等。UTF-8 对全世界所有国家需要用到的字符进行了编码，以一个字节表示英语字符(兼容 ASCII)，**以 3 个字节表示常用汉字**，还有些语言的符号使用 2 个字节(如俄语和希腊语符号)或 4 个字节。GB2312 是我国制定的中文编码，使用一个字节表示英语，2 个字节表示中文；GBK 是 GB2312 的扩充，CP936 是微软公司在 GBK 基础上开发的编码方式。**GB2312、GBK 和 CP936 都是使用 2 个字节表示中文。**

不同的编码格式之间相差很大，采用不同的编码格式意味着不同的表示和存储形式，把同一字符存入文件时，写入的内容可能会不同，在试图理解其内容时必须了解编码规则并进行正确的解码。如果解码方法不正确就无法还原信息，从这个角度来讲，字符串编码也具有加密的效果。

Python 3.x 完全支持中文字符，默认使用 UTF-8 编码格式，无论是一个数字、英文字母，还是一个汉字，计算字符串长度时都按一个字符对待和处理。在 Python 3.x 中甚至可以使用中文作为变量名、函数名等标识符，这在示例 5-29 中曾经演示过。

```
>>>import sys
>>>sys.getdefaultencoding()                #查看默认编码格式
'utf-8'
>>>s = '中国山东烟台'
>>>len(s)                                  #字符串长度，或者包含的字符个数
6
>>>s = '中国山东烟台 ABCDE'                 #中文与英文字符同样对待，都算一个字符
>>>len(s)
11
>>>姓名 = '张三'                            #使用中文作为变量名
>>>print(姓名)                              #输出变量的值
张三
```

7.2 转义字符与原始字符串

转义字符是指,在字符串中某些特定的符号前加一个反斜线之后,该字符将被解释为另外一种含义,不再表示本来的字符。Python 中常用的转义字符如表 7-1 所示。

表 7-1 Python 中常用的转义字符

转义字符	含　义	转义字符	含　义
\b	退格,把光标移动到前一列位置	\\	一个反斜线\
\f	换页符	\'	单引号'
\n	换行符	\"	双引号"
\r	回车	\ooo	3 位八进制数对应的字符
\t	水平制表符	\xhh	2 位十六进制数对应的字符
\v	垂直制表符	\uhhhh	4 位十六进制数表示的 Unicode 字符

下面的代码演示了转义字符的用法:

```
>>>print('Hello\nWorld')                    #包含转义字符的字符串
Hello
World
>>>print('\101')                            #3 位八进制数对应的字符
A
>>>print('\x41')                            #2 位十六进制数对应的字符
A
>>>print('我是\u8463\u4ed8\u56fd')          #4 位十六进制数表示的 Unicode 字符
我是董付国
```

为了避免对字符串中的转义字符进行转义,可以使用原始字符串,在字符串前面加上字母 r 或 R 表示原始字符串,其中的所有字符都表示原始的含义而不会进行任何转义,常用在文件路径、URL 和正则表达式等场合。

```
>>>path = 'C:\Windows\notepad.exe'
>>>print(path)                              #字符\n 被转义为换行符
C: \Windows
otepad.exe
>>>path = r'C:\Windows\notepad.exe'         #原始字符串,任何字符都不转义
>>>print(path)
C: \Windows\notepad.exe
```

7.3　字符串格式化

7.3.1　使用%符号进行格式化(选讲)

使用%符号进行字符串格式化的形式如图 7-1 所示，格式运算符%之前的部分为格式字符串，之后的部分为需要进行格式化的内容。

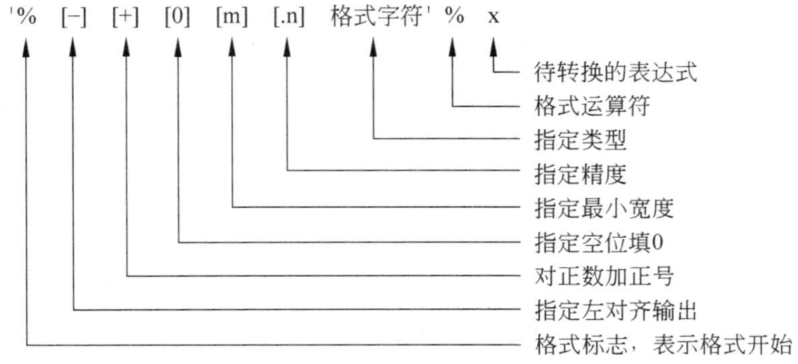

图 7-1　字符串格式化的形式

Python 支持大量的格式字符，表 7-2 列出了比较常用的一部分。

表 7-2　格式字符

格式字符	说　　明	格式字符	说　　明
%s	字符串（采用 str()的显示）	%x	十六进制整数
%r	字符串（采用 repr()的显示）	%e	指数（基底写为 e）
%c	单个字符	%E	指数（基底写为 E）
%%	字符%	%f、%F	浮点数
%d	十进制整数	%g	指数(e)或浮点数(根据显示长度)
%i	十进制整数	%G	指数(E)或浮点数(根据显示长度)
%o	八进制整数		

使用这种方式进行字符串格式化时，要求被格式化的内容和格式字符之间必须一一对应。

```
>>>x =1235
>>>so ='%o' %x
>>>so
'2323'
>>>sh ='%x' %x
>>>sh
'4d3'
```

```
>>> se = '%e' %x
>>> se
'1.235000e+03'
>>> '%s' %65                    #等价于 str()
'65'
>>> '%s' %65333
'65333'
>>> '%d,%c' %(65,65)            #使用元组对字符串进行格式化,按位置进行对应
'65,A'
>>> '%d' %'555'                 #试图将字符串转换为整数进行输出,抛出异常
TypeError: %d format: a number is required,not str
>>> '%s' %[1,2,3]
'[1,2,3]'
>>> str((1,2,3))                #可以使用 str()函数将任意类型数据转换为字符串
'(1,2,3)'
>>> str([1,2,3])
'[1,2,3]'
```

7.3.2 使用 format()方法进行字符串格式化

除了 7.3.1 节介绍的字符串格式化方法之外,目前 Python 社区更推荐使用 format()方法进行格式化,该方法非常灵活,不仅可以使用位置进行格式化,还支持使用关键参数进行格式化,更妙的是支持序列解包格式化字符串,为程序员提供了非常大的方便。

在字符串格式化方法 format()中可以使用的格式主要有 b(二进制格式)、c(把整数转换成 Unicode 字符)、d(十进制格式)、o(八进制格式)、x(小写十六进制格式)、X(大写十六进制格式)、e/E(科学计数法格式)、f/F(固定长度的浮点数格式)、%(使用固定长度浮点数显示百分数)。Python 3.6.x 开始支持在数字常量的中间位置使用单个下画线作为分隔符来提高数字可读性,相应地,字符串格式化方法 format()也提供了对下画线的支持。下面的代码演示了其中的部分用法:

```
>>> 1/3
0.3333333333333333
>>> print('{0:.3f}'.format(1/3))          #保留 3 位小数
0.333
>>> '{0:%}'.format(3.5)                   #格式化为百分数
'350.000000%'
>>> '{0:_},{0:_x}'.format(1000000)        #Python 3.6.0 及更高版本支持
'1_000_000,f_4240'
>>> '{0:_},{0:_x}'.format(10000000)       #Python 3.6.0 及更高版本支持
'10_000_000,98_9680'
>>> print('The number {0:,} in hex is: {0:#x},in oct is {0:#o}'.format(55))
The number 55 in hex is: 0x37,in oct is 0o67
>>> print('The number {0:,} in hex is: {0:x},the number {1} in oct is {1:o}'.format
```

```
(5555,55))
The number 5,555 in hex is: 15b3,the number 55 in oct is 67
>>>print('The number {1} in hex is: {1:#x},the number {0} in oct is {0:#o}'.format
(5555,55))
The number 55 in hex is: 0x37,the number 5555 in oct is 0o12663
>>>print('my name is {name},my age is {age},and my QQ is {qq}'.format(name=
'Dong',qq='306467355',age=38))
my name is Dong,my age is 38,and my QQ is 306467355
>>>position = (5,8,13)
>>>print('X:{0[0]};Y:{0[1]};Z:{0[2]}'.format(position))
                                                    #使用元组的同时格式化多个值
X:5;Y:8;Z:13
>>>weather = [('Monday','rain'),('Tuesday','sunny'),('Wednesday','sunny'),
('Thursday','rain'),('Friday','cloudy')]
>>>formatter = "Weather of '{0[0]}' is '{0[1]}'".format
>>>for item in map(formatter,weather):
   print(item)
```

上面最后一段代码也可以改为下面的写法：

```
>>>for item in weather:
   print(formatter(item))
```

运行结果为

```
Weather of 'Monday' is 'rain'
Weather of 'Tuesday' is 'sunny'
Weather of 'Wednesday' is 'sunny'
Weather of 'Thursday' is 'rain'
Weather of 'Friday' is 'cloudy'
```

7.3.3　格式化的字符串常量

从 Python 3.6.x 开始支持一种新的字符串格式化方式，官方称为 Formatted String Literals，简称 f-字符串，其含义与字符串对象的 format()方法类似，但形式更加简洁。

```
>>>name = 'Dong'
>>>age = 39
>>>f'My name is {name},and I am {age} years old.'
'My name is Dong,and I am 39 years old.'
>>>width = 10
>>>precision = 4
>>>value = 11/3
>>>f'result:{value:{width}.{precision}}'  #Python 3.8 开始支持 f'{value=}'的语法
'result:      3.667'
```

7.3.4 使用 Template 模板进行格式化(选讲)

Python 标准库 string 还提供了用于字符串格式化的模板类 Template,可以用于大量信息的格式化,尤其适用于网页模板内容的替换和格式化。例如:

```
>>> from string import Template
>>> t = Template('My name is ${name},and is ${age} years old.')     #创建模板
>>> d = {'name':'Dong','age':39}
>>> t.substitute(d)                                                 #替换
'My name is Dong,and is 39 years old.'
>>> tt = Template('My name is $name,and is $age years old.')
>>> tt.substitute(d)
'My name is Dong,and is 39 years old.'
>>> html = '''<html><head>${head}</head><body>${body}</body></html>'''
>>> t = Template(html)
>>> d = {'head':'test','body':'This is only a test.'}
>>> t.substitute(d)
'<html><head>test</head><body>This is only a test.</body></html>'
```

7.4 字符串常用操作

Python 字符串对象提供了大量方法用于字符串的检测、替换和排版等操作,另外还有大量内置函数和运算符也支持对字符串的操作。使用时需要注意的是,字符串对象是不可变的,所以**字符串对象提供的涉及字符串“修改”的方法都是返回修改后的新字符串,并不对原字符串做任何修改**,无一例外。

7.4.1 find()、rfind()、index()、rindex()、count()

find()和 rfind()方法分别用来查找一个字符串在另一个字符串指定范围(默认是整个字符串)中首次和最后一次出现的位置,**如果不存在则返回-1**;index()和 rindex()方法用来返回一个字符串在另一个字符串指定范围中首次和最后一次出现的位置,**如果不存在则抛出异常**;count()方法用来返回一个字符串在另一个字符串中出现的次数,**如果不存在则返回 0**。

```
>>> s = 'apple,peach,banana,peach,pear'
>>> s.find('peach')                  #返回第一次出现的位置
6
>>> s.find('peach',7)                #从指定位置开始查找
19
>>> s.find('peach',7,20)             #在指定范围中进行查找
-1
>>> s.rfind('p')                     #从字符串尾部向前查找
```

```
25
>>>s.index('p')                 #返回首次出现的位置
1
>>>s.index('pe')
6
>>>s.index('pear')
25
>>>s.index('ppp')               #指定子字符串不存在时抛出异常
ValueError: substring not found
>>>s.count('p')                 #统计子字符串出现的次数
5
>>>s.count('ppp')               #不存在时返回 0
0
```

7.4.2 split()、rsplit()、partition()、rpartition()

字符串对象的 split()和 rsplit()方法分别用来以指定字符为分隔符，从字符串左端和右端开始将其分隔成多个字符串，并返回包含分隔结果的列表。

```
>>>s = 'apple,peach,banana,pear'
>>>s.split(',')                 #使用逗号进行分隔
['apple','peach','banana','pear']
>>>s = '2020-10-31'
>>>t =s.split('-')              #使用指定字符作为分隔符
>>>t
['2020','10','31']
>>>list(map(int,t))             #将分隔结果转换为整数
[2020,10,31]
```

对于 split()和 rsplit()方法，如果不指定分隔符，则字符串中的任何空白符号（包括空格、换行符、制表符等）的连续出现都将被认为是分隔符，返回包含最终分隔结果（不含空字符串）的列表。

```
>>>s = 'hello world \n\n My name is Dong '
>>>s.split()
['hello','world','My','name','is','Dong']
>>>s = '\n\nhello world \n\n\n My name is Dong '
>>>s.split()
['hello','world','My','name','is','Dong']
>>>s = '\n\nhello\t\t world \n\n\n My name\t is Dong '
>>>s.split()
['hello','world','My','name','is','Dong']
```

另外，split()和 rsplit()方法允许指定最大分隔次数（注意，并不是必须分隔这么多次）。

```
>>>s = '\n\nhello\t\t world \n\n\n My name is Dong'
>>>s.split(maxsplit=1)                    #分隔 1 次
['hello','world \n\n\n My name is Dong ']
>>>s.rsplit(maxsplit=1)
['\n\nhello\t\t world \n\n\n My name is','Dong']
>>>s.split(maxsplit=2)
['hello','world','My name is Dong ']
>>>s.rsplit(maxsplit=2)
['\n\nhello\t\t world \n\n\n My name','is','Dong']
>>>s.split(maxsplit=10)                   #最大分隔次数可以大于实际可分隔次数
['hello','world','My','name','is','Dong']
```

调用 split()方法如果不传递任何参数,将使用任何空白字符作为分隔符,如果字符串存在连续的空白字符,split()方法将作为一个空白字符对待。但是,明确传递参数指定 split()使用的分隔符时,连续的相邻分隔符之间会得到空字符串。

```
>>>'a,,,bb,,ccc'.split(',')               #每个逗号都被作为独立的分隔符
['a','','','bb','','ccc']
>>>'a\t\t\tbb\t\tccc'.split('\t')         #每个制表符都被作为独立的分隔符
['a','','','bb','','ccc']
>>>'a\t\t\tbb\t\tccc'.split()             #连续多个制表符被作为一个分隔符
['a','bb','ccc']
```

字符串对象的 partition()和 rpartition()方法以指定字符串为分隔符将原字符串分隔为 3 部分,即分隔符之前的字符串、分隔符字符串和分隔符之后的字符串。如果指定的分隔符不在原字符串中,则返回原字符串和两个空字符串。如果字符串中有多个分隔符,那么 partition()把从左往右遇到的第一个分隔符作为分隔符,rpartition()把从右往左遇到的第一个分隔符作为分隔符。

```
>>>s = 'apple,peach,banana,pear'
>>>s.partition(',')                       #从左侧使用逗号进行切分
('apple',',','peach,banana,pear')
>>>s.rpartition(',')                      #从右侧使用逗号进行切分
('apple,peach,banana',',','pear')
>>>s.rpartition('banana')                 #使用字符串作为分隔符
('apple,peach,','banana',',pear')
>>>'abababab'.partition('a')
('','a','bababab')
>>>'abababab'.rpartition('a')
('ababab','a','b')
```

7.4.3 join()

字符串的 join()方法用来将列表中多个字符串进行连接,并在相邻两个字符串之间

插入指定字符，返回新字符串。

```
>>> li = ['apple','peach','banana','pear']
>>> sep = ','
>>> sep.join(li)                    #使用逗号作为连接符
'apple,peach,banana,pear'
>>> ':'.join(li)                    #使用冒号作为连接符
'apple:peach:banana:pear'
>>> ''.join(li)                     #使用空字符作为连接符
'applepeachbananapear'
```

使用 split()和 join()方法可以删除字符串中多余的空白字符，如果有连续多个空白字符，只保留一个。

```
>>> x = 'aaa        bb        c d e   fff    '
>>> ' '.join(x.split())              #使用空格作为连接符
'aaa bb c d e fff'
>>> def equavilent(s1,s2):           #判断两个字符串在 Python 意义上是否等价
    if s1 == s2:
        return True
    elif ' '.join(s1.split()) == ' '.join(s2.split()):
        return True
    elif ''.join(s1.split()) == ''.join(s2.split()):
        return True
    else:
        return False
>>> equavilent('pip list','pip    list')
True
>>> equavilent('[1,2,3]','[1,2,3]')  #判断两个列表写法是否等价
True
>>> equavilent('[1,2,3]','[1,2 ,3]')
True
>>> equavilent('[1,2,3]','[1,2 ,3 ,4]')
False
```

7.4.4 lower()、upper()、capitalize()、title()、swapcase()

这几个方法分别用来将字符串转换为小写、大写字符串，将字符串首字母变为大写，将每个单词的首字母变为大写以及大小写互换，生成新字符串，不对原字符串做任何修改。

```
>>> s = 'What is Your Name?'
>>> s.lower()                        #返回小写字符串
'what is your name?'
>>> s.upper()                        #返回大写字符串
```

```
'WHAT IS YOUR NAME?'
>>>s.capitalize()                  #字符串首字母大写
'What is your name?'
>>>s.title()                       #每个单词的首字母大写
'What Is Your Name?'
>>>s.swapcase()                    #大小写互换
'wHAT IS yOUR nAME?'
```

7.4.5 replace()、maketrans()、translate()

字符串方法 replace()用来替换字符串中指定字符或子字符串的所有重复出现,每次只能替换一个字符或一个字符串,把指定的字符串参数作为一个整体对待,类似于 Word、WPS、记事本等文本编辑器的全部替换功能。该方法并不修改原字符串,而是返回一个新字符串。

```
>>>s ='中国,中国'
>>>print(s.replace('中国','中华人民共和国'))
中华人民共和国,中华人民共和国
>>>print('abcdabc'.replace('abc','ABC'))
ABCdABC
```

字符串对象的 maketrans()方法用来生成字符映射表,而 translate()方法用来根据映射表中定义的对应关系转换字符串并替换其中的字符,使用这两个方法的组合可以同时处理多个不同的字符,replace()方法则无法满足这一要求。

```
#创建映射表,将字符'abcdef123'一一对应地转换为'uvwxyz@#$'
>>>table =''.maketrans('abcdef123','uvwxyz@#$')
>>>s ='Python is a greate programming language. I like it!'
#按映射表进行替换
>>>s.translate(table)
'Python is u gryuty progrumming lunguugy. I liky it!'
```

下面的代码使用 maketrans()和 translate()方法实现了恺撒加密算法,其中 k 表示算法密钥,也就是把每个英文字母变为其后面的第几个字母。

```
>>>import string
>>>def kaisa(s,k):
    lower =string.ascii_lowercase            #小写字母
    upper =string.ascii_uppercase            #大写字母
    before =string.ascii_letters
    after =lower[k:] +lower[:k] +upper[k:] +upper[:k]
    table =''.maketrans(before,after)        #创建映射表
    return s.translate(table)

>>>s ='Python is a greate programming language. I like it!'
```

```
>>>kaisa(s,3)
'Sbwkrq lv d juhdwh surjudpplqj odqjxdjh. L olnh lw!'
>>>s ='If the implementation is easy to explain,it may be a good idea.'
>>>kaisa(s,3)
'Li wkh lpsohphqwdwlrq lv hdvb wr hasodlq,lw pdb eh d jrrg lghd.'
```

7.4.6 strip()、rstrip()、lstrip()

这几个方法分别用来删除两端、右端或左端连续的空白字符或指定字符。

```
>>>s =' abc  '
>>>s2 =s.strip()                    #删除空白字符
>>>s2
'abc'
>>>'\n\nhello world \n\n'.strip()   #删除空白字符
'hello world'
>>>'aaaassddf'.strip('a')           #删除指定字符
'ssddf'
>>>'aaaassddf'.strip('af')
'ssdd'
>>>'aaaassddfaaa'.rstrip('a')       #删除字符串右端指定字符
'aaaassddf'
>>>'aaaassddfaaa'.lstrip('a')       #删除字符串左端指定字符
'ssddfaaa'
```

这 3 个函数的参数指定的字符串并不作为一个整体对待,而是在原字符串的两侧、右侧、左侧删除参数字符串中包含的所有字符,一层一层地从外往里扒。

```
>>>'aabbccddeeeffg'.strip('af')     #字母 f 不在字符串两侧,所以不删除
'bbccddeeeffg'
>>>'aabbccddeeeffg'.strip('gaf')
'bbccddeee'
>>>'aabbccddeeeffg'.strip('gaef')
'bbccdd'
>>>'aabbccddeeeffg'.strip('gbaef')
'ccdd'
>>>'aabbccddeeeffg'.strip('gbaefcd')
''
```

7.4.7 startswith()、endswith()

这两个方法用来判断字符串是否以指定字符串开始或结束,可以接收两个整数参数来限定字符串的检测范围。

```
>>>s ='Beautiful is better than ugly.'
```

```
>>> s.startswith('Be')                  #检测整个字符串
True
>>> s.startswith('Be',5)                #指定检测范围的起始位置
False
>>> s.startswith('Be',0,5)              #指定检测范围的起始和结束位置
True
```

另外,这两个方法还可以接收一个字符串元组作为参数来表示前缀或后缀。例如,下面的代码可以列出指定文件夹下所有扩展名为 bmp、jpg 或 gif 的图片。

```
>>> import os
>>> [filename for filename in os.listdir(r'D:\\') if filename.endswith(('.bmp','.
jpg','.gif'))]
```

7.4.8 isalnum()、isalpha()、isdigit()、isdecimal()、isnumeric()、isspace()、isupper()、islower()

这些函数分别用来测试字符串是否为数字或字母、是否为字母、是否为数字字符、是否为空白字符、是否为大写字母以及是否为小写字母。

```
>>> '1234abcd'.isalnum()
True
>>> '1234abcd'.isalpha()                #全部为英文字母时返回 True
False
>>> '1234abcd'.isdigit()                #全部为数字时返回 True
False
>>> 'abcd'.isalpha()
True
>>> '1234.0'.isdigit()
False
>>> '1234'.isdigit()
True
>>> '九'.isnumeric()                    #isnumeric()方法支持汉字数字
True
>>> '九'.isdigit()
False
>>> '九'.isdecimal()
False
>>> 'ⅣⅢⅩ'.isdecimal()
False
>>> 'ⅣⅢⅩ'.isdigit()
False
>>> 'ⅣⅢⅩ'.isnumeric()                 #支持罗马数字
True
```

7.4.9 center()、ljust()、rjust()、zfill()

这几个方法用于对字符串进行排版，其中 center()、ljust()、rjust()返回指定宽度的新字符串，原字符串居中、左对齐或右对齐出现在新字符串中，如果指定的宽度大于字符串长度，则使用指定的字符(默认是空格)进行填充。zfill()返回指定宽度的字符串，在左侧以字符 0 进行填充。

```
>>> 'Hello world!'.center(20)          #居中对齐，以空格进行填充
'    Hello world!    '
>>> 'Hello world!'.center(20,'=')      #居中对齐，以字符=进行填充
'====Hello world!===='
>>> 'Hello world!'.ljust(20,'=')       #左对齐
'Hello world!========'
>>> 'Hello world!'.rjust(20,'=')       #右对齐
'========Hello world!'
>>> 'abc'.zfill(5)                     #在左侧填充数字字符 0
'00abc'
>>> 'abc'.zfill(2)                     #指定宽度小于字符串长度时，返回字符串本身
'abc'
>>> 'uio'.zfill(20)
'00000000000000000uio'
```

7.4.10 字符串对象支持的运算符

Python 支持使用运算符"+"连接字符串，但该运算符涉及大量数据的复制，效率非常低，不适合大量长字符串的连接。下面的代码演示了运算符"+"和字符串对象 join()方法之间的速度差异。

```
import timeit

#使用列表推导式生成 10000 个字符串
strlist = ['This is a long string that will not keep in memory.' for n in range(10000)]

#使用字符串对象的 join()方法连接多个字符串
def use_join():
    return ''.join(strlist)

#使用运算符"+"连接多个字符串
def use_plus():
    result = ''
    for strtemp in strlist:
        result = result+strtemp
    return result
```

```
if __name__=='__main__':
    #重复运行次数
    times =1000
    jointimer =timeit.Timer('use_join()','from __main__ import use_join')
    print('time for join:',jointimer.timeit(number=times))
    plustimer =timeit.Timer('use_plus()','from __main__ import use_plus')
    print('time for plus:',plustimer.timeit(number=times))
```

该代码分别使用 join()函数和“+”对 10000 个字符串进行连接，并重复运行 1000 次，然后输出每种方法所使用的时间，运行结果为

```
time for join: 0.11133914429192587
time for plus: 1.6754796186748913
```

修改上面代码中的参数会发现，随着字符串数量的增多，运算符“+”的效率会越来越低，并且会产生大量的垃圾数据，严重的话会造成大量内存碎片而影响系统的运行。

另外，timeit 模块还支持下面代码演示的用法，从运行结果可以看出，当需要对大量数据进行类型转换时，内置函数 map()可以提供非常高的效率。

```
>>>import timeit
>>>timeit.timeit('"-".join(str(n) for n in range(100))',number=10000)
                                                #重复运行 10000 次
0.3063435900577929
>>>timeit.timeit('"-".join([str(n) for n in range(100)])',number=10000)
0.27191914957273866
>>>timeit.timeit('"-".join(map(str,range(100)))',number=10000)
0.21119518171659024
```

第 2 章曾经介绍过，Python 字符串支持与整数的乘法运算，表示序列重复，也就是字符串内容的重复。

```
>>>'abcd' * 3
'abcdabcdabcd'
```

最后，与列表、元组、字典、集合一样，也可以使用成员测试运算符 in 来判断一个字符串是否出现在另一个字符串中，返回 True 或 False。

```
>>>'a' in 'abcde'                    #测试一个字符中是否存在于另一个字符串中
True
>>>'ac' in 'abcde'                   #关键字 in 左边的字符串作为一个整体对待
False
>>>'j' not in 'abcde'
True
```

几乎所有论坛或社区都会对用户提交的输入进行检查，并过滤一些非法的敏感词，这极大地促进了网络文明和净化。这样的功能可以使用关键字 in 和 replace()方法来实现。下面的代码用来检测用户输入中是否有不允许的敏感字词，如果有就提示非法。

```
>>>words = ('测试','非法','暴力')
>>>text = input('请输入：')
请输入：这句话里含有非法内容
>>>for word in words:
    if word in text:
        print('非法')
        break
else:
  print('正常')
```

下面的代码则可以用来测试用户输入中是否有敏感词，如果有就把敏感词替换为 3 个星号***。

```
>>>words = ('测试','非法','暴力','话')
>>>text = '这句话里含有非法内容'
>>>for word in words:
    if word in text:
        text = text.replace(word,'***')
>>>text
'这句***里含有***内容'
```

或者直接使用正则表达式模块 re 提供的函数进行检查和过滤：

```
>>>words = ('测试','非法','暴力','话')
>>>text = '这句话里含有非法内容'
>>>import re
>>>re.sub('|'.join(words),'***',text)
'这句***里含有***内容'
```

7.4.11 适用于字符串对象的内置函数

除了字符串对象提供的方法以外，很多 Python 内置函数也可以对字符串进行操作。

```
>>>x = 'Hello world.'
>>>len(x)                                  #字符串长度
12
>>>max(x)                                  #最大字符
'w'
>>>min(x)
' '
>>>list(zip(x,x))                          #zip()也可以作用于字符串
[('H','H'),('e','e'),('l','l'),('l','l'),('o','o'),(' ',' '),('w','w'),('o',
'o'),('r','r'),('l','l'),('d','d'),('.','.')]
>>>sorted(x)
[' ','.','H','d','e','l','l','l','o','o','r','w']
>>>list(reversed(x))
```

```
['.','d','l','r','o','w',' ','o','l','l','e','H']
>>>list(enumerate(x))
[(0,'H'),(1,'e'),(2,'l'),(3,'l'),(4,'o'),(5,' '),(6,'w'),(7,'o'),(8,'r'),(9,
'l'),(10,'d'),(11,'.')]
>>>list(map(lambda i,j: i+j,x,x))
['HH','ee','ll','ll','oo','  ','ww','oo','rr','ll','dd','..']
```

内置函数 eval()用来把任意字符串转化为 Python 表达式并进行求值。

```
>>>eval('3+4')                              #计算表达式的值
7
>>>a = 3
>>>b = 5
>>>eval('a+b')                              #这时要求变量 a 和 b 已存在
8
>>>import math
>>>eval('math.sqrt(3)')
1.7320508075688772
```

在 Python 3.x 中,input()将用户的输入一律按字符串对待,如果需要将其还原为本来的类型,对于简单的整数、实数、复数可以直接使用 int()、float()和 complex()函数进行转换,而对于列表、元组或其他复杂结构则需要使用内置函数 eval(),不能使用 list()、tuple()直接进行转换。不管是使用 int()、float()和 complex()函数还是 eval()函数,在转换时最好配合异常处理结构,以避免因为数据类型不符合要求或者无法正确求值而抛出异常。

```
>>>x =input()
357
>>>x
'357'
>>>eval(x)
357
>>>x =input()
[3,5,7]
>>>x
'[3,5,7]'
>>>eval(x)                                  #注意,这里不能使用 list(x)进行转换
[3,5,7]
>>>x =input()
abc
>>>x
'abc'
>>>try:                                     #当前作用域中不存在变量 abc
   print(eval(x))
except:
```

```
    print('wrong input')

wrong input
```

Python 的内置函数 eval()可以计算任意合法表达式的值，如果有恶意用户巧妙地构造并输入非法字符串，可以执行任意外部程序或者实现其他目的，例如，下面的代码运行后可以启动记事本程序：

```
>>>a =input('Please input a value:')
Please input a value:__import__('os').startfile(r'C:\Windows\\notepad.exe')
>>>eval(a)
```

下面的代码则会导致屏幕一闪，瞬间在当前文件夹中创建了一个子文件夹 testtest：

```
>>>eval("__import__('os').system('md testtest')")
```

所以，如果程序中有使用内置函数 eval()对用户输入的字符串求值的代码，一定要检查用户输入的字符串中是否有危险的字符串并对这些特殊的字符串进行必要的过滤，如"__import__('os')."，否则就很容易引发很多安全问题。当然，也可以使用标准库 ast 提供的安全函数 literal_eval()，见 2.4.9 节。

7.4.12　字符串对象的切片操作

切片也适用于字符串，但仅限于读取其中的元素，不支持字符串修改。

```
>>>'Explicit is better than implicit.'[:8]
'Explicit'
>>>'Explicit is better than implicit.'[9:23]
'is better than'
>>>path ='C:\\Python35\\test.bmp'
>>>path[:-4] +'_new' +path[-4:]
'C:\\Python35\\test_new.bmp'
```

7.5　字符串常量

Python 标准库 string 提供了英文字母大小写、数字字符、标点符号等常量，可以直接使用。下面的代码实现了随机密码生成功能。

```
>>>import string
>>>x =string.digits +string.ascii_letters +string.punctuation
                                            #可能的字符集
>>>x
'0123456789abcdefghijklmnopqrstuvwxyzABCDEFGHIJKLMNOPQRSTUVWXYZ!"#$%&\'()*
+,-./:;<=>?@[\\]^_`{|}~ '
>>>import random
>>>def generateStrongPwd(k):                #生成指定长度的随机密码字符串
```

```
    return ''.join((random.choice(x) for i in range(k)))
>>>generateStrongPwd(8)                        #8 位随机密码
'@<JnOR$i'
>>>generateStrongPwd(8)
'o.u:E+1v'
>>>generateStrongPwd(15)                       #15 位随机密码
'^0|O*7Gwi.u..e/'
```

7.6 中英文分词

如果字符串中有连续的英文和中文,可以根据字符串的规律自己编写代码将其切分。

```
x='狗 dog 猫 cat 杯子 cup 桌子 table 你好'
c=[]
e=[]
t=''
for ch in x:                                    #先提取英文
    if 'a'<=ch<='z' or 'A'<=ch<='Z':
        t += ch
    elif t:
        e.append(t)
        t =''
if t:
    e.append(t)
    t =''

for ch in x:                                    #再提取中文
    if 0x4e00<=ord(ch)<=0x9fa5:                 #常见汉字 Unicode 编码范围
        t += ch
    elif t:
        c.append(t)
        t =''
if t:
    c.append(t)
    t =''

print(c)
print(e)
```

Python 扩展库 jieba 和 snownlp 很好地支持了中英文分词,可以使用 pip 命令进行安装。在自然语言处理领域经常需要对文字进行分词,分词的准确度直接影响后续文本处理和挖掘算法的最终效果。

```
>>>import jieba                                 #导入 jieba 模块
```

```
>>> x = '分词的准确度直接影响了后续文本处理和挖掘算法的最终效果。'
>>> jieba.cut(x)                      #使用默认词库进行分词
<generator object Tokenizer.cut at 0x000000000342C990>
>>> list(_)
['分词','的','准确度','直接','影响','了','后续','文本处理','和','挖掘','算法',
'的','最终','效果','。']
>>> list(jieba.cut('纸杯'))
['纸杯']
>>> list(jieba.cut('花纸杯'))
['花','纸杯']
>>> jieba.add_word('花纸杯')          #增加词条
>>> list(jieba.cut('花纸杯'))         #使用新词库进行分词
['花纸杯']
>>> import snownlp                    #导入 snownlp 模块
>>> snownlp.SnowNLP('学而时习之,不亦说乎').words
['学而','时习','之',',','不亦','说乎']
>>> snownlp.SnowNLP(x).words
['分词','的','准确度','直接','影响','了','后续','文本','处理','和','挖掘','算法',
'的','最终','效果','。']
```

7.7　汉字到拼音的转换

Python 扩展库 pypinyin 支持汉字到拼音的转换,并且可以和分词扩展库配合使用。

```
>>> from pypinyin import lazy_pinyin,pinyin
>>> lazy_pinyin('董付国')             #返回拼音
['dong','fu','guo']
>>> lazy_pinyin('董付国',1)           #带声调的拼音
['dǒng','fù','guó']
>>> lazy_pinyin('董付国',2)           #另一种拼音形式,数字表示前面字母的声调
['do3ng','fu4','guo2']
>>> lazy_pinyin('董付国',3)           #只返回拼音首字母
['d','f','g']
>>> lazy_pinyin('重要',1)             #能够根据词组智能识别多音字
['zhòng','yào']
>>> lazy_pinyin('重阳',1)
['chóng','yáng']
>>> pinyin('重阳')                    #返回拼音
[['chóng'],['yáng']]
>>> pinyin('重阳节',heteronym=True)   #返回多音字的所有读音
[['chóng',],['yáng'],['jié','jiē']]
>>> import jieba                      #其实不需要导入 jieba,这里只是说明已安装
>>> x = '中英文混合 test123'
>>> lazy_pinyin(x)                    #自动调用已安装的 jieba 扩展库分词功能
```

```
['zhong','ying','wen','hun','he','test123']
>>>lazy_pinyin(jieba.cut(x))
['zhong','ying','wen','hun','he','test123']
>>>x ='山东烟台的大樱桃真好吃啊'
>>>sorted(x,key=lambda ch: lazy_pinyin(ch))      #按拼音对汉字进行排序
['啊','吃','大','的','东','好','山','台','桃','烟','樱','真']
```

7.8 精彩案例赏析

示例 7-1 编写函数实现字符串加密和解密,循环使用指定密钥,采用简单的异或算法。

```
def crypt(source,key):
    from itertools import cycle
    result =''
    temp =cycle(key)
    for ch in source:
        result =result +chr(ord(ch) ^ ord(next(temp)))
    return result

source ='Shandong Institute of Business and Technology'
key ='Dong Fuguo'

print('Before Encrypted:'+source)
encrypted =crypt(source,key)
print('After Encrypted:'+encrypted)
decrypted =crypt(encrypted,key)
print('After Decrypted:'+decrypted)
```

输出结果如图 7-2 所示。

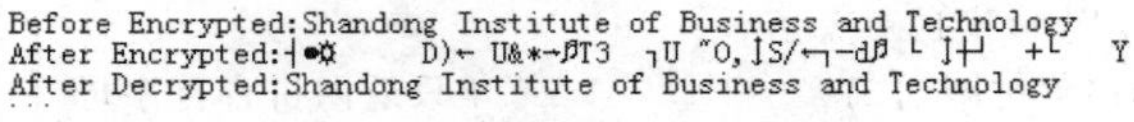

图 7-2 字符串加密与解密结果

示例 7-2 编写程序,生成大量随机信息。

本例代码演示了如何使用 Python 标准库 random 来生成随机数据,这在需要获取大量数据来测试或演示软件功能时非常有用,不仅能真实展示软件的功能或算法,还可以避免泄露真实数据引起不必要的争议。

```
from random import choice,randint
import string
import codecs

#常用汉字 Unicode 编码表(部分),完整列表详见配套源代码
```

```
StringBase = '\u7684\u4e00\u4e86\u662f\u6211\u4e0d\u5728\u4eba'

def getEmail():
    #常见域名后缀,可以随意扩展该列表
    suffix = ['.com','.org','.net','.cn']
    characters = string.ascii_letters + string.digits + '_'
    username = ''.join((choice(characters) for i in range(randint(6,12))))
    domain = ''.join((choice(characters) for i in range(randint(3,6))))
    return username+'@'+domain+choice(suffix)

def getTelNo():
    return ''.join((str(randint(0,9)) for i in range(11)))

def getNameOrAddress(flag):
    '''flag=1 表示返回随机姓名,flag=0 表示返回随机地址'''
    if flag ==1:
        #大部分中国人姓名为 2~5 个汉字
        rangestart,rangeend = 2,5
    elif flag == 0:
        #假设地址在 10~30 个汉字
        rangestart,rangeend = 10,30
    result = ''.join((choice(StringBase) for i in range(randint(rangestart,rangeend))))
    return result

def getSex():
    return choice(('男','女'))

def getAge():
    return str(randint(18,100))

def main(filename):
    with codecs.open(filename,'w','utf-8') as fp:
        fp.write('Name,Sex,Age,TelNO,Address,Email\n')
        #随机生成 200 个人的信息
        for i in range(200):
            name = getNameOrAddress(1)
            sex = getSex()
            age = getAge()
            tel = getTelNo()
            address = getNameOrAddress(0)
            email = getEmail()
            line = ','.join([name,sex,age,tel,address,email]) +'\n'
            fp.write(line)
```

```
def output(filename):
    with codecs.open(filename,'r','utf-8') as fp:
        for line in fp:
            line =line.split(',')
            for i in line:
                print(i,end=',')
            print()

if __name__=='__main__':
    filename ='information.txt'
    main(filename)
    output(filename)
```

示例 7-3 检查并判断密码字符串的安全强度。

```
import string

def check(pwd):
    #密码必须至少包含 6 个字符
    if not isinstance(pwd,str) or len(pwd)<6:
        return 'not suitable for password'

    #密码强度等级与包含字符种类的对应关系
    d ={1:'weak',2:'below middle',3:'above middle',4:'strong'}
    #分别用来标记 pwd 是否含有数字、小写字母、大写字母和指定的标点符号
    r =[False]*4

    for ch in pwd:
        #是否包含数字
        if not r[0] and ch in string.digits:
            r[0] =True
        #是否包含小写字母
        elif not r[1] and ch in string.ascii_lowercase:
            r[1] =True
        #是否包含大写字母
        elif not r[2] and ch in string.ascii_uppercase:
            r[2] =True
        #是否包含指定的标点符号
        elif not r[3] and ch in ',.!;?<>':
            r[3] =True
    #统计包含的字符种类,返回密码强度
    return d.get(r.count(True),'error')

print(check('a2Cd,'))
```

本章小结

（1）字符串属于 Python 不可变序列，其所有涉及修改内容的方法都是返回一个新字符串。

（2）字符串属于 Python 有序序列，支持使用下标访问其中的字符，支持双向索引，支持切片操作。

（3）字符串可以使用 encode()方法转换为字节串，字节串可以使用 decode()方法转换为字符串。

（4）GB2312、GBK、CP936 都使用 2 字节表示一个汉字，UTF-8 使用 3 字节表示一个常用汉字。

（5）Python 3. x 支持使用中文作为标识符。

（6）在字符串前加字母 r 或 R 表示原始字符串，其中的所有字符都表示原始的含义而不会进行任何转义。在字符串前加字母 f 表示对大括号中的变量进行替换和格式化。

（7）除了字符串本身提供的大量功能强大的方法之外，还有很多 Python 运算符和内置函数也支持对字符串的操作。

习　　题

7.1　假设有一段英文，其中有单独的字母 I 误写为 i，请编写程序进行纠正。

7.2　假设有一段英文，其中有单词中间的字母 i 误写为 I，请编写程序进行纠正。

第 8 章

正则表达式(选讲)

正则表达式是字符串处理的有力工具。它使用预定义的模式去匹配一类具有共同特征的字符串,可以快速、准确地完成复杂的查找、替换等处理要求,比字符串自身提供的方法提供了更强大的处理功能。例如,使用字符串对象的 split()方法只能指定一个分隔符,而使用正则表达式可以很方便地指定多个符号作为分隔符;使用字符串对象的 split()并指定分隔符时,很难处理分隔符连续多次出现的情况,而正则表达式让这一切都变得非常轻松。

8.1 正则表达式语法

8.1.1 正则表达式基本语法

正则表达式由元字符及其不同组合构成,通过巧妙地构造正则表达式可以匹配任意字符串,完成查找、替换等复杂的字符串处理任务。常用的正则表达式元字符如表 8-1 所示,左侧一列略去了两侧的单引号。

表 8-1 常用的正则表达式元字符

元字符	功 能 说 明
.	匹配除换行符以外的任意单个字符,单行模式下也可匹配换行符
*	匹配位于*之前的字符或子模式的 0 次或多次重复
+	匹配位于+之前的字符或子模式的 1 次或多次重复
-	在[]之内用来表示范围
		匹配位于|之前或之后的字符或模式
^	匹配以^后面的字符或模式开头的字符串
$	匹配以$前面的字符或模式结束的字符串
?	表示问号之前的字符或子模式是可选的。紧随任何其他限定符(*、+、?、{n}、{n,}、{n,m})之后时,表示“非贪心”匹配模式。“非贪心”模式匹配尽可能短的字符串,而默认的“贪心”模式匹配尽可能长的字符串。例如,在字符串"oooo"中,'o+?'只匹配单个o,而'o+'匹配所有o

续表

元字符	功能说明
\	表示位于\之后的为转义字符
\num	此处的 num 是一个正整数，表示前面字符或子模式的编号。例如，'(.)\1'匹配两个连续的相同字符
\f	匹配一个换页符
\n	匹配一个换行符
\r	匹配一个回车符
\b	匹配单词头或单词尾
\B	与\b 含义相反
\d	匹配任何数字，相当于'[0-9]'
\D	与'\d'含义相反，相当于'[^0-9]'
\s	匹配任何空白字符，包括空格、制表符、换页符，与'[\f\n\r\t\v]'等效
\S	与'\s'含义相反
\w	匹配任何字母、数字以及下画线，相当于'[a-zA-Z0-9_]'
\W	与'\w'含义相反，与'[^A-Za-z0-9_]'等效
()	将位于()内的内容作为一个整体来对待
{m,n}	按{m,n}中指定的次数进行匹配，例如，{3,8}表示前面的字符或模式至少重复 3 次而最多重复 8 次
[]	匹配位于[]中的任意一个字符
[^xyz]	^放在[]内表示反向字符集，匹配除 x、y、z 之外的任何字符
[a-z]	字符范围，匹配指定范围内的任何字符
[^a-z]	反向范围字符，匹配除小写英文字母之外的任何字符

如果以\开头的元字符与转义字符相同，则需要使用\\，或者使用原始字符串。在字符串前加上字符 r 或 R 之后表示原始字符串，字符串中任意字符都不再进行转义。原始字符串可以减少用户的输入，主要用于正则表达式和文件路径字符串的情况，但如果字符串以一个斜线\结束，则需要多写一个斜线，即以\\结束。

8.1.2 正则表达式扩展语法

正则表达式使用圆括号“()”表示一个子模式，圆括号内的内容作为一个整体对待。例如，'(red)+'可以匹配'redred'、'redredred'等一个或多个重复'red'的情况。使用子模式扩展语法可以实现更加复杂的字符串处理功能，常用的扩展语法如表 8-2 所示。

表 8-2 常用的子模式扩展语法

语 法	功能说明
(?P<groupname>)	为子模式命名
(?iLmsux)	设置匹配标志,可以是几个字母的组合,每个字母含义与编译标志相同
(?:…)	匹配但不捕获该匹配的子表达式
(?P=groupname)	表示在此之前的命名为 groupname 的子模式
(?#…)	表示注释
(?<=…)	用于正则表达式之前,如果<=后的内容在字符串中出现则匹配,但不返回<=之后的内容
(?=…)	用于正则表达式之后,如果=后的内容在字符串中出现则匹配,但不返回=之后的内容
(?<!…)	用于正则表达式之前,如果<!后的内容在字符串中不出现则匹配,但不返回<!之后的内容
(?!…)	用于正则表达式之后,如果"!"后的内容在字符串中不出现则匹配,但不返回"!"之后的内容

8.1.3 正则表达式集锦

正则表达式语法博大精深,很难一下子全都记住,建议在了解基本语法的基础上,记住一些常用的写法,然后在实际应用中不断深入。

(1) 最简单的正则表达式是普通字符串,只能匹配自身。

(2) '[pjc]ython'可以匹配'python'、'jython'、'cython'。

(3) '[a-zA-Z0-9]'可以匹配一个任意大小写字母或数字。

(4) '[^abc]'可以一个匹配任意除'a'、'b'、'c'之外的字符。

(5) 'python|perl'或'p(ython|erl)'都可以匹配'python'或'perl'。

(6) r'(http://)?(www\.)?python\.org'只能匹配'http://www.python.org'、'http://python.org'、'www.python.org'和'python.org'。

(7) '^http'只能匹配所有以'http'开头的字符串。

(8) '(pattern)*':允许模式重复 0 次或多次。

(9) '(pattern)+':允许模式重复一次或多次。

(10) '(pattern){m,n}':允许模式重复 m~n 次,注意逗号后面不要有空格。

(11) '(a|b)*c':匹配多个(包含 0 个)a 或 b,后面紧跟一个字母 c。

(12) 'ab{1,}':等价于'ab+',匹配以字母 a 开头后面紧跟一个或多个字母 b 的字符串。

(13) '^[a-zA-Z]{1}([a-zA-Z0-9._]){4,19}$':匹配长度为 5~20 的字符串,必须以字母开头并且后面可带数字、字母、"_"". "的字符串。

(14) '^(\w){6,20}$':匹配长度为 6~20 的字符串,可以包含字母、数字、下画线。

(15) '^\d{1,3}\.\d{1,3}\.\d{1,3}\.\d{1,3}$':检查给定字符串是否为合法

IP 地址。

(16) '^(13[4-9]\d{8})|(15[01289]\d{8})$'：检查给定字符串是否为移动手机号码。

(17) '^[a-zA-Z]+$'：检查给定字符串是否只包含英文大小写字母。

(18) '^\w+@(\w+\.)+\w+$'：检查给定字符串是否为合法电子邮件地址。

(19) '^(\-)?\d+(\.\d{1,2})?$'：检查给定字符串是否为最多带有 2 位小数的正数或负数。

(20) '[\u4e00-\u9fa5]'：匹配给定字符串中的常用汉字。

(21) '^\d{18}|\d{15}$'：检查给定字符串是否为合法身份证格式。

(22) '\d{4}-\d{1,2}-\d{1,2}'：匹配指定格式的日期，如 2017-3-30。

(23) '^(?=.*[a-z])(?=.*[A-Z])(?=.*\d)(?=.*[,._]).{8,}$'：检查给定字符串是否为强密码，必须同时包含英语字母大写字母、英文小写字母、数字或特殊符号(如英文逗号、英文句号、下画线)，并且长度必须至少 8 位。

(24) "(?!.*[\'\"\/;=%?]).+"：如果给定字符串中包含'、"、/、;、=、%和"?"则匹配失败，关于子模式语法请参考表 8-2。

(25) '(.)\\1+'：匹配任意字符或模式的一次或多次重复出现。

(26) '((?P<f>\b\w+\b)\s+(?P=f))'：匹配连续出现两次的单词。

(27) '((?P<f>.)(?P=f)(?P<g>.)(?P=g))'：匹配 AABB 形式的成语或字母组合。

使用时要注意的是，**正则表达式只是进行形式上的检查，并不保证内容一定正确**。例如上面的例子中，正则表达式'^\d{1,3}\.\d{1,3}\.\d{1,3}\.\d{1,3}$'可以检查字符串是否为 IP 地址，字符串'888.888.888.888'这样的也能通过检查，但实际上并不是有效的 IP 地址。同样的道理，正则表达式'^\d{18}|\d{15}$'也只负责检查字符串是否为 18 位或 15 位数字，并不保证一定是合法的身份证号。

8.2　直接使用正则表达式模块 re 处理字符串

Python 标准库 re 提供了正则表达式操作所需要的功能，既可以直接使用 re 模块中的函数(见表 8-3)处理字符串，也可以把模式编译成正则表达式对象再使用(见 8.3 节)。

表 8-3　re 模块中的函数

函　数	功能说明
compile(pattern[, flags])	创建模式对象
escape(string)	将字符串中所有特殊正则表达式字符转义
findall(pattern, string[, flags])	列出字符串中模式的所有匹配项
finditer(pattern, string, flags=0)	返回包含所有匹配项的迭代对象，其中每个匹配项都是 Match 对象

续表

函　　数	功 能 说 明
fullmatch(pattern, string, flags=0)	尝试把模式作用于整个字符串,返回 Match 对象或 None
match(pattern, string[, flags])	从字符串的开始处匹配模式,返回 Match 对象或 None
purge()	清空正则表达式缓存
search(pattern, string[, flags])	在整个字符串中寻找模式,返回 Match 对象或 None
split(pattern, string[, maxsplit=0])	根据模式匹配项分隔字符串
sub(pat, repl, string[, count=0])	将字符串中所有 pat 的匹配项用 repl 替换,返回新字符串,repl 可以是字符串或返回字符串的可调用对象,该可调用对象作用于每个匹配的 Match 对象
subn(pat, repl, string[, count=0])	将字符串中所有 pat 的匹配项用 repl 替换,返回包含新字符串和替换次数的元组,repl 可以是字符串或返回字符串的可调用对象,该可调用对象作用于每个匹配的 Match 对象

其中函数参数 flags 的值可以是 re.I(注意是大写字母 I,不是数字 1,表示忽略大小写)、re.L(支持本地字符集的字符)、re.M(多行匹配模式)、re.S(使元字符“.”匹配任意字符,包括换行符)、re.U(匹配 Unicode 字符)、re.X(忽略模式中的空格,并可以使用#注释)的不同组合(使用|进行组合)。

下面的代码演示了直接使用 re 模块中的函数和正则表达式处理字符串的用法,其中 match()函数用于在字符串开始位置进行匹配,而 search()函数用于在整个字符串中进行匹配,这两个函数如果匹配成功则返回 Match 对象,否则返回 None。

```
>>> import re                                   #导入 re 模块
>>> text = 'alpha. beta...gamma delta'           #测试用的字符串
>>> re.split('[\. ]+',text)                      #使用指定字符作为分隔符进行分隔
['alpha','beta','gamma','delta']
>>> re.split('[\. ]+',text,maxsplit=2)           #最多分隔 2 次
['alpha','beta','gamma delta']
>>> re.split('[\. ]+',text,maxsplit=1)           #最多分隔 1 次
['alpha','beta...gamma delta']
>>> pat = '[a-zA-Z]+'
>>> re.findall(pat,text)                         #查找所有单词
['alpha','beta','gamma','delta']
>>> pat = '{name}'
>>> text = 'Dear {name}...'
>>> re.sub(pat,'Mr.Dong',text)                   #字符串替换
'Dear Mr.Dong...'
>>> s = 'a s d'
>>> re.sub('a|s|d','good',s)                     #字符串替换
'good good good'
>>> s = "It's a very good good idea"
```

```
>>>re.sub(r'(\b\w+) \1',r'\1',s)                     #处理连续的重复单词
"It's a very good idea"
>>>re.sub('a',lambda x: x.group(0).upper(),'aaa abc abde')
                                                     #repl 为可调用对象
'AAA Abc Abde'
>>>re.sub('[a-z]',lambda x: x.group(0).upper(),'aaa abc abde')
'AAA ABC ABDE'
>>>re.sub('[a-zA-z]',lambda x: chr(ord(x.group(0))^32),'aaa aBc abde')
                                                     #英文字母大小写互换
'AAA AbC ABDE'
>>>re.subn('a','dfg','aaa abc abde')                 #返回新字符串和替换次数
('dfgdfgdfg dfgbc dfgbde',5)
>>>re.sub('a','dfg','aaa abc abde')
'dfgdfgdfg dfgbc dfgbde'
>>>re.escape('http://www.python.org')                #字符串转义
'http\\:\\/\\/www\\.python\\.org'
>>>print(re.match('done|quit','done'))               #匹配成功,返回 Match 对象
<_sre.SRE_Match object at 0x00B121A8>
>>>print(re.match('done|quit','done!'))              #匹配成功
<_sre.SRE_Match object at 0x00B121A8>
>>>print(re.match('done|quit','doe!'))               #匹配不成功,返回空值 None
None
>>>print(re.match('done|quit','d!one!'))             #匹配不成功
None
>>>print(re.search('done|quit','d!one!done'))        #匹配成功
<_sre.SRE_Match object at 0x0000000002D03D98>
```

下面的代码使用不同的方法删除字符串中多余的空格，如果遇到连续多个空格则只保留一个，同时删除字符串两侧的所有空白字符。

```
>>>import re
>>>s ='aaa      bb      c d e   fff     '
>>>' '.join(s.split())                               #直接使用字符串对象的方法
'aaa bb c d e fff'
>>>' '.join(re.split('[\s]+',s.strip()))
                                   #同时使用 re 模块中的函数和字符串对象的方法
'aaa bb c d e fff'
>>>' '.join(re.split('\s+',s.strip()))               #与上一行代码等价
'aaa bb c d e fff'
>>>re.sub('\s+',' ',s.strip())                       #直接使用 re 模块的字符串替换函数
'aaa bb c d e fff'
```

下面的代码使用几种不同的方法来删除字符串中指定的内容：

```
>>>email = 'tony@tiremove_thisger.net'
>>>m =re.search('remove_this',email)              #使用 search()函数返回的 Match 对象
>>>email[:m.start()] + email[m.end():]            #字符串切片
'tony@tiger.net'
>>>re.sub('remove_this','',email)                 #直接使用 re 模块的 sub()函数
'tony@tiger.net'
>>>email.replace('remove_this','')                #直接使用字符串替换方法
'tony@tiger.net'
```

下面的代码使用以\开头的元字符来实现字符串的特定搜索。

```
>>>import re
>>>example = 'Beautiful is better than ugly.'
>>>re.findall('\\bb.+?\\b',example)               #以字母 b 开头的完整单词
                                                  #此处问号"?"表示非贪心模式
['better']
>>>re.findall('\\bb.+\\b',example)                #贪心模式的匹配结果
['better than ugly']
>>>re.findall('\\bb\w*\\b',example)
['better']
>>>re.findall('\\Bh.+?\\b',example)               #不以 h 开头且含有 h 字母的单词剩余部分
['han']
>>>re.findall('\\b\w.+?\\b',example)              #所有单词
['Beautiful','is','better','than','ugly']
>>>re.findall('\w+',example)                      #所有单词
['Beautiful','is','better','than','ugly']
>>>re.findall(r'\b\w.+?\b',example)               #使用原始字符串
['Beautiful','is','better','than','ugly']
>>>re.split('\s',example)                         #使用任何空白字符分隔字符串
['Beautiful','is','better','than','ugly.']
>>>re.findall('\d+\.\d+\.\d+','Python 2.7.18')
                                                  #查找并返回 x.x.x 形式的数字
['2.7.18']
>>>re.findall('\d+\.\d+\.\d+','Python 2.7.18,Python 3.9.0')
['2.7.18','3.9.0']
>>>s = '<html><head>This is head.</head><body>This is body.</body></html>'
>>>pattern =r'<html><head>(.+)</head><body>(.+)</body></html>'
>>>result =re.search(pattern,s)
>>>result.group(1)                                #第一个子模式
'This is head.'
>>>result.group(2)                                #第二个子模式
'This is body.'
```

8.3 使用正则表达式对象处理字符串

虽然直接使用 re 模块也可以使用正则表达式处理字符串，但是正则表达式对象提供了更多的功能。使用编译后的正则表达式对象不仅可以提高字符串的处理速度，还提供了更加强大的字符串处理功能。首先使用 re 模块的 compile()函数将正则表达式编译成正则表达式对象，然后使用正则表达式对象提供的方法进行字符串处理。

1. match()、search()、findall()

正则表达式对象的 match(string[, pos[, endpos]])方法在字符串开头或指定位置进行搜索，模式必须出现在字符串开头或指定位置；search(string[, pos[, endpos]])方法在整个字符串或指定范围中进行搜索；findall(string[, pos[, endpos]])方法字符串中查找所有符合正则表达式的字符串并以列表形式返回。

```
>>>import re
>>>example = 'ShanDong Institute of Business and Technology'
>>>pattern =re.compile(r'\bB\w+\b')                  #查找以 B 开头的单词
>>>pattern.findall(example)                          #使用正则表达式对象的 findall()方法
['Business']
>>>pattern =re.compile(r'\w+g\b')                    #查找以字母 g 结尾的单词
>>>pattern.findall(example)
['ShanDong']
>>>pattern =re.compile(r'\b[a-zA-Z]{3}\b')           #查找 3 个字母长的单词
>>>pattern.findall(example)
['and']
>>>pattern.match(example)                            #从字符串开头开始匹配,失败返回空值
>>>pattern.search(example)                           #在整个字符串中搜索,成功
<_sre.SRE_Match object; span=(31,34),match='and'>
>>>pattern =re.compile(r'\b\w*a\w*\b')               #查找所有含有字母 a 的单词
>>>pattern.findall(example)
['ShanDong','and']
>>>text ="He was carefully disguised but captured quickly by police."
>>>re.findall(r"\w+ly",text)                         #查找所有以字母组合 ly 结尾的单词
['carefully','quickly']
```

2. sub()、subn()

正则表达式对象的 sub(repl,string[,count=(0])和 subn(repl,string[,count=(0])方法用来实现字符串替换功能，其中参数 repl 可以为字符串或返回字符串的可调用对象。

```
>>>example ='''Beautiful is better than ugly.
Explicit is better than implicit.
```

```
Simple is better than complex.
Complex is better than complicated.
Flat is better than nested.
Sparse is better than dense.
Readability counts.'''
>>>pattern = re.compile(r'\bb\w*\b', re.I)          #匹配以 b 或 B 开头的单词
>>>print(pattern.sub('*', example))                 #将符合条件的单词替换为 *
* is * than ugly.
Explicit is * than implicit.
Simple is * than complex.
Complex is * than complicated.
Flat is * than nested.
Sparse is * than dense.
Readability counts.
>>>print(pattern.sub(lambda x: x.group(0).upper(), example))
                                                    #把所有匹配项都改为大写
BEAUTIFUL is BETTER than ugly.
Explicit is BETTER than implicit.
Simple is BETTER than complex.
Complex is BETTER than complicated.
Flat is BETTER than nested.
Sparse is BETTER than dense.
Readability counts.
>>>print(pattern.sub('*', example, 1))              #只替换一次
* is better than ugly.
Explicit is better than implicit.
Simple is better than complex.
Complex is better than complicated.
Flat is better than nested.
Sparse is better than dense.
Readability counts.
>>>pattern = re.compile(r'\bb\w*\b')                #匹配以字母 b 开头的单词
>>>print(pattern.sub('*', example, 1))              #将符合条件的单词替换为 *
                                                    #只替换一次
Beautiful is * than ugly.
Explicit is better than implicit.
Simple is better than complex.
Complex is better than complicated.
Flat is better than nested.
Sparse is better than dense.
Readability counts.
```

3. split()

正则表达式对象的 split(string[, maxsplit=0])方法用来实现字符串分隔。

```
>>>example =r'one,two,three.four/five\six?seven[eight]nine|ten'
>>>pattern =re.compile(r'[,./\\?[]\|]')        #指定多个可能的分隔符
>>>pattern.split(example)
['one','two','three','four','five','six','seven','eight','nine','ten']
>>>example =r'one1two2three3four4five5six6seven7eight8nine9ten'
>>>pattern =re.compile(r'\d+')                 #使用数字作为分隔符
>>>pattern.split(example)
['one','two','three','four','five','six','seven','eight','nine','ten']
>>>example =r'one two    three  four,five.six.seven,eight,nine9ten'
>>>pattern =re.compile(r'[\s,.\d]+')           #允许分隔符重复
>>>pattern.split(example)
['one','two','three','four','five','six','seven','eight','nine','ten']
```

8.4　Match 对象

正则表达式模块或正则表达式对象的 match()方法和 search()方法匹配成功后都会返回 Match 对象。Match 对象的主要方法有 group()(返回匹配的一个或多个子模式内容)、groups()(返回一个包含匹配的所有子模式内容的元组)、groupdict()(返回包含匹配的所有命名子模式内容的字典)、start()(返回指定子模式内容的起始位置)、end()(返回指定子模式内容的结束位置的前一个位置)、span()(返回一个包含指定子模式内容起始位置和结束位置前一个位置的元组)等。

下面的代码演示了 Match 对象的 group()、groups()与 groupdict()以及其他方法的用法:

```
>>>m =re.match(r'(\w+) (\w+)','Isaac Newton,physicist')
>>>m.group(0)                              #返回整个模式内容
'Isaac Newton'
>>>m.group(1)                              #返回第一个子模式内容
'Isaac'
>>>m.group(2)                              #返回第二个子模式内容
'Newton'
>>>m.group(1,2)                            #返回指定的多个子模式内容
('Isaac','Newton')
```

下面的代码演示了子模式扩展语法的用法:

```
>>>m =re.match(r'(?P<first_name>\w+) (?P<last_name>\w+)','Malcolm
Reynolds')
>>>m.group('first_name')                   #使用命名的子模式
'Malcolm'
>>>m.group('last_name')
'Reynolds'
>>>m =re.match(r'(\d+)\.(\d+)','24.1632')
```

```
>>>m.groups()                                    #返回所有匹配的子模式(不包括第 0 个)
('24','1632')
>>>m =re.match(r'(?P<first_name>\w+) (?P<last_name>\w+)','Malcolm
Reynolds')
>>>m.groupdict()                                 #以字典形式返回匹配的结果
{'first_name': 'Malcolm','last_name': 'Reynolds'}
>>>exampleString ='''There should be one--and preferably only one --obvious way
to do it.
Although that way may not be obvious at first unless you're Dutch.
Now is better than never.
Although never is often better than right now.'''
>>>pattern =re.compile(r'(?<=\w\s)never(?=\s\w)')
                                                 #查找不在句子开头和结尾的 never
>>>matchResult =pattern.search(exampleString)
>>>matchResult.span()
(172,177)
>>>pattern = re.compile(r'(?<=\w\s)never')
                                                 #查找位于句子末尾的单词
>>>matchResult =pattern.search(exampleString)
>>>matchResult.span()
(156,161)
>>>pattern =re.compile(r'(?:is\s)better(\sthan)')
                                                 #查找前面是 is 的 better than 组合
>>>matchResult =pattern.search(exampleString)
>>>matchResult.span()
(141,155)
>>>matchResult.group(0)                          #组 0 表示整个模式
'is better than'
>>>matchResult.group(1)
' than'
>>>pattern =re.compile(r'\b(?i)n\w+\b')
                                                 #查找以 n 或 N 字母开头的所有单词
>>>index = 0
>>>while True:
    matchResult =pattern.search(exampleString,index)
    if not matchResult:
        break
    print(matchResult.group(0),':',matchResult.span(0))
    index =matchResult.end(0)
not : (92,95)
Now : (137,140)
never : (156,161)
never : (172,177)
now : (205,208)
```

```
>>>pattern =re.compile(r'(?<!not\s)be\b')        #查找前面没有单词 not 的单词 be
>>>index =0
>>>while True:
   matchResult = pattern.search(exampleString,index)
   if not matchResult:
       break
   print(matchResult.group(0),':',matchResult.span(0))
   index = matchResult.end(0)
be : (13,15)
>>>exampleString[13:20]                          #验证一下结果是否正确
'be one-'
>>>pattern =re.compile(r'(\b\w*(?P<f>\w+)(?P=f)\w*\b)')
                                                 #匹配有连续相同字母的单词
>>>index =0
>>>while True:
   matchResult = pattern.search(exampleString,index)
   if not matchResult:
       break
   print(matchResult.group(0),':',matchResult.group(2))
   index = matchResult.end(0) + 1
unless : s
better : t
better : t
>>>s ='aabc abcd abbcd abccd abcdd'
>>>p =re.compile(r'(\b\w*(?P<f>\w+)(?P=f)\w*\b)')
>>>p.findall(s)
[('aabc','a'),('abbcd','b'),('abccd','c'),('abcdd','d')]
```

8.5 精彩案例赏析

示例 8-1 使用正则表达式提取字符串中的电话号码。

```
import re

telNumber ='''Suppose my Phone No. is 0535-1234567,
               yours is 010-12345678,
               his is 025-87654321.'''
pattern =re.compile(r'(\d{3,4})-(\d{7,8})')        #注意,逗号后面不能有空格
index =0
while True:
    matchResult = pattern.search(telNumber,index)      #从指定位置开始匹配
    if not matchResult:
        break
    print('-' * 30)
```

```
    print('Success:')
    for i in range(3):
        print('Searched content:',matchResult.group(i),\
          ' Start from:',matchResult.start(i),'End at:',matchResult.end(i),\
          ' Its span is:',matchResult.span(i))
    index = matchResult.end(2)                          #指定下次匹配的开始位置
```

示例 8-2 使用正则表达式批量检查网页文件是否包含 iframe 框架。

```
import os
import re

def detectIframe(fn):
    #存放网页文件内容的列表
    content = []
    with open(fn,encoding='utf-8') as fp:
        #读取文件的所有行,删除两侧的空白字符,然后添加到列表中
        for line in fp:
            content.append(line.strip())
    #把所有内容连接成字符串
    content = ' '.join(content)
    #正则表达式
    m =re.findall(r'<iframe\s+src=.*?></iframe>',content)
    if m:
        #返回文件名和被嵌入的框架
        return {fn:m}
    return False

for fn in (f for f in os.listdir('.') if f.endswith(('.html','.htm'))):
    r = detectIframe(fn)
    if not r:
        continue
    #输出检查结果
    for k,v in r.items():
        print(k)
        for vv in v:
            print('\t',vv)
```

本 章 小 结

(1) 正则表达式使用预定义的模式去匹配一类具有共同特征的字符串,可以快速、准确地完成复杂的查找、替换等处理要求,比字符串自身提供的方法提供了更加强大的处理功能。

(2) 正则表达式使用圆括号表示一个子模式,圆括号里的内容作为一个整体对待。

(3) 正则表达式只是在形式上进行检查,并不保证内容一定正确。

(4) 正则表达式模块或正则表达式对象的 match()方法和 search()方法匹配成功后都会返回 Match 对象。

习 题

8.1 有一段英文文本,其中有个单词连续重复了2次,编写程序检查重复的单词并只保留一个。例如,文本内容为"This is is a desk.",程序输出为"This is a desk."。

8.2 编写程序,用户输入一段英文,然后输出这段英文中所有长度为3个字母的单词。

第 9 章 文件内容操作

文件是长久保存信息并允许重复使用和反复修改的重要方式，同时也是信息交换的重要途径。记事本文件、日志文件、各种配置文件、数据库文件、图像文件、音频和视频文件、可执行文件、Office 文件、动态链接库文件等，都以不同的文件形式存储在各种存储设备(如磁盘、U 盘、光盘、云盘、网盘等)上。按数据的组织形式，可以把文件分为文本文件和二进制文件两大类。

1. 文本文件

文本文件存储的是常规字符串，由若干文本行组成，通常每行以换行符'\n'结尾。常规字符串是指记事本之类的文本编辑器能正常显示、编辑并且人类能够直接阅读和理解的字符串，如英文字母、汉字、数字字符串。在 Windows 平台中，扩展名为 txt、log、ini 的文件都属于文本文件，可以使用字处理软件如 gedit、记事本、UltraEdit 等进行编辑。实际上文本文件在磁盘上也是以二进制形式存储的，只是在读取和查看时软件自动识别并使用正确的编码方式进行解码还原为字符串信息了，所以可以直接阅读和理解。

2. 二进制文件

常见的如图形图像文件、音视频文件、可执行文件、资源文件、各种数据库文件、各类 Office 文件等都属于二进制文件。二进制文件把信息以字节串(bytes)进行存储，无法用记事本或其他普通字处理软件直接进行编辑，通常也无法直接阅读和理解，需要使用正确的软件进行解码或反序列化之后才能正确地读取、显示、修改或执行。图 9-1 中使用

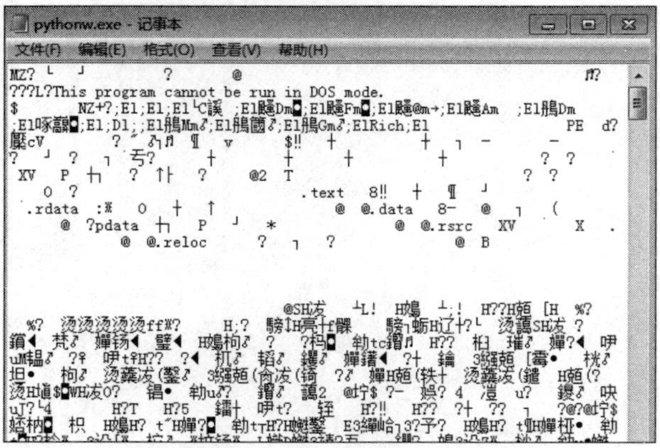

图 9-1　二进制文件无法使用文本编辑器直接查看

Windows 记事本打开 Python 主程序文件 python.exe，该文件是二进制可执行文件，无法使用记事本正常查看，显示乱码。也可以使用 HexEditor、010Editor 等十六进制编辑器打开二进制文件进行查看和修改，但需要对不同类型的二进制文件结构有非常深入的理解，如图 9-2 所示。

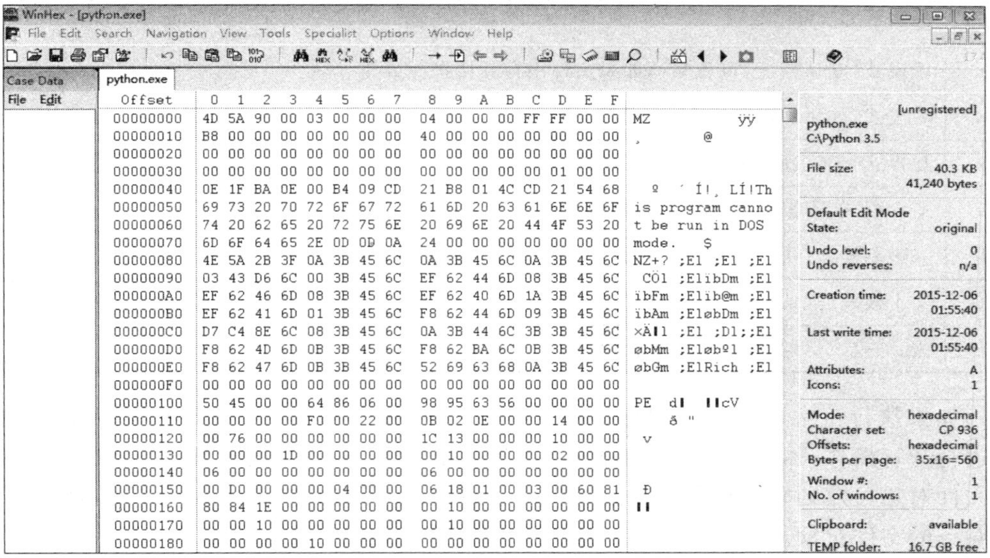

图 9-2　使用 WinHex 十六进制编辑器打开可执行文件

9.1　文件操作基本知识

无论是文本文件还是二进制文件，操作流程基本都是一致的，**首先打开文件并创建文件对象，然后通过该文件对象对文件内容进行读取、写入、删除、修改等操作，最后关闭并保存文件内容。**

9.1.1　内置函数 open()

Python 内置函数 open()可以用指定模式打开指定文件并创建文件对象，该函数完整的语法如下，由于很多参数都有默认值，在使用时只需给特定的参数传值即可。

```
open(file,mode='r',buffering=-1,encoding=None,errors=None,newline=None,
    closefd=True,opener=None)
```

内置函数 open()的主要参数含义如下。

(1) 参数 file 指定要打开或创建的文件名称，如果该文件不在当前目录中，可以使用相对路径或绝对路径，为了减少路径中分隔符的输入，可以使用原始字符串。

(2) 参数 mode(取值范围见表 9-1)指定打开文件后的处理方式。例如，“只读”“只写”“读写”“追加”“二进制只读”“二进制读写”等，默认为“文本只读模式”。以不同方式打开文件时,文件指针的初始位置略有不同。以"只读"和"只写"模式打开时文件指针的初始位置是文件头,以"追加"模式打开时文件指针的初始位置为文件尾。以"只读"方式打开的文件无法进行任何写操作,反之亦然。

表 9-1 文件打开模式

模式	说 明
r	读模式(默认模式,可省略),如果文件不存在则抛出异常
w	写模式,如果文件已存在,自动清空原有内容
x	写模式,创建新文件,如果文件已存在则抛出异常
a	追加模式,不覆盖文件中原有内容
b	二进制模式(可与其他模式组合使用),使用二进制模式打开文件时不允许指定 encoding 参数
t	文本模式(默认模式,可省略)
+	读、写模式(可与其他模式组合使用)

如果执行正常,open()函数返回一个可迭代的文件对象,通过该文件对象可以对文件进行读写操作,如果指定文件不存在、访问权限不够、磁盘空间不够或其他原因导致创建文件对象失败则抛出异常。下面的代码分别以读、写方式打开了两个文件并创建了与之对应的文件对象。

```
f1 =open('file1.txt','r')
f2 =open('file2.txt','w')
```

当对文件内容操作完以后,一定要关闭文件对象,这样才能保证所做的任何修改都被保存到文件中。

```
f1.close()
```

需要注意的是,即使写了关闭文件的代码,也无法保证文件一定能够正常关闭。例如,如果在打开文件之后和关闭文件之前发生了错误导致程序崩溃,这时文件就无法正常关闭。在管理文件对象时推荐使用 9.1.3 节介绍的 with 关键字,可以有效地避免这个问题。

9.1.2 文件对象属性与常用方法

如果执行正常,open()函数返回一个可迭代的文件对象,通过该文件对象可以对文件进行读写操作。文件对象常用属性如表 9-2 所示。

表 9-2 文件对象常用属性

属 性	说 明
buffer	返回当前文件的缓冲区对象
closed	判断文件是否关闭,若文件已关闭则返回 True
fileno	文件号,一般不需要太关心这个数字

续表

属　性	说　明
mode	返回文件的打开模式
name	返回文件的名称

文件对象常用方法如表 9-3 所示。需要特别说明的是，文件读写操作相关的方法都会自动改变文件指针的位置。例如，以读模式打开一个文本文件，读取 10 个字符，会自动把文件指针移动到第 11 个字符的位置，再次读取字符的时候总是从文件指针的当前位置开始，写入文件的操作函数也具有相同的特点。

表 9-3　文件对象常用方法

方　法	功能说明
close()	把缓冲区的内容写入文件，同时关闭文件，并释放文件对象
flush()	把缓冲区的内容写入文件，但不关闭文件
read([size])	从文本文件中读取 size 个字符的内容作为结果返回，或从二进制文件中读取指定数量的字节并返回，如果省略 size 则表示读取所有内容，如果 size 大于实际有效内容长度则在文件尾自动结束
readline()	从文本文件中读取一行内容作为结果返回
readlines()	把文本文件中的每行文本作为一个字符串存入列表中，返回该列表，对于大文件会占用较多内存，不建议使用
seek(offset[, whence])	把文件指针移动到新的位置，offset 表示相对于 whence 的位置。whence 为 0 表示从文件头开始计算，whence 为 1 表示从当前位置开始计算，whence 为 2 表示从文件尾开始计算，默认为 0
seekable()	测试当前文件是否支持随机访问，如果文件不支持随机访问，则调用方法 seek()、tell()和 truncate()时会抛出异常
tell()	返回文件指针的当前位置
write(s)	把字符串 s 的内容写入文件
writelines(s)	把字符串列表写入文本文件，不添加换行符

9.1.3　上下文管理语句 with

在实际开发中，读写文件应优先考虑使用上下文管理语句 with，关键字 with 可以自动管理资源，不论因为什么原因(哪怕是代码引发了异常)跳出 with 块，总能保证文件被正确关闭，可以在代码块执行完毕后自动还原进入该代码块时的上下文，常用于文件操作、数据库连接、网络通信连接、多线程与多进程同步时的锁对象管理等场合。用于文件内容读写时，with 语句的用法如下：

```
with open(filename, mode, encoding) as fp:
    #这里通过文件对象 fp 读写文件内容的语句
```

另外,上下文管理语句 with 还支持下面的用法,进一步简化了代码的编写。

```
with open('test.txt', 'r') as src, open('test_new.txt', 'w') as dst:
    dst.write(src.read())
```

9.2 文本文件内容操作案例精选

在本章开始曾经提到,文本文件在磁盘上也是以二进制字节串的形式存储的,在操作文本文件内容时,一定要注意字符串的编码格式,否则可能会影响内容的正确识别和处理。

示例 9-1 将字符串写入文本文件,然后再读取并输出。

```
s = 'Hello world\n 文本文件的读取方法\n 文本文件的写入方法\n'

with open('sample.txt','w') as fp:              #Windows 默认使用 CP936 编码
    fp.write(s)

with open('sample.txt') as fp:                  #默认使用 CP936 编码
    print(fp.read())
```

示例 9-2 将一个 CP936 编码格式的文本文件中的内容全部复制到另一个使用 UTF-8 编码的文本文件中。

```
def fileCopy(src,dst,srcEncoding,dstEncoding):
    with open(src,'r',encoding=srcEncoding) as srcfp:
        with open(dst,'w',encoding=dstEncoding) as dstfp:
            dstfp.write(srcfp.read())

fileCopy('sample.txt','sample_new.txt','cp936','utf-8')
```

示例 9-3 遍历并输出文本文件的所有行内容。

```
with open('sample.txt') as fp:                  #假设文件采用 CP936 编码
    for line in fp:                             #文件对象可以直接迭代
        print(line)
```

示例 9-4 假设已有一个英文文本文件 sample.txt,将其中第 13、14 两个字符修改为测试。

```
with open('sample.txt','r+') as fp:
    fp.seek(13)
    fp.write('测试')
```

示例 9-5 假设文件 data.txt 中有若干整数,所有整数之间使用英文逗号分隔,编写程序读取所有整数,将其按升序排序后再写入文本文件 data_asc.txt 中。

```
with open('data.txt','r') as fp:
    data = fp.readlines()                       #读取所有行
```

```
data = [line.strip() for line in data]              #删除每行两侧的空白字符
data = ','.join(data)                               #合并所有行
data = data.split(',')                              #分隔得到所有数字字符串
data = [int(item) for item in data]                 #转换为数字
data.sort()                                         #升序排序
data = ','.join(map(str,data))                      #将结果转换为字符串
with open('data_asc.txt','w') as fp:                #将结果写入文件
    fp.write(data)
```

示例 9-6　统计文本文件中最长行的长度和该行的内容。

```
with open('sample.txt') as fp:
    result = [0,'']
    for line in fp:
        t = len(line)
        if t > result[0]:
            result = [t,line]
print(result)
```

示例 9-7　使用标准库 json 读写 JSON 格式文本文件。

JSON(JavaScript Object Notation)是一种轻量级的数据交换格式,易于阅读和编写,同时也易于机器解析和生成(一般用于提升网络传输速率),是一种比较理想的编码与解码格式。Python 标准库 json 提供对 JSON 的支持。

```
>>>import json
>>>x = [1,2,3]
>>>json.dumps(x)                                    #对列表进行编码
'[1,2,3]'
>>>json.loads(_)                                    #解码
[1,2,3]
>>>x = {'a':1,'b':2,'c':3}                          #对字典进行编码
>>>y = json.dumps(x)
>>>type(y)
<class 'str'>
>>>json.loads(y)
{'a': 1,'b': 2,'c': 3}
>>>with open('test.txt','w') as fp:
   json.dump({'a':1,'b':2,'c':3},fp)                #写入文件

>>>with open('test.txt','r') as fp:
   print(json.load(fp))                             #从文件中读取

{'a': 1,'b': 2,'c': 3}
```

示例 9-8　使用 csv 模块读写文本文件内容。

CSV(Comma Separated Values)格式的文件常用于电子表格和数据库中内容的导入

和导出。Python 标准库 csv 提供的 reader、writer 对象和 DictReader、DictWriter 类很好地支持了 CSV 格式文件的读写操作。另外,csvkit 支持命令行方式来实现更多关于 CSV 文件的操作以及与其他文件格式的转换。感兴趣的可以参考下面的网址:

https://source.opennews.org/en-US/articles/eleven-awesome-things-you-can-do-csvkit/。

```
>>> import csv
>>> with open('test.csv','w',newline='') as fp:
    test_writer = csv.writer(fp,delimiter=' ',quotechar='"')   #创建 writer 对象
    test_writer.writerow(['red','blue','green'])               #写入一行内容
    test_writer.writerow(['test_string'] * 5)
>>> with open('test.csv',newline='') as fp:
    test_reader = csv.reader(fp,delimiter=' ',quotechar='"')   #创建 reader 对象
    for row in test_reader:                                     #遍历所有行
        print(row)                                              #每行作为一个列表返回
['red','blue','green']
['test_string','test_string','test_string','test_string','test_string']
>>> with open('test.csv',newline='') as fp:
    test_reader = csv.reader(fp,delimiter=':',quotechar='"')   #使用不同的分隔符
    for row in test_reader:
        print(row)                                              #注意,与上面的输出不同
['red blue green']
['test_string test_string test_string test_string test_string']
>>> with open('test.csv',newline='') as fp:
    test_reader = csv.reader(fp,delimiter=' ',quotechar='"')
    for row in test_reader:
        print(','.join(row))                                    #重新组织数据形式
red,blue,green
test_string,test_string,test_string,test_string,test_string
>>> with open('names.csv','w') as fp:
    headers = ['姓氏','名字']
    test_dictWriter = csv.DictWriter(fp,fieldnames=headers)
                                                                #创建 DictWriter 对象
    test_dictWriter.writeheader()                               #写入表头信息
    test_dictWriter.writerow({'姓氏':'张','名字':'三'})          #写入数据
    test_dictWriter.writerow({'姓氏':'李','名字':'四'})
    test_dictWriter.writerow({'姓氏':'王','名字':'五'})
>>> with open('names.csv') as fp:
    test_dictReader = csv.DictReader(fp)                        #创建 DictReader 对象
    print(','.join(test_dictReader.fieldnames))                 #读取表头信息
    for row in test_dictReader:                                 #遍历文件所有行
        print(row['姓氏'],',',row['名字'])
姓氏,名字
张,三
```

李,四
王,五

示例 9-9　编写程序,统计指定目录所有 C++ 源程序文件中不重复代码的行数。本例只考虑 C++ 源程序文件(扩展名为 cpp),并且只认为严格相等的两行为重复行。

```
from os.path import isdir,join
from os import listdir

NotRepeatedLines = []                                  #保存非重复的代码行
file_num =0                                            #文件数量
code_num =0                                            #代码总行数

def LinesCount(directory):
    global NotRepeatedLines,file_num,code_num
    for filename in listdir(directory):
        temp =join(directory,filename)
        if isdir(temp):                                #递归遍历子文件夹
            LinesCount(temp)
        elif temp.endswith('.cpp'):                    #只考虑.cpp 文件
            file_num +=1
            with open(temp,'r') as fp:
                for line in fp:
                    line =line.strip()                 #删除两端的空白字符
                    if line not in NotRepeatedLines:
                        NotRepeatedLines.append(line)  #记录非重复行
                    code_num +=1                       #记录所有代码行

path =r'C:\Users\Dong\Desktop\VC++6.0'
LinesCount(path)
print('总行数: {0},非重复行数: {1}'.format(code_num,len(NotRepeatedLines)))
print('文件数量: {0}'.format(file_num))
```

示例 9-10　修改 HTML 网页文件,使用 iframe 框架嵌入另一个 HTML 页面。

```
def infectHtml(fileName,infectedContent):
    with open(fileName,'a+') as fp:
        fp.write(infectedContent)

content ='<iframe src="anotherHtml.html" height=50px width=200px></iframe>'
infectHtml('index.html',content)
```

示例 9-11　修改 HTML 网页文件,插入网页打开时能够自动运行的 JavaScript 脚本。

```
def infectHtml(fileName,infectedContent):
    with open(fileName,'r') as fp:
```

```
        lines = fp.readlines()
    for index,line in enumerate(lines):
        if line.strip().lower().startswith('<html>'):
            lines.insert(index+1,infectedContent)
            break
    with open(fileName,'w') as fp:
        fp.writelines(lines)

content= '<head><script>window.onload= function(){alert("test");}</script>
</head>'
infectHtml('index.html',content)
```

9.3 二进制文件操作案例精选

数据库文件、图像文件、可执行文件、动态链接库文件、音频文件、视频文件、Office 文件等均属于二进制文件。对于二进制文件,不能使用记事本或其他文本编辑软件直接进行正常读写,一般也不能通过 Python 的文件对象直接读取和理解二进制文件的内容。必须正确理解二进制文件结构和序列化规则,然后设计正确的反序列化规则,才能准确地理解二进制文件内容。

所谓序列化,简单地说就是把 Python 对象转成二进制形式的过程,**对象序列化后的数据经过正确的反序列化过程应该能够准确无误地恢复为原来的对象**。Python 中常用的序列化模块有 struct、pickle、shelve 和 marshal。

9.3.1 使用 pickle 模块读写二进制文件(选讲)

标准库 pickle 提供的 dump()方法(protocol 参数为 True 时可以实现压缩的效果)将数据进行序列化并写入文件,load()方法读取二进制文件内容并进行反序列化,还原为原来的信息。

示例 9-12 使用 pickle 模块读写二进制文件。

```
import pickle

i = 13000000
a = 99.056
s = '中国人民 123abc'
lst = [[1,2,3],[4,5,6],[7,8,9]]
tu = (-5,10,8)
coll = {4,5,6}
dic = {'a':'apple','b':'banana','g':'grape','o':'orange'}
data = (i,a,s,lst,tu,coll,dic)

with open('sample_pickle.dat','wb') as f:
```

```
    try:
        pickle.dump(len(data),f)                    #要序列化的对象个数
        for item in data:
            pickle.dump(item,f)                     #序列化数据并写入文件
    except:
        print('写文件异常')

with open('sample_pickle.dat','rb') as f:
    n = pickle.load(f)                              #读出文件中的数据个数
    for i in range(n):
      x = pickle.load(f)                            #读取并反序列化每个数据
        print(x)
```

示例 9-13　把文本文件 test.txt 中的所有信息使用 pickle 进行序列化并写入二进制文件 test_pickle.dat。

```
import pickle

with open('test.txt') as src,open('test_pickle.dat','wb') as dest:
    for line in src:
        pickle.dump(line,dest)

with open('test_pickle.dat','rb') as fp:
    while True:
        try:
            print(pickle.load(fp))
        except:
            break
```

pickle 模块还提供了一个 dumps()和 loads()函数，前者可以返回对象序列化之后的字节串形式，后者用来把序列化的字节串反序列化得到原始数据。

```
>>>pickle.dumps([1,2,3])                #序列化列表
b'\x80\x03]q\x00(K\x01K\x02K\x03e.'
>>>pickle.dumps([1,2,3,4])
b'\x80\x03]q\x00(K\x01K\x02K\x03K\x04e.'
>>>pickle.dumps({1,2,3,4})              #序列化集合
b'\x80\x03cbuiltins\nset\nq\x00]q\x01(K\x01K\x02K\x03K\x04e\x85q\x02Rq\x03.'
>>>pickle.dumps({1,2,3})
b'\x80\x03cbuiltins\nset\nq\x00]q\x01(K\x01K\x02K\x03e\x85q\x02Rq\x03.'
>>>pickle.dumps((1,2,3))                #序列化元组
b'\x80\x03K\x01K\x02K\x03\x87q\x00.'
>>>pickle.dumps(123)                    #序列化数字
b'\x80\x03K{.'
>>>pickle.loads(_)                      #反序列化
123
```

9.3.2 使用 struct 模块读写二进制文件(选讲)

使用 struct 模块时需要使用 pack()方法把对象按指定的格式进行序列化,然后使用文件对象的 write()方法将序列化的结果写入二进制文件;读取时需要使用文件对象的 read()方法读取二进制文件的内容,然后使用 struct 模块的 unpack()方法反序列化得到原来的信息。

示例 9-14 使用 struct 模块读写二进制文件。

```
import struct

n = 1300000000
x = 96.45
b = True
s = 'a1@中国'
sn = struct.pack('if?',n,x,b)              #序列化,i 表示整数,f 表示实数,"?"表示逻辑值

with open('sample_struct.dat','wb') as f:
    f.write(sn)
    f.write(s.encode())                    #字符串需要编码为字节串再写入文件

with open('sample_struct.dat','rb') as f:
    sn = f.read(9)
    tu = struct.unpack('if?',sn)           #使用指定格式反序列化
    n,x,b1 = tu                            #序列解包
    print('n=',n,'x=',x,'b1=',b1)
    s = f.read(9)
    s = s.decode()                         #字符串解码
    print('s=',s)
```

在上面的代码中,首先读取 9 字节然后进行反序列化,再读取 9 字节并解码为字符串。后者之所以是 9 字节是因为字符串的 encode()方法默认使用 UTF-8 编码格式,使用 3 字节表示一个中文符号,使用一字节表示英文符号。前者之所以是 9 字节跟 struct 模块的序列化规则有关,每个类型的数据序列化时占用的字节数是固定的。

```
>>> import struct
>>> struct.pack('if?',13000,56.0,True)
b'\xc82\x00\x00\x00\x00`B\x01'
>>> len(_)
9
>>> len(struct.pack('if?',9999,5336.0,False))
9
>>> x = 'a1@中国'
>>> len(x.encode())
9
```

9.3.3 使用 shelve 模块操作二进制文件(选讲)

Python 标准库 shelve 也提供了二进制文件操作的功能,可以像字典赋值一样来写入二进制文件,也可以像字典一样读取二进制文件。

```
>>>import shelve
>>>zhangsan ={'age':38,'sex':'Male','address':'SDIBT'}
>>>lisi ={'age':40,'sex':'Male','qq':'1234567','tel':'7654321'}
>>>with shelve.open('shelve_test.dat') as fp:
   fp['zhangsan'] =zhangsan                 #以字典形式把数据写入文件
   fp['lisi'] =lisi
   for i in range(5):
     fp[str(i)] =str(i)
>>>with shelve.open('shelve_test.dat') as fp:
   print(fp['zhangsan'])                    #读取并显示文件内容
   print(fp['zhangsan']['age'])
   print(fp['lisi']['qq'])
   print(fp['3'])

{'sex': 'Male','address': 'SDIBT','age': 38}
38
1234567
3
```

9.3.4 其他常见类型二进制文件操作案例

示例 9-15　使用 Python 扩展库 xlwt 把数据写入 Excel 2003 或更低版本的文件,然后用扩展库 xlrd 读取并输出显示。

```
from xlwt import *
import xlrd

book =Workbook()                            #创建新的 Excel 文件
sheet1 =book.add_sheet('First')             #添加新的 worksheet
al =Alignment()
al.horz =Alignment.HORZ_CENTER              #对齐方式
al.vert =Alignment.VERT_CENTER
borders =Borders()
borders.bottom =Borders.THICK               #边框样式
style =XFStyle()
style.alignment =al
Style.borders =borders
row =sheet1.row(0)                          #获取第 0 行
row.write(0,'test',style=style)             #写入单元格
```

```
row = sheet1.row(1)
for i in range(5):
    row.write(i,i,style=style)                     #写入数字
row.write(5,'=SUM(A2:E2)',style=style)             #写入公式
book.save(r'D:\test.xls')                          #保存文件

book = xlrd.open_workbook(r'D:\test.xls')
sheet1 = book.sheet_by_name('First')
row = sheet1.row(0)
print(row[0].value)
print(sheet1.row(1)[2].value)
```

示例 9-16 使用扩展库 openpyxl 读写 Excel 2007 以及更高版本的文件。

```
import openpyxl
from openpyxl import Workbook

fn = r'f:\test.xlsx'                                   #文件名
wb = Workbook()                                        #创建工作簿
ws = wb.create_sheet(title='你好,世界')                 #创建工作表
ws ['A1'] = '这是第一个单元格'                          #单元格赋值
ws ['B1'] = 3.1415926
wb.save(fn)                                            #保存 Excel 文件

wb = openpyxl.load_workbook(fn)                        #打开已有的 Excel 文件
ws = wb.worksheets[1]                                  #打开指定索引的工作表
print(ws['A1'].value)                                  #读取并输出指定单元格的值
ws.append([1,2,3,4,5])                                 #添加一行数据
ws.merge_cells('F2:F3')                                #合并单元格
ws['F2'] = '=sum(A2:E2)'                               #写入公式
for r in range(10,15):
    for c in range(3,8):
        ws.cell(row=r,column=c,value=r*c)              #写入单元格数据
wb.save(fn)
```

假设某学校所有课程每学期允许多次考试,学生可随时参加考试,系统自动将每次成绩添加到 Excel 文件(包含 3 列:姓名、课程、成绩)中,现期末要求统计所有学生每门课程的最高成绩。下面的代码首先模拟生成随机成绩数据,然后进行统计分析。

```
import openpyxl
from openpyxl import Workbook
import random

#生成随机数据
def generateRandomInformation(filename):
    workbook = Workbook()
```

```
    worksheet = workbook.worksheets[0]
    worksheet.append(['姓名','课程','成绩'])

    #中文名字中的第一、第二、第三个字
    first = '赵钱孙李'
    middle = '伟昀琛东'
    last = '坤艳志'
    subjects = ('语文','数学','英语')
    for i in range(200):
        line = []
        r = random.randint(1,100)
        name = random.choice(first)
        #按一定概率生成只有两个字的中文名字
        if r > 50:
            name = name + random.choice(middle)
        name = name + random.choice(last)
        #依次生成姓名、课程名称和成绩
        line.append(name)
        line.append(random.choice(subjects))
        line.append(random.randint(0,100))

        worksheet.append(line)
    #保存数据,生成 Excel 2007 格式的文件
    workbook.save(filename)

def getResult(oldfile,newfile):
    #用于存放结果数据的字典
    result = dict()

    #打开原始数据
    workbook = openpyxl.load_workbook(oldfile)
    worksheet = workbook.worksheets[0]

    #遍历原始数据
    for row in worksheet.rows:
        if row[0].value == '姓名':
            continue
        #姓名、课程名称、本次成绩
        name,subject,grade = row[0].value,row[1].value,row[2].value

        #获取当前姓名对应的课程名称和成绩信息
        #如果 result 字典中不包含,则返回空字典
        t = result.get(name,{})
        #获取当前学生当前课程的成绩,若不存在,返回 0
        f = t.get(subject,0)
        #只保留该学生该课程的最高成绩
```

```
            if grade > f:
                t[subject] = grade
                result[name] = t

    workbook1 = Workbook()
    worksheet1 = workbook1.worksheets[0]
    worksheet1.append(['姓名','课程','成绩'])

    #将 result 字典中的结果数据写入 Excel 文件
    for name,t in result.items():
        print(name,t)
        for subject,grade in t.items():
            worksheet1.append([name,subject,grade])

    workbook1.save(newfile)

if __name__ == '__main__':
    oldfile = r'd:\test.xlsx'
    newfile = r'd:\result.xlsx'
    generateRandomInformation(oldfile)
    getResult(oldfile,newfile)
```

示例 9-17 把记事本文件 test.txt 转换成 Excel 2007^{+} 文件。假设 test.txt 文件中第一行为表头,从第二行开始是实际数据,并且表头和数据行中的不同字段信息都是用逗号分隔。

```
from openpyxl import Workbook

def main(txtFileName):
    new_XlsxFileName = txtFileName[:-3] + 'xlsx'
    wb = Workbook()
    ws = wb.worksheets[0]
    with open(txtFileName) as fp:
        for line in fp:
            line = line.strip().split(',')
            ws.append(line)
    wb.save(new_XlsxFileName)

main('test.txt')
```

示例 9-18 检查 Word 文档的连续重复字,如"用户的的资料"或"需要需要用户输入"之类的情况。本例使用扩展库 python-docx 读写 Word 2007^{+} 文档的内容。

```
from docx import Document

doc = Document('《Python 程序设计开发宝典》.docx')
```

```
contents = ''.join((p.text for p in doc.paragraphs))
words = []
for index,ch in enumerate(contents[:-2]):
    if ch==contents[index+1] or ch==contents[index+2]:
        word = contents[index:index+3]
        if word not in words:
            words.append(word)
            print(word)
```

示例 9-19 提取 docx 文档中的例题、插图和表格清单。

```
from docx import Document
import re

result = {'li':[],'fig':[],'tab':[]}
doc = Document(r'C:\Python可以这样学.docx')

for p in doc.paragraphs:                    #遍历文档所有段落
    t = p.text                              #获取每一段的文本
    if re.match('例\d+-\d+',t):             #例题
        result['li'].append(t)
    elif re.match('图\d+-\d+',t):           #插图
        result['fig'].append(t)
    elif re.match('表\d+-\d+',t):           #表格
        result['tab'].append(t)

for key in result.keys():                   #输出结果
    print('=' * 30)
    for value in result[key]:
        print(value)
```

示例 9-20 使用密码字典暴力破解 RAR 或 ZIP 文件密码。

本例使用标准库 zipfile 和扩展库 unrar 实现主要功能。如果下面的代码不能运行，需要做两个操作：① 到 http://www.rarlab.com/rar/UnRARDLL.exe 下载并安装 unrardll 库，然后根据需要把安装文件夹中的 UnRAR.dll 或 x64\UnRAR64.dll 文件复制到 unrar 安装文件夹(例如，C:\Python 38\Lib\site-packages\unrar)中；②打开 unrar 安装文件夹中的 unrarlib.py 文件，把第 43 行 `lib_path=lib_path or find_library("unrar.dll")` 直接改为 `unrarlib=ctypes.WinDLL(r"C:\Python 38\Lib\site-packages\unrar\UnRAR64.dll")`，并把接下来的两行代码删除或注释。

```
import os
import sys
import zipfile                              #zipfile是标准库
try:
    from unrar import rarfile               #尝试导入扩展库,如果没有就临时安装
```

```
except:
    path = '"'+os.path.dirname(sys.executable)+'\\scripts\\pip" install --upgrade pip'
    os.system(path)
    path = '"'+os.path.dirname(sys.executable)+'\\scripts\\pip" install unrar'
    os.system(path)
    from unrar import rarfile

def decryptRarZipFile(filename):
    if filename.endswith('.zip'):
        fp = zipfile.ZipFile(filename)
    elif filename.endswith('.rar'):
        fp = rarfile.RarFile(filename)
    desPath = filename[:-4]                      #解压缩到目标文件夹
    if not os.path.exists(desPath):
        os.mkdir(desPath)
    try:                                         #尝试不用密码解压缩
        fp.extractall(desPath)
        fp.close()
        print('No password')
        return
    except:                                      #使用密码字典进行暴力破解
        try:
            fpPwd = open('pwddict.txt')
        except:
            print('No dict file pwddict.txt in current directory.')
            return
        for pwd in fpPwd:
            pwd = pwd.rstrip()
            try:
                if filename.endswith('.zip'):
                    for file in fp.namelist():   #重新编码后再解码,避免中文乱码
                        fp.extract(file,path=desPath,pwd=pwd.encode())
                        os.rename(desPath+'\\'+file,
                            desPath+'\\'+file.encode('cp437').decode('gbk'))
                    print('Success!====>'+pwd)
                    fp.close()
                    break
                elif filename.endswith('.rar'):
                    fp.extractall(path=desPath,pwd=pwd)
                    print('Success!====>'+pwd)
                    fp.close()
                    break
            except:
```

```
            pass
        fpPwd.close()

if __name__=='__main__':
    filename = sys.argv[1]
    if os.path.isfile(filename) and filename.endswith(('.zip','.rar')):
        decryptRarZipFile(filename)
    else:
        print('Must be Rar or Zip file')
```

示例 9-21　使用 Python 标准库 tarfile 把当前文件夹中所有.py 文件压缩为 gzip 格式的压缩文件，然后再解压缩到指定文件夹中。

```
import os
import tarfile

with tarfile.open('sample.tar','w:gz') as tar:
    for name in [f for f in os.listdir('.') if f.endswith('.py')]:
        tar.add(name)

with tarfile.open('sample.tar','r:gz') as tar:
    tar.extractall(path='sample')
```

示例 9-22　批量提取普通 PDF 文件中的文本并转换为 TXT 记事本文件。

本例需要首先使用 pip install pdfminer3k 安装扩展库 pdfminer3k，然后可以使用命令行工具 pdf2txt.py 对 PDF 文件进行转换，下面的代码将其封装起来实现批量转换。

```
import os
import sys
import time

pdfs = (pdfs for pdfs in os.listdir('.') if pdfs.endswith('.pdf'))

for pdf1 in pdfs:
    #替换文件中的指定字符
    pdf = pdf1.replace(' ','_').replace('-','_').replace('&','_')
    os.rename(pdf1,pdf)
    print('=' * 30+'\n',pdf)

    txt = pdf[:-4] +'.txt'
    exe = '"' +sys.executable +'" "'
    pdf2txt = os.path.dirname(sys.executable)
    pdf2txt = pdf2txt +'\\scripts\\pdf2txt.py" -o '
    try:
        #调用命令行工具 pdf2txt.py 进行转换
```

```
        #如果 PDF 文件加密过,可以改写下面的代码
        #在-o 前面使用-P 来指定密码
        cmd = exe + pdf2txt + txt + ' ' + pdf
        os.popen(cmd)
        #转换需要一定时间,一般小文件 2s 足够了
        time.sleep(2)
        #输出转换后的文本,前 200 个字符
        with open(txt,encoding='utf-8') as fp:
            print(fp.read(200))
    except:
        pass
```

本章小结

(1) 文件是长久保存信息并允许重复使用和反复修改,同时也是信息交换的重要途径。

(2) 二进制文件无法使用记事本直接打开并正常阅读和修改,必须使用相应的软件进行有关操作。

(3) 文本文件和二进制文件的操作流程是一样的,首先打开文件并创建文件对象,然后通过该对象提供的方法对文件内容进行读取、写入、删除、修改等操作,最后关闭并保存文件内容。

(4) 进行文件内容的读写操作时推荐使用上下文管理语句 with。

(5) Python 中常用的二进制文件序列化模块有 struct、pickle、shelve 和 marshal。

习　题

9.1 假设有一个英文文本文件,编写程序读取其内容,并将其中的大写字母变为小写字母,小写字母变为大写字母。

9.2 编写程序,使用 pickle 模块将包含学生成绩的字典保存为二进制文件,然后读取内容并显示。

9.3 简单解释文本文件与二进制文件的区别。

第 10 章 文件与文件夹操作

第 9 章介绍了文本文件和二进制文件的内容级操作，本章重点介绍文件级别的操作，例如遍历、复制、删除、压缩、重命名等，以及文件与文件夹操作在系统运维中的应用。

10.1 os 模块

Python 标准库的 os 模块除了提供使用操作系统功能和访问文件系统的简便方法之外，还提供了大量文件与文件夹操作的函数，如表 10-1 所示。

表 10-1 os 模块的函数

函 数	功能说明
chdir(path)	把 path 设为当前工作目录
chmod(path, mode, * , dir_fd=None, follow_symlinks=True)	改变文件的访问权限
curdir	当前文件夹
extsep	当前操作系统所使用的文件扩展名分隔符
getcwd()	返回当前工作目录
listdir(path)	返回 path 目录下的文件和目录列表
mkdir(path[, mode=511])	创建目录，要求上级目录必须存在
makedirs(path1/path2…, mode=511)	创建多级目录，会根据需要自动创建中间缺失的目录
rmdir(path)	删除目录，目录中不能有文件或子文件夹
remove(path)	删除指定的文件，要求用户拥有删除文件的权限，并且文件没有只读或其他特殊属性
removedirs(path1/path2…)	删除多级目录，目录中不能有文件
rename(src, dst)	重命名文件或目录，可以实现文件的移动，若目标文件已存在则抛出异常，不能跨越磁盘或分区
replace(old, new)	重命名文件或目录，若目标文件已存在则直接覆盖，不能跨越磁盘或分区

续表

函　　数	功能说明
scandir(path='.')	返回包含指定文件夹中所有 DirEntry 对象的迭代对象，遍历文件夹时比 listdir()更加高效
startfile(filepath [, operation])	使用关联的应用程序打开指定文件或启动指定应用程序
stat(path)	返回文件的所有属性
system()	启动外部程序

下面通过几个示例来演示 os 模块的基本用法。

```
>>> import os
>>> import os.path
>>> os.rename('C:\\dfg.txt','C:\\test2.txt')      #rename()可以实现文件的改名和移动
>>> [fname for fname in os.listdir('.') \         #查看当前文件夹中指定类型的文件
    if fname.endswith(('.pyc','.py','.pyw'))] #结果略
>>> os.getcwd()                                    #返回当前的工作目录
'C:\\Python38'
>>> os.mkdir(os.getcwd()+'\\temp')                 #创建目录
>>> os.chdir(os.getcwd()+'\\temp')                 #改变当前工作目录
>>> os.getcwd()
'C:\\Python38\\temp'
>>> os.mkdir(os.getcwd()+'\\test')
>>> os.listdir('.')
['test']
>>> os.rmdir('test')                               #删除目录
>>> os.listdir('.')
[]
>>> os.environ.get('path')                         #获取系统变量 path 的值
>>> import time
>>> time.strftime('%Y-%m-%d %H:%M:%S',             #查看文件的创建时间
                  time.localtime(os.stat('yilaizhuru2.py').st_ctime))
'2019-10-18 15:58:57'
>>> os.startfile('notepad.exe')                    #启动记事本程序
```

下面的代码使用 os 模块的 scandir()输出当前文件夹中的所有扩展名为 py 的文件。

```
for entry in os.scandir():
    if entry.is_file and entry.name.endswith('.py'):
        print(entry.name)
```

如果需要遍历指定目录下所有子目录和文件，可以使用递归的方法。

```
from os import listdir
from os.path import join,isfile,isdir

def listDirDepthFirst(directory):
```

```
    '''深度优先遍历文件夹'''
    #遍历文件夹,如果是文件就直接输出
    #如果是文件夹,就输出显示,然后递归遍历该文件夹
    for subPath in listdir(directory):
        path =join(directory,subPath)
        if isfile(path):
            print(path)
        elif isdir(path):
            print(path)
            listDirDepthFirst(path)
```

上面的代码使用深度优先的遍历方法,而下面的代码则使用了广度优先遍历方法。

```
from os import listdir
from os.path import join,isfile,isdir

def listDirWidthFirst(directory):
    '''广度优先遍历文件夹'''
    #使用列表模拟双端队列,效率稍微受影响,不过关系不大
    dirs = [directory]
    #如果还有没遍历过的文件夹,继续循环
    while dirs:
        #遍历还没遍历过的第一项
        current = dirs.pop(0)
        #遍历该文件夹,如果是文件就直接输出显示
        #如果是文件夹,输出显示后,标记为待遍历项
        for subPath in listdir(current):
            path =join(current,subPath)
            if isfile(path):
                print(path)
            elif isdir(path):
                print(path)
                dirs.append(path)
```

10.2　os.path 模块

os.path 模块提供了大量用于路径判断、切分、连接以及文件夹遍历的方法,如表 10-2 所示。

表 10-2　os.path 模块的方法

方　法	功 能 说 明
abspath(path)	返回给定路径的绝对路径
basename(path)	返回指定路径的最后一个组成部分
commonpath(paths)	返回给定的多个路径的最长公共路径

续表

方　法	功 能 说 明
commonprefix(paths)	返回给定的多个路径的最长公共前缀
dirname(p)	返回给定路径的文件夹部分
exists(path)	判断文件是否存在
getatime(filename)	返回文件的最后访问时间
getctime(filename)	返回文件的创建时间
getmtime(filename)	返回文件的最后修改时间
getsize(filename)	返回文件的大小
isabs(path)	判断 path 是否为绝对路径
isdir(path)	判断 path 是否为文件夹
isfile(path)	判断 path 是否为文件
join(path, *paths)	连接两个或多个 path
split(path)	以路径中的最后一个斜线为分隔符把路径分隔成两部分,以元组形式返回
splitext(path)	从路径中分隔文件的扩展名,返回元组
splitdrive(path)	从路径中分隔驱动器的名称,返回元组

```
>>>path ='D:\\mypython_exp\\new_test.txt'
>>>os.path.dirname(path)                          #返回路径的文件夹名
'D:\\mypython_exp'
>>>os.path.basename(path)                         #返回路径的最后一个组成部分
'new_test.txt'
>>>os.path.split(path)                            #切分文件路径和文件名
('D:\\mypython_exp','new_test.txt')
>>>os.path.split('')                              #切分结果为空字符串
('','')
>>>os.path.split('C:\\windows')                   #以最后一个斜线为分隔符
('C:\\','windows')
>>>os.path.split('C:\\windows\\')
('C:\\windows','')
>>>os.path.splitdrive(path)                       #切分驱动器符号
('D:','\\mypython_exp\\new_test.txt')
>>>os.path.splitext(path)                         #切分文件扩展名
('D:\\mypython_exp\\new_test','.txt')
>>>os.path.commonpath([r'C:\windows\notepad.exe',r'C:\windows\system'])
'C:\\windows'
>>>os.path.commonpath([r'a\b\c\d',r'a\b\c\e'])  #返回路径中的共同部分
'a\\b\\c'
>>>os.path.commonprefix([r'a\b\c\d',r'a\b\c\e'])  #返回字符串的最长公共前缀
```

```
'a\\b\\c\\'
>>>os.path.realpath('tttt.py')                      #返回绝对路径
'C:\\Python 38\\tttt.py'
>>>os.path.abspath('tttt.py')                       #返回绝对路径
'C:\\Python 38\\tttt.py'
>>>os.path.relpath('C:\\windows\\notepad.exe')      #返回相对路径
'..\\windows\\notepad.exe'
>>>os.path.relpath('D:\\windows\\notepad.exe')      #相对路径不能跨越分区
ValueError: path is on mount 'D:',start on mount 'C:'
>>>os.path.relpath('C:\\windows\\notepad.exe','dlls')    #指定相对路径的基准位置
'..\\..\\windows\\notepad.exe'
```

10.3　shutil 模块

shutil 模块也提供了大量的方法支持文件和文件夹操作，常用方法如表 10-3 所示。

表 10-3　shutil 模块的常用方法

方　法	功能说明
copy(src, dst)	复制文件，新文件具有同样的文件属性，如果目标文件已存在则抛出异常
copy2(src, dst)	复制文件，新文件具有与原文件完全一样的属性，包括创建时间、修改时间和最后访问时间等，如果目标文件已存在则抛出异常
copyfile(src, dst)	复制文件，不复制文件属性，如果目标文件已存在则直接覆盖
copyfileobj(fsrc, fdst)	在两个文件对象之间复制数据，例如 copyfileobj(open('123.txt'), open('456.txt', 'a'))
copymode(src, dst)	把 src 的模式位(mode bit)复制到 dst 上，之后两者具有相同的模式
copystat(src, dst)	把 src 的模式位、访问时间等所有状态都复制到 dst 上
copytree(src, dst)	递归复制文件夹
disk_usage(path)	查看磁盘的使用情况
move(src, dst)	移动文件或递归移动文件夹，也可以给文件和文件夹重命名
rmtree(path)	递归删除文件夹
make_archive(base_name, format, root_dir=None, base_dir=None)	创建 TAR 或 ZIP 格式的压缩文件
unpack_archive(filename, extract_dir=None, format= None)	解压缩文件

下面的代码演示了如何使用标准库 shutil 的 copyfile()方法复制文件：

```
>>>import shutil                                         #导入 shutil 模块
>>>shutil.copyfile('C:\\dir.txt','C:\\dir1.txt')         #复制文件
```

下面的代码将 C:\Python38\Dlls 文件夹以及该文件夹中的所有文件压缩至 D:\a.zip 文件：

```
>>>shutil.make_archive('D:\\a','zip','C:\\Python38','Dlls')
'D:\\a.zip'
```

下面的代码将刚压缩得到的文件 D:\a.zip 解压缩至 D:\a_unpack 文件夹：

```
>>>shutil.unpack_archive('D:\\a.zip','D:\\a_unpack')
```

下面的代码使用 shutil 模块的方法删除刚刚解压缩得到的文件夹：

```
>>>shutil.rmtree('D:\\a_unpack')
```

Python 标准库 shutil 的 rmtree()函数还支持更多的参数。例如，可以使用 onerror 参数指定回调函数来处理删除文件或文件夹失败的情况：

```
>>>import os
>>>import stat
>>>import shutil
>>>def remove_readonly(func,path,_):                    #定义回调函数
    os.chmod(path,stat.S_IWRITE)                        #删除文件的只读属性
    func(path)                                          #再次执行删除操作
>>>shutil.rmtree('D:\\des_test')                        #文件夹中有个只读文件,删除失败
PermissionError: [WinError 5] 拒绝访问。: 'D:\\des_test\\test1.txt'
>>>shutil.rmtree('D:\\des_test',onerror=remove_readonly)
                                                        #指定回调函数,删除成功
```

下面的代码使用 shutil 的 copytree()函数递归复制文件夹，并忽略扩展名为 pyc 的文件和以“新”字开头的文件及子文件夹：

```
>>>from shutil import copytree,ignore_patterns
>>>copytree('C:\\python38\\test','D:\\des_test',
            ignore=ignore_patterns('*.pyc','新*'))
```

10.4 精彩案例赏析

示例 10-1 把指定文件夹中的所有文件名批量随机化，保持文件类型不变。

```
from string import ascii_letters
from os import listdir,rename
from os.path import splitext,join
from random import choice,randint

def randomFilename(directory):
    for fn in listdir(directory):
        #切分,得到文件名和扩展名
```

```
        name,ext = splitext(fn)
        n = randint(5,20)
        #生成随机字符串作为新文件名
        newName = ''.join((choice(ascii_letters) for i in range(n)))
        #修改文件名
        rename(join(directory,fn),join(directory,newName+ext))

randomFilename('C:\\test')
```

示例 10-2　编写程序,进行文件夹增量备份。

程序功能与用法:指定源文件夹与目标文件夹,自动检测自上次备份以来源文件夹中内容的改变,包括修改的文件、新建的文件、新建的文件夹等,自动复制新增或修改过的文件到目标文件夹中,自上次备份以来没有修改过的文件将被忽略而不复制,从而实现增量备份。本例属于系统运维的范畴。

```
import os
import filecmp
import shutil
import sys

def autoBackup(scrDir,dstDir):
    if ((not os.path.isdir(scrDir)) or (not os.path.isdir(dstDir)) or
        (os.path.abspath(scrDir)!=scrDir) or
        (os.path.abspath(dstDir)!=dstDir)):
        usage()
    for item in os.listdir(scrDir):
        scrItem =os.path.join(scrDir,item)
        dstItem =scrItem.replace(scrDir,dstDir)
        if os.path.isdir(scrItem):
            #创建新增的文件夹,保证目标文件夹的结构与原始文件夹一致
            if not os.path.exists(dstItem):
                os.makedirs(dstItem)
                print('make directory'+dstItem)
            #递归调用自身函数
            autoBackup(scrItem,dstItem)
        elif os.path.isfile(scrItem):
            #只复制新增或修改过的文件
            if ((not os.path.exists(dstItem)) or
                (not filecmp.cmp(scrItem,dstItem,shallow=False))):
                shutil.copyfile(scrItem,dstItem)
                print('file:'+scrItem+'==>'+dstItem)

def usage():
```

```
    print('scrDir and dstDir must be existing absolute path of certain directory')
    print('For example:{0} c:\\olddir c:\\newdir'.format(sys.argv[0]))
    sys.exit(0)

if __name__=='__main__':
    if len(sys.argv)!=3:
        usage()
    scrDir,dstDir = sys.argv[1],sys.argv[2]
    autoBackup(scrDir,dstDir)
```

示例 10-3 编写程序,统计指定文件夹大小以及文件和子文件夹数量。本例也属于系统运维范畴,可用于磁盘配额的计算,例如 E-mail、博客、FTP、快盘等系统中每个账号所占空间大小的统计。

```
import os

totalSize =0
fileNum =0
dirNum =0

def visitDir(path):
    global totalSize,fileNum,dirNum
    for lists in os.listdir(path):
        sub_path = os.path.join(path,lists)
        if os.path.isfile(sub_path):
            fileNum = fileNum+1                                  #统计文件数量
            totalSize = totalSize+os.path.getsize(sub_path)     #统计文件总大小
        elif os.path.isdir(sub_path):
            dirNum = dirNum+1                                    #统计文件夹数量
            visitDir(sub_path)                                   #递归遍历子文件夹

def main(path):
    if not os.path.isdir(path):
        print('Error:"',path,'" is not a directory or does not exist.')
        return
    visitDir(path)

def sizeConvert(size):                                           #单位换算
    K,M,G = 1024,1024**2,1024**3
    if size >= G:
        return str(size/G)+'G Bytes'
    elif size >= M:
        return str(size/M)+'M Bytes'
```

```
    elif size >= K:
        return str(size/K)+'K Bytes'
    else:
        return str(size)+'Bytes'

def output(path):
    print('The total size of '+path+' is:'+sizeConvert(totalSize)+' ('+str
(totalSize)+' Bytes)')
    print('The total number of files in '+path+' is:',fileNum)
    print('The total number of directories in '+path+' is:',dirNum)

if __name__=='__main__':
    path = r'd:\idapro6.5plus'
    main(path)
    output(path)
```

示例 10-4 编写程序,递归删除指定文件夹中指定类型的文件和大小为 0 的文件。

```
from os.path import isdir,join,splitext
from os import remove,listdir,chmod,stat

filetypes = ('.tmp','.log','.obj','.txt')          #指定要删除的文件类型

def delCertainFiles(directory):
    if not isdir(directory):
        return
    for filename in listdir(directory):
        temp = join(directory,filename)
        if isdir(temp):
            delCertainFiles(temp)                  #递归调用
        elif splitext(temp)[1] in filetypes or stat(temp).st_size==0:
            chmod(temp,0o777)                      #修改文件属性,获取删除权限
            remove(temp)                           #删除文件
            print(temp,' deleted…')

delCertainFiles(r'C:\test')
```

本章小结

(1) Python 标准库 os、os. path 和 shutil 是文件与文件夹操作常用的模块。

(2) 在遍历文件夹时,有深度优先和广度优先两种方法。

(3) 在遍历文件夹时,os. path. join()函数非常重要。

习　题

10.1　使用 shutil 模块中的 move()函数进行文件移动。

10.2　编写代码,将当前工作目录修改为“C:\”,并验证,最后将当前工作目录恢复为原来的目录。

10.3　编写程序,用户输入一个目录和一个文件名,搜索该目录及其子目录中是否存在该文件。

10.4　文件对象的________方法用来把缓冲区的内容写入文件,但不关闭文件。

10.5　os. path 模块中的________函数用来测试指定的路径是否为文件。

10.6　os 模块的________函数用来返回包含指定文件夹中所有文件和子文件夹的列表。

第11章 异常处理结构与单元测试

程序出错是一件非常难避免的事情。再厉害的程序员也无法提前预见代码运行时可能会遇到的所有情况，几乎每个程序员都被用户说过“你编的那个软件不好用啊”，而程序员经过反复检查以后发现问题的原因是用户操作不规范或者输入了错误类型的数据，于是一边修改代码加强类型检查一边抱怨用户不按套路出牌。其实呢，作者个人认为这样的问题的根源还是在程序员而不在用户，程序员编写代码时有义务也有必要考虑这些特殊情况，因为大多时候恰恰是少数特殊情况影响了整个系统的美感和开发人员的成就感（二八定律）。虽然大部分软件在发布前一般都经过了严格的测试，然而充分的测试也很难枚举所有可能出现的情况，这时异常处理结构则是避免特殊情况下软件崩溃的利器。

异常是指程序运行时引发的错误，引发错误的原因有很多，如除零、下标越界、文件不存在、网络异常等。如果这些错误得不到正确的处理将会导致程序崩溃并终止运行，合理地使用异常处理结构可以使得程序更加健壮，具有更高的容错性，不会因为用户不小心的错误输入而造成程序崩溃，也可以使用异常处理结构为用户提供更加友好的提示。另外，有效的软件测试方法能够在软件发布之前发现尽可能多的 bug，而软件发布之后再出现错误时是否能够调试程序并快速定位和解决存在的问题则是程序员综合水平和能力的重要体现。

11.1 异常处理结构

11.1.1 异常的概念与表现形式

当程序执行过程中出现错误时 Python 会自动引发异常，程序员也可以通过 raise 语句显式地引发异常。异常处理是因为程序执行过程中由于输入不合法或其他错误导致程序出错而在正常控制流之外采取的行为。严格来说，语法错误和逻辑错误不属于异常，但有些语法错误往往会导致异常。例如，由于大小写拼写错误而试图访问不存在的对象，或者试图访问不存在的文件（一般是路径写错了）等。当 Python 检测到一个错误时，解释器就会指出当前程序流已经无法再继续执行下去，这时就出现了异常。代码一旦抛出异常得不到及时处理，整个程序就会崩溃而提前结束，合理地使用异常处理结构可以使得程序更加健壮，具有更高的容错性，不会因为用户不小心的错误输入而造成程序终止，也可以使用异常处理结构为用户提供更加友好的提示。

在前面的章节中已经多次出现过异常,想必大家已经有了初步的了解。下面是几种比较常见的异常的表现形式:

```
>>>2 / 0                                          #除 0 错误
ZeroDivisionError: division by zero
>>>'a' + 2                                        #操作数类型不支持,略去异常的详细信息
TypeError: Can't convert 'int' object to str implicitly
>>>{3,4,5} * 3                                    #操作数类型不支持
TypeError: unsupported operand type(s) for * : 'set' and 'int'
>>>print(testStr)                                 #变量名不存在
NameError: name 'testStr' is not defined
>>>fp = open(r'D:\test.data','rb')                #文件不存在
FileNotFoundError: [Errno 2] No such file or directory: 'D:\\test.data'
>>>len(3)                                         #参数类型不匹配
TypeError: object of type 'int' has no len()
>>>list(3)                                        #参数类型不匹配
TypeError: 'int' object is not iterable
```

11.1.2 Python 内置异常类层次结构

下面全面展示了 Python 内置异常类的继承层次,其中 BaseException 是所有内置异常类的基类。在使用异常处理结构捕获和处理异常时,应尽量具体一点,最好是明确指定要捕获和处理哪一类异常。建议先尝试捕获派生类,然后再捕获基类,应尽量避免直接捕获 Exception 或 BaseException。

```
BaseException
+--SystemExit
+--KeyboardInterrupt
+--GeneratorExit
+--Exception
     +--StopIteration
     +--ArithmeticError
     |    +--FloatingPointError
     |    +--OverflowError
     |    +--ZeroDivisionError
     +--AssertionError
     +--AttributeError
     +--BufferError
     +--EOFError
     +--ImportError
     +--LookupError
```

```
|    +--IndexError
|    +--KeyError
+--MemoryError
+--NameError
|    +--UnboundLocalError
+--OSError
|    +--BlockingIOError
|    +--ChildProcessError
|    +--ConnectionError
|    |    +--BrokenPipeError
|    |    +--ConnectionAbortedError
|    |    +--ConnectionRefusedError
|    |    +--ConnectionResetError
|    +--FileExistsError
|    +--FileNotFoundError
|    +--InterruptedError
|    +--IsADirectoryError
|    +--NotADirectoryError
|    +--PermissionError
|    +--ProcessLookupError
|    +--TimeoutError
+--ReferenceError
+--RuntimeError
|    +--NotImplementedError
+--SyntaxError
|    +--IndentationError
|         +--TabError
+--SystemError
+--TypeError
+--ValueError
|    +--UnicodeError
|         +--UnicodeDecodeError
|         +--UnicodeEncodeError
|         +--UnicodeTranslateError
+--Warning
     +--DeprecationWarning
     +--PendingDeprecationWarning
     +--RuntimeWarning
     +--SyntaxWarning
     +--UserWarning
     +--FutureWarning
     +--ImportWarning
     +--UnicodeWarning
```

```
        +--BytesWarning
        +--ResourceWarning
```

11.1.3 异常处理结构

Python 提供了多种不同形式的异常处理结构,基本思路都是一致的:**先尝试运行代码,如果没有问题就正常执行,如果发生了错误就尝试着去捕获和处理,最后实在没办法了才崩溃**。从这个角度来看,不同形式的异常处理结构也属于选择结构的变形。

1. try…except…

Python 异常处理结构中最简单的形式是 try…except…结构,类似于单分支选择结构。其中 try 子句中的代码块包含可能会引发异常的语句,except 子句用来捕捉相应的异常。如果 try 子句中的代码引发异常并被 except 子句捕捉,就执行 except 子句的代码块;如果 try 中的代码块没有出现异常就继续往下执行异常处理结构后面的代码;如果出现异常但没有被 except 捕获,继续往外层抛出;如果所有层都没有捕获并处理该异常,程序崩溃并将该异常呈现给最终用户。该结构的语法如下:

```
try:
    #可能会引发异常的代码,先执行一下试试
except Exception[ as reason]:
    #如果 try 中的代码抛出异常并被 except 捕捉,就执行这里的代码
```

下面的代码用来接收用户输入,并且要求用户必须输入整数,不接收其他类型的输入。

```
>>>while True:
    x =input('Please input:')
    try:
        x =int(x)
        print('You have input {0}'.format(x))
        break
    except Exception as e:
        print('Error.')

Please input:234c
Error.
Please input:5
You have input 5
```

2. try…except…else…

带有 else 子句的异常处理结构可以看作一种特殊的双分支选择结构,如果 try 中的代码抛出了异常并且被 except 语句捕捉则执行相应的异常处理代码,这种情况下就不会

执行 else 中的代码；如果 try 中的代码没有引发异常，则执行 else 块的代码。该结构的语法如下：

```
try:
    #可能会引发异常的代码
except Exception[ as reason]:
    #用来处理异常的代码
else:
    #如果 try 子句中的代码没有引发异常,就继续执行这里的代码
```

例如，前面要求用户必须输入整数的代码也可以像下面这样写，并且这是推荐的写法。也就是说，**不要把太多代码放在 try 中，而是应该只放真的可能会引发异常的代码**。

```
>>>while True:
    x =input('Please input:')
    try:
        x =int(x)
    except Exception as e:
        print('Error.')
    else:
        print('You have input {0}'.format(x))
        break

Please input:888c
Error.
Please input:888
You have input 888
```

3. try…except…finally…

在这种结构中，无论 try 中的代码是否发生异常，也不管抛出的异常有没有被 except 语句捕获，**finally 子句中的代码总是会得到执行**。所以，finally 中的代码常用来做一些清理工作，例如释放 try 子句中代码申请的资源。该结构的语法为

```
try:
    #可能会引发异常的代码
except Exception[ as reason]:
    #处理异常的代码
finally:
    #无论 try 子句中的代码是否引发异常,都会执行这里的代码
```

例如下面的代码，不论是否发生异常，finally 子句中的代码总是被执行。

```
>>>def div(a,b):
    try:
        print(a/b)
```

```
    except ZeroDivisionError:
        print('The second parameter cannot be 0.')
    finally:
        print(-1)

>>>div(3,5)
0.6
-1
>>>div(3,0)
The second parameter cannot be 0.
-1
```

如果 try 子句中的异常没有被 except 语句捕捉和处理,或者 except 子句或 else 子句中的代码抛出了异常,那么这些异常将会在 finally 子句执行完后再次抛出。

```
>>>def div(a,b):
    try:
        print(a/b)
    except ZeroDivisionError:
        print('The second parameter cannot be 0.')
    finally:
        print(-1)

>>>div('3',5)
-1
(此处略去异常的详细信息)
TypeError: unsupported operand type(s) for /: 'str' and 'int'
```

需要注意的是,异常处理结构不是万能的,并不是采用了异常处理结构就万事大吉,**finally 子句中的代码也可能会引发异常**。下面代码的本意是使用 finally 子句来避免文件对象没有关闭的情况发生,但是由于指定的文件不存在而导致打开失败,结果在 finally 子句中关闭文件时引发了异常,因为这时并不存在文件对象 f1。

```
>>>try:
    f1 = open('test1.txt','r')       #文件不存在,抛出异常,不会创建文件对象 f1
    line = f1.readline()             #后面的代码不会被执行
    print(line)
except SyntaxError:                  #这个 except 并不能捕捉上面的异常
    print('Sth wrong')
finally:
    f1.close()                       #f1 不存在,再次引发异常

FileNotFoundError: [Errno 2] No such file or directory: 'test1.txt'
During handling of the above exception,another exception occurred:
NameError: name 'f1' is not defined
```

4. 可以捕捉多种异常的异常处理结构

在实际开发中，同一段代码可能会抛出多种异常，需要针对不同的异常类型进行相应的处理。为了支持多种异常的捕捉和处理，Python 提供了带有多个 except 的异常处理结构，一旦 try 子句中的代码抛出了异常，就按顺序依次检查与哪一个 except 子句匹配，如果某个 except 捕捉到了异常，其他的 except 子句将不会再尝试捕捉异常。该结构类似于多分支选择结构，语法格式为

```
try:
    #可能会引发异常的代码
except Exception1:
    #处理异常类型 1 的代码
except Exception2:
    #处理异常类型 2 的代码
except Exception3:
    #处理异常类型 3 的代码
⋮
```

下面的代码演示了这种异常处理结构的用法，连续运行 3 次并输入不同的数据，结果如下：

```
>>>try:
    x =float(input('请输入被除数：'))
    y =float(input('请输入除数：'))
    z =x/y
except ZeroDivisionError:
    print('除数不能为零')
except TypeError:
    print('被除数和除数应为数值类型')
except NameError:
    print('变量不存在')
else:
    print(x,'/',y,'=',z)

请输入被除数：30                    #第一次运行
请输入除数：5
30.0/5.0=6.0

请输入被除数：30                    #第二次运行，略去重复代码
请输入除数：abc
ValueError: could not convert string to float: 'abc'

请输入被除数：30                    #第三次运行，略去重复代码
请输入除数：0
```

除数不能为零

在实际开发中,有时可能会为几种不同的异常设计相同的异常处理代码(虽然这种情况很少)。为了减少代码量,Python 允许把多个异常类型放到一个元组中,然后使用一个 except 子句同时捕捉多种异常,并且共用同一段异常处理代码。

```
>>>try:
    x = float(input('请输入被除数: '))
    y = float(input('请输入除数: '))
    z = float(x) / y
except(ZeroDivisionError,TypeError,NameError):
    print('捕捉到了异常')
else:
    print(x,'/',y,'=',z)

请输入被除数: 30
请输入除数: 0
捕捉到了异常
```

5. 同时包含 else 子句、finally 子句和多个 except 子句的异常处理结构

Python 异常处理结构中可以同时包含 else 子句、多个 except 子句和 finally 子句。例如:

```
>>>def div(x,y):
    try:
        print(x/y)
    except ZeroDivisionError:
        print('ZeroDivisionError')
    except TypeError:
        print('TypeError')
    else:
        print('No Error')
    finally:
        print('executing finally clause')

>>>div(3,5)
0.6
No Error
executing finally clause
>>>div('3',5)
TypeError
executing finally clause
>>>div(3,0)
ZeroDivisionError
```

```
executing finally clause
```

11.1.4　断言与上下文管理语句

断言语句 assert 也是一种比较常用的技术，常用来在程序的某个位置确认某个条件必须满足。断言语句 assert 仅当脚本的__debug__属性值为 True 时有效，一般只在开发和测试阶段使用。当使用优化选项-o 或-oo 把 Python 程序编译为字节码文件时，assert 语句将被删除。

```
>>>a =3
>>>b =5
>>>assert a==b,'a must be equal to b'

AssertionError: a must be equal to b
>>>try:
    assert a==b,'a must be equal to b'
except AssertionError as reason:
    print('%s:%s'%(reason.__class__.__name__,reason))

AssertionError:a must be equal to b
```

上下文管理(context manager)语句 with 可以自动管理资源，不论因为什么原因(哪怕是代码引发了异常)跳出 with 块，总能保证文件被正确关闭，并且可以在代码块执行完毕后自动还原进入该代码块时的现场，常用于文件操作、数据库连接、网络通信连接和多线程、多进程同步等场合。

11.2　单元测试 unittest(选讲)

软件测试对于保证软件质量非常重要，尤其是升级过程中不应影响系统原来的用法，是未来重构代码的信心保证。一般来说稍微有些规模的软件公司都有专门的测试团队来保证软件质量，但作为程序员，首先应该保证自己编写的代码准确无误地实现了预定功能。

软件测试的方法有很多，从软件工程角度来讲，可以分为白盒测试和黑盒测试两大类。其中，**白盒测试主要通过阅读程序源代码来判断是否符合功能要求**，对于复杂的业务逻辑白盒测试难度非常大，一般以黑盒测试为主，白盒测试为辅。**黑盒测试不关心模块的内部实现方式，只关心其功能是否正确，通过精心设计一些测试用例来检验模块的输入和输出是否正确，最终判断是否符合预定的功能要求**。

单元测试是保证模块质量的重要手段之一，通过单元测试来管理设计好的测试用例，不仅可以避免测试过程中人工反复输入可能引入的错误，还可以重复利用设计好的测试用例，具有很好的可扩展性，大幅度缩短代码的测试时间。Python 标准库 unittest 提供了大量用于单元测试的类和方法，其中最常用的是 TestCase 类，其常用方法如表 11-1 所示。

表 11-1 TestCase 类的常用方法

方法名称	功能说明	方法名称	功能说明
assertEqual(a,b)	a==b	assertNotEqual(a,b)	a!=b
assertTrue(x)	bool(x) is True	assertFalse(x)	bool(x) is False
assertIs(a,b)	a is b	assertIsNot(a,b)	a is not b
assertIsNone(x)	x is None	assertIsNotNone(x)	x is not None
assertIn(a,b)	a in b	assertNotIn(a,b)	a not in b
assertIsInstance(a,b)	isinstance(a,b)	assertNotIsInstance(a,b)	not isinstance(a,b)
assertAlmostEqual(a,b)	round(a-b,7)==0	assertNotAlmostEqual(a,b)	round(a-b,7) !=0
assertGreater(a,b)	a>b	assertGreaterEqual(a,b)	a>=b
assertLess(a,b)	a<b	assertLessEqual(a,b)	a<=b
assertRegex(s,r)	r.search(s)	assertNotRegex(s,r)	not r.search(s)
setUp()	每项测试开始之前自动调用该函数	tearDown()	每项测试完成之后自动调用该函数

其中,setUp()和 tearDown()这两个方法比较特殊,分别在每个测试之前和之后自动调用,常用来执行数据库连接的创建与关闭、文件的打开与关闭等操作,避免编写过多的重复代码。

示例 11-1 编写单元测试程序。

以第 6 章自定义栈的代码为例,演示如何利用 unittest 库对 Stack 类中入栈、出栈、改变大小以及满/空测试等方法进行测试,并将测试结果写入文件 test_Stack_result.txt。

```
from stackDfg import Stack
#Python 单元测试标准库
import unittest

class TestStack(unittest.TestCase):
    def setUp(self):
        #测试之前以追加模式打开指定文件
        self.fp = open('D:\\test_Stack_result.txt','a+')

    def tearDown(self):
        #测试结束后关闭文件
        self.fp.close()

    def test_isEmpty(self):
        try:
            s =Stack()
            #确保函数返回结果为 True
```

```
            self.assertTrue(s.isEmpty())
            self.fp.write('isEmpty passed\n')
        except Exception as e:
            self.fp.write('isEmpty failed\n')

    def test_clear(self):
        try:
            s = Stack(5)
            for i in ['a','b','c']:
                s.push(i)
            #测试清空栈操作是否工作正常
            s.clear()
            self.assertTrue(s.isEmpty())
            self.fp.write('clear passed\n')
        except Exception as e:
            self.fp.write('clear failed\n')

    def test_isFull(self):
        try:
            s = Stack(3)
            s.push(1)
            s.push(2)
            s.push(3)
            self.assertTrue(s.isFull())
            self.fp.write('isFull passed\n')
        except Exception as e:
            self.fp.write('isFull failed\n')

    def test_ pushpop(self):
        try:
            s = Stack()
            s.push(3)
            #确保入栈后立刻出栈得到原来的元素
            self.assertEqual(s.pop(),3)
            s.push('a')
            self.assertEqual(s.pop(),'a')
            self.fp.write('push and pop passed\n')
        except Exception as e:
            self.fp.write('push or pop failed\n')

    def test_setSize(self):
        try:
            s = Stack(8)
```

```
            for i in range(8):
                s.push(i)
            self.assertTrue(s.isFull())
            #测试扩大栈空间是否正常工作
            s.setSize(9)
            s.push(8)
            self.assertTrue(s.isFull())
            self.assertEqual(s.pop(),8)
            #测试缩小栈空间是否正常工作
            s.setSize(4)
            self.assertEqual(s._size,9)
            self.fp.write('setSize passed\n')
        except Exception as e:
            self.fp.write('setSize failed\n')

if __name__ =='__main__':
    unittest.main()
```

在 Eclipse＋PyDev 环境中，Python 程序有 Python Run 和 Python unittest 两种运行方式，前者只运行“if __name__ =='__main__':”这一行所限定的代码块，而后者会执行所有的测试代码，也就是继承自 unittest.TestCase 的类中所有以 test 开头的方法。

在进行单元测试时应注意：①测试用例的设计应该是完备的，应保证覆盖尽可能多的情况，尤其是要覆盖边界条件，对目标模块的功能进行充分测试，避免漏测；②测试用例以及测试代码本身也可能会存在 bug，通过测试并不代表目标代码没有错误，但是一般而言，不能通过测试的模块代码是存在问题的；③再好的测试方法和测试用例也无法保证能够发现所有错误，必须通过不停改进和综合多种测试方法并且精心设计测试用例来发现尽可能多的潜在问题；④除了功能测试，还应对程序进行性能测试与安全性测试，甚至还需要进行规范性测试以保证代码可读性和可维护性。

本章小结

(1) 程序出错是一件非常难以避免的事情。

(2) 异常一般是指程序运行时发生的错误。

(3) 当程序执行过程中出现错误时会自动引发异常，程序员也可以通过 raise 语句显式引发异常。

(4) 合理使用异常处理结构可以使得程序更加健壮。

(5) 异常处理结构可以带有 else 子句，当 try 块中的代码没有出现任何错误时执行 else 块中的代码。

(6) 在异常处理结构中，finally 块中的代码总是会得到执行。

(7) 软件测试对于保证软件质量非常重要，单元测试是软件测试的重要技术之一。

习 题

11.1 Python 异常处理结构有哪几种形式?

11.2 异常和错误有什么区别?

11.3 Python 内建异常类的基类是____________________。

11.4 断言语句的语法为____________________。

11.5 Python 上下文管理语句为____________________。

第 12 章 数据库应用开发(选讲)

毫无疑问,数据库技术的发展为各行各业都带来了很大的方便,数据库不仅支持各类数据的长期保存,更重要的是支持各种跨平台、跨地域的数据查询、共享以及修改,极大地方便了人们的生活和工作。电子邮箱、金融行业、聊天系统、各类网站、办公自动化系统、各种管理信息系统以及论坛、社区等,都少不了数据库技术的支持。另外,近些年来大数据相关技术的流行在一定程度上也促使了 NoSQL 数据库的快速发展。本书主要介绍 SQLite、Access、MySQL、MS SQL Server 等几种关系型数据库的 Python 接口,并通过几个示例来演示数据的增、删、改、查等操作。最后以 MongoDB 为例介绍 Python 对 NoSQL 数据库的访问和操作。

12.1 使用 Python 操作 SQLite 数据库

SQLite 是内嵌在 Python 中的轻量级、基于磁盘文件的数据库管理系统,**不需要安装和配置服务器**,支持使用 SQL 语句来访问数据库。该数据库使用 C 语言开发,支持大多数 SQL91 标准,支持原子的、一致的、独立的和持久的事务,不支持外键限制;通过数据库级的独占性和共享锁定来实现独立事务,当多个线程同时访问同一个数据库并试图写入数据时,每一时刻只有一个线程可以写入数据。

SQLite 支持最大 140TB 大小的单个数据库,**每个数据库完全存储在单个磁盘文件中**,以 B^+ 树数据结构的形式存储,一个数据库就是一个文件,通过直接复制数据库文件就可以实现数据库的备份。如果需要使用可视化管理工具,可以下载并使用 SQLiteManager、SQLite Database Browser 或其他类似工具。

访问和操作 SQLite 数据时,需要首先导入 sqlite3 模块,然后创建一个与数据库关联的 Connection 对象,例如:

```
import sqlite3                          #导入模块
conn =sqlite3.connect('example.db')     #连接数据库
```

成功创建 Connection 对象以后,再创建一个 Cursor 对象,调用 Cursor 对象的 execute()方法来执行 SQL 语句创建数据表以及查询、插入、修改或删除数据库中的数据,例如:

```
c =conn.cursor()
#创建表
c.execute('CREATE TABLE stocks(date text, trans text, symbol text, qty real,
price real)')
#插入一条记录
c.execute("INSERT INTO stocks VALUES('2016-01-05','BUY','RHAT',100,35.14)")
#提交当前事务,保存数据
conn.commit()
#关闭数据库连接
conn.close()
```

如果需要查询表中内容，那么重新创建 Connection 对象和 Cursor 对象之后，可以使用下面的代码来查询。

```
for row in c.execute('SELECT * FROM stocks ORDER BY price'):
    print(row)
```

接下来重点介绍 sqlite3 模块中的 Connection、Cursor、Row 等对象。

12.1.1　Connection 对象

Connection 是 sqlite3 模块中最基本也是最重要的一个类，其主要方法如表 12-1 所示。

表 12-1　Connection 对象的主要方法

方　　法	说　　明
execute(sql[, parameters])	执行一条 SQL 语句
executemany(sql[, parameters])	执行多条 SQL 语句
cursor()	返回连接的游标
commit()	提交当前事务，如果不提交，那么自上次调用 commit()方法之后的所有修改都不会真正保存到数据库中
rollback()	撤销当前事务，将数据库恢复至上次调用 commit()方法后的状态
close()	关闭数据库连接
create_function(name, num_params, func)	创建可在 SQL 语句中调用的函数，其中 name 为函数名，num_params 表示该函数可以接收的参数个数，func 表示 Python 可调用对象

Connection 对象的其他几个函数都比较容易理解，下面的代码演示了如何在 sqlite3 连接中创建并调用自定义函数：

```
import sqlite3
```

```
import hashlib

#自定义函数
def md5sum(t):
    return hashlib.md5(t).hexdigest()

#在内存中创建临时数据库,不需要提交事务
conn =sqlite3.connect(':memory:')
#创建可在 SQL 语句中调用的函数
conn.create_function('md5', 1, md5sum)
cur =conn.cursor()
#在 SQL 语句中调用自定义函数
cur.execute('SELECT md5(?)', ['中国山东烟台'.encode()])
print(cur.fetchone()[0])
```

12.1.2 Cursor 对象

游标 Cursor 也是 sqlite3 模块中比较重要的一个类,下面简单介绍 Cursor 对象的常用方法。

1. execute(sql[, parameters])

该方法用于执行一条 SQL 语句,下面的代码演示了用法,以及为 SQL 语句传递参数的两种方法,分别使用问号和命名变量作为占位符。

```
import sqlite3

conn =sqlite3.connect(':memory:')
cur =conn.cursor()
cur.execute('CREATE TABLE people(name_last, age)')
who ='Dong'
age =38
#使用问号作为占位符
cur.execute('INSERT INTO people VALUES(?, ?)',(who, age))
#使用命名变量作为占位符
cur.execute('SELECT * FROM people WHERE name_last=:who AND age=:age',
            {'who': who, 'age': age})
print(cur.fetchone())
```

运行结果如图 12-1 所示。

======================= RESTART: C:\Python 3.5\
('Dong', 38)

图 12-1 运行结果(一)

2. executemany(sql, seq_of_parameters)

该方法用来对于所有给定参数多次执行同一个 SQL 语句,参数序列可以使用不同的方式产生。例如,下面的代码使用迭代来产生参数序列:

```
import sqlite3

#自定义迭代器,按顺序生成小写字母
class IterChars:
    def __init__(self):
        self.count = ord('a')
    def __iter__(self):
        return self
    def __next__(self):
        if self.count > ord('z'):
            raise StopIteration
        self.count += 1
        return(chr(self.count-1),)

conn = sqlite3.connect(':memory:')
cur = conn.cursor()
cur.execute('CREATE TABLE characters(c)')
#创建迭代器对象
theIter = IterChars()
#插入记录,每次插入一个英文小写字母
cur.executemany('INSERT INTO characters(c)VALUES(?)', theIter)
#读取并显示所有记录
cur.execute('SELECT c FROM characters')
print(cur.fetchall())
```

下面的代码使用了生成器函数来产生参数:

```
import sqlite3
import string

#包含 yield 语句的函数可以用来创建生成器对象
def char_generator():
    for c in string.ascii_lowercase:
        yield(c,)

conn = sqlite3.connect(':memory:')
cur = conn.cursor()
cur.execute('CREATE TABLE characters(c)')
#使用生成器对象得到参数序列
cur.executemany('INSERT INTO characters(c)VALUES(?)', char_generator())
```

```
cur.execute('SELECT c FROM characters')
print(cur.fetchall())
```

下面的代码使用直接创建的序列作为 SQL 语句的参数：

```
import sqlite3

persons=[
         ('Hugo', 'Boss'),
         ('Calvin', 'Klein')
         ]
conn =sqlite3.connect(':memory:')
#创建表
conn.execute('CREATE TABLE person(firstname, lastname)')
#插入数据
conn.executemany('INSERT INTO person(firstname, lastname)VALUES(?, ?)', persons)
#显示数据
for row in conn.execute('SELECT firstname, lastname FROM person'):
    print(row)
print('I just deleted', conn.execute('DELETE FROM person').rowcount, 'rows')
```

运行结果如图 12-2 所示。

```
======================= RESTART: C:\Python 3
('Hugo', 'Boss')
('Calvin', 'Klein')
I just deleted 2 rows
```

图 12-2 运行结果(二)

3. fetchone()、fetchmany(size=cursor.arraysize)、fetchall()

这 3 个方法用来读取数据。假设数据库通过下面的代码创建并插入数据：

```
import sqlite3

conn =sqlite3.connect('D:/addressBook.db')  #需要提前创建数据库和数据表
cur =conn.cursor()                           #创建游标
cur.execute('''INSERT INTO addressList(name, sex, phon, QQ, address)VALUES
('王小丫', '女', '1388899****', '66735', '北京市')''')
cur.execute('''INSERT INTO addressList(name, sex, phon, QQ, address)VALUES('李莉', '
女', '1580806****', '675797', '天津市')''')
cur.execute('''INSERT INTO addressList(name, sex, phon, QQ, address)VALUES('李星草',
'男', '1591210****', '3232099', '昆明市')''')
conn.commit()                                #提交事务,把数据写入数据库
conn.close()
```

下面的代码演示了使用 fetchall()读取数据的方法：

```
import sqlite3

conn =sqlite3.connect('D:/addressBook.db')
cur = conn.cursor()
cur.execute('SELECT * FROM addressList')
li = cur.fetchall()                          #返回所有查询结果
for line in li:
    for item in line:
        print(item, end=' ')                 #可以使用 print(*line)代替这三行代码
    print()
conn.close()
```

12.1.3 Row 对象

假设数据以下面的方式创建并插入数据：

```
conn =sqlite3.connect("D:\\test.db")
c =conn.cursor()
c.execute('''CREATE TABLE stocks(date text, trans text, symbol text, qty real,
price real)''')
c.execute("""INSERT INTO stocks VALUES('2016-01-05','BUY','RHAT',100,35.14)""")
conn.commit()
c.close()
```

那么,可以使用下面的方式来读取其中数据：

```
conn.row_factory =sqlite3.Row
c =conn.cursor()
c.execute('SELECT * FROM stocks')
r =c.fetchone()                              #获取一行记录
print(type(r))
print(tuple(r))
print(r[2])
print(r.keys())
print(r['qty'])
for field in r:
    print(field)
```

12.2 使用 Python 操作其他关系型数据库

除了使用标准库 sqlite3 操作 SQLite 数据库以外,Python 还可以借助于功能强大的扩展库来操作 Access、MS SQL Server、MySQL 等多种类型的数据库,下面简单介绍其中几个。

12.2.1 操作 Access 数据库

需要首先安装 Python for Windows extensions，即 Pywin32。然后可以参考下面的步骤和方式来访问 Access 数据库。

1. 建立数据库连接

```
import win32com.client
conn =win32com.client.Dispatch(r'ADODB.Connection')
DSN ='PROVIDER=Microsoft.Jet.OLEDB.4.0;DATA SOURCE=C:/MyDB.mdb;'
conn.Open(DSN)
```

2. 打开记录集

```
rs =win32com.client.Dispatch(r'ADODB.Recordset')
rs_name ='MyRecordset'                              #表名
rs.Open('['+rs_name +']', conn, 1, 3)
```

3. 操作记录集

```
rs.AddNew()
rs.Fields.Item(1).Value ='data'
rs.Update()
```

4. 操作数据

```
conn =win32com.client.Dispatch(r'ADODB.Connection')
DSN ='PROVIDER=Microsoft.Jet.OLEDB.4.0;DATA SOURCE=C:/MyDB.mdb;'
sql_statement ="INSERT INTO [Table_Name]([Field_1], [Field_2])VALUES('data1',
'data2')"
conn.Open(DSN)
conn.Execute(sql_statement)
conn.Close()
```

5. 遍历记录

```
rs.MoveFirst()
count =0
while True:
    if rs.EOF:
        break
    else:
        count =count+1
    rs.MoveNext()
```

在操作 Access 数据库时,如果一个记录集是空的,那么将指针移到第一个记录将导致一个错误,因为此时 RecordCount 是无效的。解决的方法是:打开一个记录集之前,先将 Cursorlocation 设置为 3,然后打开记录集,此时 RecordCount 将是有效的。

```
rs.Cursorlocation =3
rs.Open('SELECT * FROM [Table_Name]', conn)      #确保 conn 处于打开状态
print(rs.RecordCount)
```

12.2.2 操作 MS SQL Server 数据库

可以使用 pywin32、pymssql 和 pyodbc 等多种不同的方式来访问 MS SQL Server 数据库。

先来了解一下 pywin32 模块访问 MS SQL Server 数据库的步骤,如果下面的代码不能正常执行,很可能还需要使用命令 pip install adodbapi 安装 adodbapi 扩展库。

1. 添加引用

```
import adodbapi
adodbapi.adodbapi.verbose =False                #adds details to the sample printout
import adodbapi.ado_consts as adc
```

2. 创建连接

```
Cfg ={'server':'192.168.29.86\\eclexpress','password':'xxxx','db':'pscitemp'}
constr =r"Provider=SQLOLEDB.1; Initial Catalog=%s; Data Source=%s; user ID=%s;
Password=%s;"%(Cfg['db'], Cfg['server'], 'sa', Cfg['password'])
conn =adodbapi.connect(constr)
```

3. 执行 SQL 语句

```
cur =conn.cursor()
sql ='''SELECT * FROM softextBook WHERE title='{0}' AND remark3!='{1}''''.
format(bookName,flag)
cur.execute(sql)
data =cur.fetchall()
cur.close()
```

4. 执行存储过程

```
#假设 proName 有 3 个参数,最后一个参数传了 null
ret =cur.callproc('procName',(parm1,parm2,None))
conn.commit()
```

5. 关闭连接

```
conn.close()
```

接下来再通过一个示例来简单了解一下使用 pymssql 模块访问 MS SQL Server 数据库的方法。如果下面的代码提示无法导入 pymssql 模块,那么可以登录 http://www.lfd.uci.edu/~gohlke/pythonlibs 下载与已安装 Python 版本对应的 pymssql 的 whl 文件,然后使用 pip 命令进行安装。

```
import pymssql
conn =pymssql.connect(host='SQL01', user='user', password='password',
                      database='mydatabase')
cur =conn.cursor()
cur.execute('CREATE TABLE persons(id INT, name VARCHAR(100))')
cur.executemany('INSERT INTO persons VALUES (%d,%s)',
                [(1, 'John Doe'),(2, 'Jane Doe')])
conn.commit()
cur.execute('SELECT * FROM persons WHERE salesrep=%s', 'John Doe')
row =cur.fetchone()
while row:
    print('ID=%d, Name=%s' %(row[0], row[1]))
    row =cur.fetchone()
cur.execute("SELECT * FROM persons WHERE salesrep LIKE 'J%'")
conn.close()
```

最后看看如何使用 pyodbc 扩展库读取 MS SQL Server 2008 数据库中的信息,如果下面的代码提示无法导入 pyodbc,请登录 http://www.lfd.uci.edu/~gohlke/pythonlibs 网址下载相应的 whl 文件之后再安装。

```
import pyodbc

s ='DRIVER={SQL Server};SERVER=.;DATABASE=Test;UID=sa;PWD=test.'
conn =pyodbc.connect(s)
cur =conn.cursor()
cur.execute('SELECT * FROM yonghubiao')
row =cur.fetchone()
while row:
    print(row)
    row =cur.fetchone()
conn.close()
```

12.2.3 操作 MySQL 数据库

Python 扩展库 pymysql 提供了操作 MySQL 数据库的接口,使用 pip install pymysql 安装并导入之后,可以使用内置函数 dir()和 help()了解该模块的用法,也可以查阅官方的帮助文档和扩展库源码。本节通过一段代码来了解 Python 使用 pymysql 扩展库操作 MySQL 数据库的方法。

```
import pymysql

conn =pymysql.connect(host='127.0.0.1', user='root', password='123456',
                      database='mysql', charset='UTF8MB4')
cursor =conn.cursor()

def doSQL(sql):
    cursor.execute(sql)
    conn.commit()

#删除数据库
doSQL('DROP DATABASE IF EXISTS onelinelearning;')

#创建数据库
doSQL('CREATE DATABASE IF NOT EXISTS onelinelearning;')

#删除数据表
doSQL('DROP TABLE IF EXISTS questions')

#创建数据表
sql ='''
CREATE TABLE IF NOT EXISTS questions(
id INT auto_increment PRIMARY KEY,
wenti CHAR(200) NOT NULL UNIQUE,
daan CHAR(50) NOT NULL
) ENGINE=innodb DEFAULT CHARSET=UTF8MB4;
'''
doSQL(sql)

#删除所有数据
doSQL('DELETE FROM questions;')

#插入数据
for i in range(10):
    sql ='INSERT INTO questions(wenti,daan) VALUES("测试问题{0}","答案{0}");'.
    format(i)
    cursor.execute(sql)
conn.commit()

#修改数据
doSQL('UPDATE questions SET daan="被修改了" WHERE wenti="测试问题 6";')
```

```
#删除指定的数据
doSQL('DELETE FROM questions WHERE daan="答案 8";')

#查询并输出数据
sql ='SELECT * FROM questions'
cursor.execute(sql)
for row in cursor.fetchall():
    print(row)

#关闭游标和连接
cursor.close()
conn.close()
```

12.3 操作 MongoDB 数据库

一项权威调查显示，在大数据时代软件开发人员必备的十项技能中，MongoDB 数据库名列第二，仅次于 HTML5。MongoDB 是一个基于分布式文件存储的文档数据库，可以说是非关系型(Not Only SQL，NoSQL)数据库中比较像关系型数据库的一个，具有免费、操作简单、面向文档存储、自动分片、可扩展性强、查询功能强大等特点，对大数据处理支持较好，旨在为 Web 应用提供可扩展的高性能数据存储解决方案。MongoDB 将数据存储为一个文档，数据结构由键值(key→value)对组成。MongoDB 文档类似于 JSON 对象。字段值可以包含其他文档、数组及文档数组。

MongoDB 数据库可以到官方网站 https://www.mongodb.org/downloads 下载，安装之后打开命令提示符环境并切换到 MongoDB 安装目录中的 server\4.4\bin 文件夹(4.4 是版本号，目前最新版本)，然后执行命令 mongod --dbpath D:\data --journal --storageEngine=mmapv1 启动 MongoDB，当然需要首先在 D 盘新建文件夹 data，让刚才那个命令提示符环境始终处于运行状态，然后打开一个命令提示符环境，执行 mongo 命令连接 MongoDB 数据库，如果连接成功，会显示一个“>”符号作为提示符，之后就可以输入 MongoDB 命令了。例如，下面的命令可以打开或创建数据库 students：

```
>use students
```

下面的命令用来在数据库中插入数据：

```
>zhangsan ={'name':'Zhangsan', 'age':18, 'sex':'male'}
>db.students.insert(zhangsan)
>lisi ={'name':'Lisi', 'age':19, 'sex':'male'}
>db.students.insert(lisi)
```

下面的命令用来查询数据库中的记录：

```
>db.students.find()
```

下面的命令用来查看系统中的所有数据库名称：

```
>show dbs
```

其他更多 MongoDB 命令请读者查阅相关资料。另外,Python 扩展库 pymongo 完美支持 MongoDB 数据的操作,可以使用 pip 命令进行安装。下面的代码演示了 pymongo 操作 MongoDB 数据库的一部分用法,算是抛砖引玉,更多的用法可以使用学习 Python 的利器 dir()和 help()来获得,或者查阅 MongoDB 官方文档。

```
>>>import pymongo                                  #导入模块
>>>client = pymongo.MongoClient('localhost', 27017)
                                                   #连接数据库,27017 是默认端口
>>>db = client.students                            #获取数据库
>>>db.list_collection_names()                      #查看数据集合名称列表
['students', 'system.indexes']
>>>students = db.students                                 #获取数据集合
>>>students.find()
<pymongo.cursor.Cursor object at 0x00000000030934A8>
>>>for item in students.find():                           #遍历数据
    print(item)
{'age': 18.0, 'sex': 'male', '_id': ObjectId('5722cbcfeadfb295b4a52e23'),
'name': 'Zhangsan'}
{'age': 19.0, 'sex': 'male', '_id': ObjectId('5722cc6eeadfb295b4a52e24'),
'name': 'Lisi'}
>>>wangwu = {'name':'Wangwu', 'age':20, 'sex':'male'}
>>>students.insert(wangwu)                                #插入一条记录
ObjectId('5723137346bf3d1804b5f4cc')
>>>for item in students.find({'name':'Wangwu'}):          #指定查询条件
    print(item)
{'age': 20, '_id': ObjectId('5723137346bf3d1804b5f4cc'), 'sex': 'male', 'name':
'Wangwu'}
>>>students.find_one()                                    #获取一条记录
{'age': 18.0, 'sex': 'male', '_id': ObjectId('5722cbcfeadfb295b4a52e23'), 'name':
'Zhangsan'}
>>>students.find_one({'name':'Wangwu'})
{'age': 20, '_id': ObjectId('5723137346bf3d1804b5f4cc'), 'sex': 'male', 'name':
'Wangwu'}
>>>students.find().count()                                #记录总数
3
>>>students.remove({'name':'Wangwu'})                     #删除一条记录
{'ok': 1, 'n': 1}
>>>for item in students.find():
    print(item)
{'name': 'Zhangsan', '_id': ObjectId('5722cbcfeadfb295b4a52e23'), 'sex': 'male',
'age': 18.0}
{'name': 'Lisi', '_id': ObjectId('5722cc6eeadfb295b4a52e24'), 'sex': 'male',
```

```
'age': 19.0}
>>>students.find().count()
2
>>>students.create_index([('name', pymongo.ASCENDING)])            #创建索引
'name_1'
>>>students.update({'name':'Zhangsan'},{'$set':{'age':25}})        #更新数据库
{'nModified': 1, 'ok': 1, 'updatedExisting': True, 'n': 1}
>>>students.update({'age':25},{'$set':{'sex':'Female'}})           #更新数据库
{'nModified': 1, 'ok': 1, 'updatedExisting': True, 'n': 1}
>>>students.remove()                                                #清空数据库
{'ok': 1, 'n': 2}
>>>students.find().count()
0
>>>Zhangsan = {'name':'Zhangsan', 'age':20, 'sex':'Male'}
>>>Lisi = {'name':'Lisi', 'age':21, 'sex':'Male'}
>>>Wangwu = {'name':'Wangwu', 'age':22, 'sex':'Female'}
>>>students.insert_many([Zhangsan, Lisi, Wangwu])                  #插入多条数据
<pymongo.results.InsertManyResult object at 0x0000000003762750>
>>>for item in students.find().sort('name',pymongo.ASCENDING):      #对查询结果排序
    print(item)
{'name': 'Lisi', '_id': ObjectId('57240d3f46bf3d118ce5bbe4'), 'sex': 'Male', '
age': 21}
{'name': 'Wangwu', '_id': ObjectId('57240d3f46bf3d118ce5bbe5'), 'sex': 'Female',
'age': 22}
{'name': 'Zhangsan', '_id': ObjectId('57240d3f46bf3d118ce5bbe3'), 'sex': 'Male',
'age': 20}
>>>for item in students.find().sort([('sex',pymongo.DESCENDING),
                                     ('name',pymongo.ASCENDING)]):
    print(item)
{'name': 'Lisi', '_id': ObjectId('57240d3f46bf3d118ce5bbe4'), 'sex': 'Male', '
age': 21}
{'name': 'Zhangsan', '_id': ObjectId('57240d3f46bf3d118ce5bbe3'), 'sex': 'Male',
'age': 20}
{'name': 'Wangwu', '_id': ObjectId('57240d3f46bf3d118ce5bbe5'), 'sex': 'Female',
'age': 22}
```

12.4 精彩案例赏析

示例 12-1 批量 Excel 文件中的数据快速导入 SQLite 数据库。

下面的第一个函数 generateRandomData()用来生成 50 个 Excel 2007⁺ 文件，文件名分别为 0. xlsx、1. xlsx、2. xlsx、…、48. xlsx、49. xlsx，每个文件中有若干行(小于 10 000 的随机数)信息，每行有 5 列，每列有 30 个随机字符。第二个函数 eachXlsx()用来读取并返回每个 Excel 文件所有数据的生成器函数。第三个函数 xlsx2sqlite()用来把所有 Excel

文件中的数据导入 SQLite 数据库,其中在 executemany()函数中用到了第二个函数。另外,本例代码要求先使用 SQLite Database Browser 或类似工具创建 SQLite 数据库文件 data.db,其中有个名为 fromxlsx 的数据表,并有 a、b、c、d、e 这 5 个字段。

```
from random import choice, randrange
from string import digits, ascii_letters
from os import listdir, mkdir
from os.path import isdir
import sqlite3
from time import time
from openpyxl import Workbook, load_workbook

def generateRandomData():
    ''' 生成测试数据,共 50 个 Excel 文件,每个文件有 5 列随机字符串'''
    #如果不存在子文件夹 xlsxs,就创建
    if not isdir('xlsxs'):
        mkdir('xlsxs')

    #total 表示记录总条数
    global total

    #候选字符集
    characters = digits + ascii_letters

    #生成 50 个 Excel 文件
    for i in range(50):
        xlsName = 'xlsxs\\' + str(i) + '.xlsx'

        #随机数,每个 xlsx 文件的行数不一样
        totalLines = randrange(10**4)

        #创建 Workbook,获取第 1 个 Worksheet
        wb = Workbook()
        ws = wb.worksheets[0]

        #写入表头
        ws.append(['a', 'b', 'c', 'd', 'e'])
        #随机数据,每行 5 个字段,每个字段 30 个字符
        for j in range(totalLines):
            line = [''.join((choice(characters) for ii in range(30))) for jj in
                    range(5)]
            ws.append(line)
            total += 1
```

```
        #保存 xlsx 文件
        wb.save(xlsName)

def eachXlsx(xlsxFn):
    '''针对每个 xlsx 文件的生成器'''
    #打开 Excel 文件,获取第 1 个 Worksheet
    wb = load_workbook(xlsxFn)
    ws = wb.worksheets[0]
    for index, row in enumerate(ws.rows):
        #忽略表头
        if index == 0:
            continue
        yield tuple(map(lambda x:x.value, row))

def xlsx2sqlite():
    '''从批量 Excel 文件中导入数据到 SQLite 数据库'''
    #获取所有 xlsx 文件名
    xlsxs = ('xlsxs\\'+fn for fn in listdir('xlsxs'))

    #连接数据库,创建游标
    with sqlite3.connect('dataxlsx.db') as conn:
        cur = conn.cursor()
        for xlsx in xlsxs:
            #批量导入,减少提交事务的次数,可以提高速度
            sql = 'INSERT INTO fromxlsx VALUES(?,?,?,?,?)'
            cur.executemany(sql, eachXlsx(xlsx))
            conn.commit()

#用来记录生成的随机数据的总行数
total = 0

#生成随机数据
generateRandomData()

#导入数据,并测试速度
start = time()
xlsx2sqlite()
delta = time()-start

print('导入用时: ', delta)
print('导入速度(条/秒): ', total/delta)
```

本 章 小 结

(1) SQLite 数据库不需要安装和配置服务器软件,也不开放特定的端口,每个数据

库完全存储在单个磁盘文件中。

(2) SQLiteManager 和 SQLite Database Browser 是两个不错的 SQLite 数据库可视化管理工具。

(3) Python 标准库 sqlite3 支持对 SQLite 数据库的操作。

(4) Python 也可以操作 Access、MS SQL Server、MySQL、Oracle 等数据库,安装相应的扩展库即可。

习　题

12.1　简单介绍 SQLite 数据库。

12.2　使用 Python 内置函数 dir()查看 Cursor 对象中的方法,并使用内置函数 help()查看其用法。

12.3　叙述使用 Python 操作 Access 数据库的步骤。

12.4　叙述使用 Python 操作 MS SQL Server 数据库的步骤。

12.5　叙述使用 Python 操作 MySQL 数据库的步骤。

第 13 章 数据分析与科学计算可视化

用于数据分析与科学计算可视化的 Python 模块非常多，如 numpy、scipy、pandas、statistics、matplotlib、sympy、traits、traitsUI、Chaco、TVTK、Mayavi、VPython、OpenCV。其中，numpy 模块是科学计算包，提供了 Python 中没有的数组对象，支持 N 维数组运算、处理大型矩阵、成熟的广播函数库、矢量运算、线性代数、傅里叶变换以及随机数生成等功能，可与 C++、FORTRAN 等语言无缝结合，树莓派 Python v3 默认安装已经包含了 numpy。scipy 模块依赖于 numpy，提供了更多的数学工具，包括矩阵运算、线性方程组求解、积分、优化等。matplotlib 是比较常用的绘图模块，可以快速地将各种计算结果以各种图形形式展示出来。大部分扩展库都可以使用 pip 命令直接安装，如果有不能安装或者安装之后无法正常工作的扩展库，可以登录下面的网页选择合适的版本下载和安装：

```
http://www.lfd.uci.edu/~gohlke/pythonlibs/
```

13.1 扩展库 numpy 简介

根据 Python 社区的习惯，首先使用下面的方式来导入 numpy 模块：

```
>>>import numpy as np
```

1. 生成数组

```
>>>np.array((1, 2, 3, 4, 5))                  #把 Python 列表转换成数组
array([1, 2, 3, 4, 5])
>>>np.array(range(5))                          #把 Python 的 range 对象转换成数组
array([0, 1, 2, 3, 4])
>>>np.array([[1, 2, 3], [4, 5, 6]])
array([[1, 2, 3],
       [4, 5, 6]])
>>>np.linspace(0, 10, 11)                      #生成等差数组
array([ 0.,   1.,   2.,   3.,   4.,   5.,   6.,   7.,   8.,   9.,  10.])
>>>np.linspace(0, 1, 11)
array([ 0. ,  0.1,  0.2,  0.3,  0.4,  0.5,  0.6,  0.7,  0.8,  0.9,  1. ])
>>>np.logspace(0, 100, 10)                     #对数数组
```

```
array([  1.00000000e+000,   1.29154967e+011,   1.66810054e+022,
         2.15443469e+033,   2.78255940e+044,   3.59381366e+055,
         4.64158883e+066,   5.99484250e+077,   7.74263683e+088,
         1.00000000e+100])
>>>np.zeros((3,3))                          #全 0 二维数组,3 行 3 列
[[ 0.  0.  0.]
 [ 0.  0.  0.]
 [ 0.  0.  0.]]
>>>np.zeros((3,1))                          #全 0 二维数组,3 行 1 列
array([[ 0.],
       [ 0.],
       [ 0.]])
>>>np.zeros((1,3))                          #全 0 二维数组,1 行 3 列
array([[ 0.,  0.,  0.]])
>>>np.ones((3,3))                           #全 1 二维数组
array([[ 1.,  1.,  1.],
       [ 1.,  1.,  1.],
       [ 1.,  1.,  1.]])
>>>np.ones((1,3))                           #全 1 二维数组
array([[ 1.,  1.,  1.]])
>>>np.identity(3)                           #单位矩阵
array([[ 1.,  0.,  0.],
       [ 0.,  1.,  0.],
       [ 0.,  0.,  1.]])
>>>np.identity(2)
array([[ 1.,  0.],
       [ 0.,  1.]])
>>>np.empty((3,3))                      #空数组,只申请空间而不初始化,元素值是不确定的
array([[ 0.,  0.,  0.],
       [ 0.,  0.,  0.],
       [ 0.,  0.,  0.]])
```

2. 数组与数值的算术运算

```
>>>x =np.array((1, 2, 3, 4, 5))             #创建数组对象
>>>x
array([1, 2, 3, 4, 5])
>>>x * 2                                    #数组与数值相乘,所有元素与数值相乘
array([ 2, 4, 6, 8, 10])
>>>x / 2                                    #数组与数值相除
array([ 0.5, 1. , 1.5, 2. , 2.5])
>>>x // 2                                   #数组与数值整除
array([0, 1, 1, 2, 2], dtype=int32)
>>>x ** 3                                   #幂运算
```

```
array([1, 8, 27, 64, 125], dtype=int32)
>>>x + 2                                    #数组与数值相加
array([3, 4, 5, 6, 7])
>>>x % 3                                    #余数
array([1, 2, 0, 1, 2], dtype=int32)
```

3. 数组与数组的算术运算

```
>>>a = np.array((1, 2, 3))
>>>b = np.array(([1, 2, 3], [4, 5, 6], [7, 8, 9]))
>>>c = a * b                                #数组与数组相乘
>>>c                                        #a 中的每个元素乘以 b 中的每一列元素
array([[ 1, 4, 9],
       [ 4, 10, 18],
       [ 7, 16, 27]])
>>>c / b                                    #数组之间的除法运算
array([[ 1.,  2.,  3.],
       [ 1.,  2.,  3.],
       [ 1.,  2.,  3.]])
>>>c / a
array([[ 1.,  2.,  3.],
       [ 4.,  5.,  6.],
       [ 7.,  8.,  9.]])
>>>a + a                                    #数组之间的加法运算
array([2, 4, 6])
>>>a * a                                    #数组之间的乘法运算
array([1, 4, 9])
>>>a - a                                    #数组之间的减法运算
array([0, 0, 0])
>>>a / a                                    #数组之间的除法运算
array([ 1.,  1.,  1.])
```

4. 二维数组转置

```
>>>b = np.array(([1, 2, 3], [4, 5, 6], [7, 8, 9]))
>>>b
array([[1, 2, 3],
       [4, 5, 6],
       [7, 8, 9]])
>>>b.T                                      #转置
array([[1, 4, 7],
       [2, 5, 8],
       [3, 6, 9]])
>>>a = np.array((1, 2, 3, 4))
```

```
>>>a
array([1, 2, 3, 4])
>>>a.T                                   #一维数组转置以后和原来是一样的
array([1, 2, 3, 4])
```

5. 向量内积

```
>>>a = np.array((5, 6, 7))
>>>b = np.array((6, 6, 6))
>>>a.dot(b)                              #向量内积
108
>>>np.dot(a,b)
108
>>>c = np.array(([1,2,3],[4,5,6],[7,8,9]))  #二维数组
>>>cT = c.T                              #转置
>>>c.dot(a)                              #二维数组的每行与一维向量计算内积
array([ 38, 92, 146])
>>>c[0].dot(a)                           #两个一维向量计算内积
38
>>>c[1].dot(a)
92
>>>c[2].dot(a)
146
>>>a.dot(c)                              #一维向量与二维向量的每列计算内积
array([ 78, 96, 114])
>>>a.dot(cT[0])
78
>>>a.dot(cT[1])
96
>>>a.dot(cT[2])
114
```

6. 数组元素访问

```
>>>b = np.array(([1,2,3],[4,5,6],[7,8,9]))
>>>b
array([[1, 2, 3],
       [4, 5, 6],
       [7, 8, 9]])
>>>b[0]                                  #第 0 行
array([1, 2, 3])
>>>b[0][0]                               #第 0 行第 0 列的元素值
1
```

数组还支持多元素同时访问，例如：

```
>>>x = np.arange(0, 100, 10, dtype=np.floating)  #创建等差数组
>>>x
array([0., 10., 20., 30., 40., 50., 60., 70., 80., 90.])
>>>index = np.random.randint(0, len(x), 5)        #生成 5 个随机整数作为下标
>>>index
array([5, 4, 1, 2, 9])
>>>x[index]                                        #同时访问多个元素的值
array([50., 40., 10., 20., 90.])
>>>x[index] = [1, 2, 3, 4, 5]                      #同时修改多个下标指定的元素值
>>>x
array([0., 3., 4., 30., 2., 1., 60., 70., 80., 5.])
>>>x[[1,2,3]]                                      #同时访问多个元素的值
array([3., 4., 30.])
```

7. 对数组进行函数运算

```
>>>x = np.arange(0, 100, 10, dtype=np.floating)
>>>np.sin(x)                                       #一维数组中所有元素求正弦值
array([ 0.        , -0.54402111,  0.91294525, -0.98803162,  0.74511316,
       -0.26237485, -0.30481062,  0.77389068, -0.99388865,  0.89399666])
>>>b = np.array(([1, 2, 3], [4, 5, 6], [7, 8, 9]))
>>>np.cos(b)                                       #二维数组中所有元素求余弦值
array([[ 0.54030231, -0.41614684, -0.9899925 ],
       [-0.65364362,  0.28366219,  0.96017029],
       [ 0.75390225, -0.14550003, -0.91113026]])
>>>np.round(_)                                     #四舍五入
array([[ 1., -0., -1.],
       [-1.,  0.,  1.],
       [ 1., -0., -1.]])
>>>x = np.random.rand(10)                          #包含 10 个随机数的数组
>>>x = x * 10
>>>x
array([6.03635335,  3.90542305,  0.05402166,  0.97778005,  8.86122047,
       8.68849771,  8.43456386,  6.10805351,  1.01185534,  5.52150462])
>>>np.floor(x)                                     #所有元素向下取整
array([6., 3., 0., 0., 8., 8., 8., 6., 1., 5.])
>>>np.ceil(x)                                      #所有元素向上取整
array([7., 4., 1., 1., 9., 9., 9., 7., 2., 6.])
```

8. 对矩阵不同维度上的元素进行计算

```
>>>x = np.arange(0,10).reshape(2,5)                #创建二维数组
>>>x
array([[0, 1, 2, 3, 4],
```

```
       [5, 6, 7, 8, 9]])
>>>np.sum(x)                                  #二维数组所有元素求和
45
>>>np.sum(x, axis=0)                          #二维数组纵向求和
array([ 5,  7,  9, 11, 13])
>>>np.sum(x, axis=1)                          #二维数组横向求和
array([10, 35])
>>>np.mean(x, axis=0)                         #二维数组纵向计算算术平均值
array([ 2.5,  3.5,  4.5,  5.5,  6.5])
>>>weight = [0.3, 0.7]                        #权重
>>>np.average(x, axis=0, weights=weight)      #二维数组纵向计算加权平均值
array([ 3.5,  4.5,  5.5,  6.5,  7.5])
>>>np.max(x)                                  #所有元素的最大值
9
>>>np.max(x, axis=0)                          #每列元素的最大值
array([5, 6, 7, 8, 9])
>>>x = np.random.randint(0, 10, size=(3,3))   #创建二维数组
>>>x
array([[4, 9, 1],
       [7, 4, 9],
       [8, 9, 1]])
>>>np.std(x)                                  #所有元素的标准差
3.1544599036840864
>>>np.std(x, axis=1)                          #每行元素的标准差
array([3.29983165, 2.05480467, 3.55902608])
>>>np.var(x, axis=0)                          #每列元素的标准差
array([2.88888889, 5.55555556, 14.22222222])
>>>np.sort(x, axis=0)                         #纵向排序
array([[4, 4, 1],
       [7, 9, 1],
       [8, 9, 9]])
>>>np.sort(x, axis=1)                         #横向排序
array([[1, 4, 9],
       [4, 7, 9],
       [1, 8, 9]])
```

9. 改变数组大小

```
>>>a = np.arange(1, 11, 1)
>>>a
array([1, 2, 3, 4, 5, 6, 7, 8, 9, 10])
>>>a.shape = 2, 5                             #改为 2 行 5 列
>>>a
array([[ 1,  2,  3,  4,  5],
```

```
       [ 6,  7,  8,  9, 10]])
>>>a.shape = 5, -1                              #-1 表示自动计算
>>>a
array([[ 1,  2],
       [ 3,  4],
       [ 5,  6],
       [ 7,  8],
       [ 9, 10]])
>>>b = a.reshape(2,5)                           #reshape()方法返回新数组
>>>b
array([[ 1,  2,  3,  4,  5],
       [ 6,  7,  8,  9, 10]])
```

10. 切片操作

```
>>>a = np.arange(10)
>>>a
array([0, 1, 2, 3, 4, 5, 6, 7, 8, 9])
>>>a[::-1]                                      #反向切片
array([9, 8, 7, 6, 5, 4, 3, 2, 1, 0])
>>>a[::2]                                       #隔一个取一个元素
array([0, 2, 4, 6, 8])
>>>a[:5]                                        #前 5 个元素
array([0, 1, 2, 3, 4])
>>>c = np.arange(25)                            #创建数组
>>>c.shape = 5,5                                #修改数组大小
>>>c
array([[ 0,  1,  2,  3,  4],
       [ 5,  6,  7,  8,  9],
       [10, 11, 12, 13, 14],
       [15, 16, 17, 18, 19],
       [20, 21, 22, 23, 24]])
>>>c[0, 2:5]                                    #第 0 行中下标介于[2,5)的元素值
array([2, 3, 4])
>>>c[1]                                         #第 1 行所有元素
array([5, 6, 7, 8, 9])
>>>c[2:5, 2:5]                                  #行下标和列下标都介于[2,5)的元素值
array([[12, 13, 14],
       [17, 18, 19],
       [22, 23, 24]])
```

11. 布尔运算

```
>>>x = np.random.rand(10)                       #包含 10 个随机数的数组
```

```
>>>x
array([ 0.56707504,  0.07527513,  0.0149213 ,  0.49157657,  0.75404095,
        0.40330683,  0.90158037,  0.36465894,  0.37620859,  0.62250594])
>>>x >0.5                                   #比较数组中每个元素值是否大于 0.5
array([ True, False, False, False,  True, False,  True, False, False,  True],
dtype=bool)
>>>x[x>0.5]                                 #获取数组中大于 0.5 的元素
array([ 0.56707504,  0.75404095,  0.90158037,  0.62250594])
>>>a = np.array([1, 2, 3])
>>>b = np.array([3, 2, 1])
>>>a > b                                    #两个数组中对应位置上的元素比较
array([False, False,  True], dtype=bool)
>>>a[a>b]
array([3])
>>>a == b
array([False,  True, False], dtype=bool)
>>>a[a==b]
array([2])
```

12. 广播

```
>>>a = np.arange(0,60,10).reshape(-1,1)     #列向量
>>>b = np.arange(0,6)                       #行向量
>>>a
array([[ 0],
       [10],
       [20],
       [30],
       [40],
       [50]])
>>>b
array([0, 1, 2, 3, 4, 5])
>>>a + b                                    #广播
array([[ 0,  1,  2,  3,  4,  5],
       [10, 11, 12, 13, 14, 15],
       [20, 21, 22, 23, 24, 25],
       [30, 31, 32, 33, 34, 35],
       [40, 41, 42, 43, 44, 45],
       [50, 51, 52, 53, 54, 55]])
>>>a * b
array([[  0,   0,   0,   0,   0,   0],
       [  0,  10,  20,  30,  40,  50],
       [  0,  20,  40,  60,  80, 100],
       [  0,  30,  60,  90,  120, 150],
```

```
       [  0,  40,  80,  120, 160, 200],
       [  0,  50,  100, 150,  200, 250]])
```

13. 分段函数

```
>>>x = np.random.randint(0, 10, size=(1,10))
>>>x
array([[0, 4, 3, 3, 8, 4, 7, 3, 1, 7]])
>>>np.where(x<5, 0, 1)                                #小于 5 的元素值对应 0,其他对应 1
array([[0, 0, 0, 0, 1, 0, 1, 0, 0, 1]])
#小于 4 的元素乘以 2,大于 7 的元素乘以 3,其他元素变为 0
>>>np.piecewise(x,[x<4, x>7],[lambda x: x*2,lambda x: x*3])
array([[ 0,  0,  6,  6, 24,  0,  0,  6,  2,  0]])
```

14. 计算唯一值以及出现次数

```
>>>x = np.random.randint(0,10,7)
>>>x
array([8, 7, 7, 5, 3, 8, 0])
>>>np.bincount(x)                           #元素出现的次数,0 表示出现 1 次
array([1, 0, 0, 1, 0, 1, 0, 2, 2], dtype=int64)
                                            #1、2 表示没出现,3 表示出现 1 次,以此类推
>>>np.sum(_)                                #所有元素出现次数之和等于数组长度
7
>>>len(x)
7
>>>np.unique(x)                             #返回唯一元素值
array([0, 3, 5, 7, 8])
>>>x = np.random.randint(0,10,2)
>>>x
array([2, 1])
>>>np.bincount(x)                           #结果数组的长度取决于原始数组中最大元素值
array([0, 1, 1], dtype=int64)
>>>x =np.random.randint(0, 10, 10)
>>>x
array([3, 6, 4, 5, 2, 9, 7, 0, 9, 0])
>>>y = np.random.rand(10)                   #随机小数,模拟权重
>>>y = np.round_(y, 1)                      #保留一位小数
>>>y
array([ 0.6,  0.8,  0.8,  0. ,  0.6,  0.1,  0. ,  0.2,  0.8,  0.7])
>>>np.sum(x * y)/np.sum(np.bincount(x))    #加权总和/出现总次数或元素个数
2.9199999999999999
```

15. 矩阵运算

```
>>>a_list = [3, 5, 7]
>>>a_mat = np.matrix(a_list)                    #创建矩阵
>>>a_mat
matrix([[3, 5, 7]])
>>>a_mat.T                                      #矩阵转置
matrix([[3],
        [5],
        [7]])
>>>a_mat.shape                                  #矩阵形状
(1, 3)
>>>a_mat.size
3
>>>b_mat = np.matrix((1, 2, 3))
>>>b_mat
matrix([[1, 2, 3]])
>>>a_mat * b_mat.T                              #矩阵相乘
matrix([[34]])
>>>a_mat.mean()                                 #元素平均值
5.0
>>>a_mat.sum()                                  #所有元素之和
15
>>>a_mat.max()
7
>>>c_mat = np.matrix([[1, 5, 3], [2, 9, 6]])    #创建二维矩阵
>>>c_mat
matrix([[1, 5, 3],
        [2, 9, 6]])
>>>c_mat.argsort(axis=0)                        #纵向排序后的元素序号
matrix([[0, 0, 0],
        [1, 1, 1]], dtype=int64)
>>>c_mat.argsort(axis=1)                        #横向排序后的元素序号
matrix([[0, 2, 1],
        [0, 2, 1]], dtype=int64)
>>>d_mat = np.matrix([[1, 2, 3], [4, 5, 6], [7, 8, 9]])
>>>d_mat.diagonal()                             #矩阵的对角线元素
matrix([[1, 5, 9]])
>>>d_mat.flatten()                              #矩阵平铺
matrix([[1, 2, 3, 4, 5, 6, 7, 8, 9]])
```

13.2 科学计算扩展库 scipy(选讲)

scipy 是专门为科学计算和工程应用设计的 Python 工具包，在 numpy 的基础上增加了大量用于科学计算和工程计算的模块，包括统计、优化、整合、线性代数、常微分方程数值求解、信号处理、图像处理、稀疏矩阵等。scipy 工具包的主要模块如表 13-1 所示。

表 13-1 scipy 工具包的主要模块

模 块	说 明
constants	常数
special	特殊函数
optimize	数值优化算法，如最小二乘拟合(leastsq)、函数最小值(fmin 系列)、非线性方程组求解(fsolve)等
interpolate	插值(interp1d、interp2d 等)
integrate	数值积分
signal	信号处理
ndimage	图像处理，包括滤波器模块 filters、傅里叶变换模块 fourier、图像插值模块 interpolation、图像测量模块 measurements、形态学图像处理模块 morphology 等
stats	统计
misc	提供了读取图像文件的方法和一些测试图像
io	提供了读取 Matlab 和 FORTRAN 文件的方法

13.2.1 数学、物理常用常数与单位模块 constants

scipy 工具包的常数模块 constants 包含大量用于科学计算的常数，下面给出其中几个，更多的可以登录 http://docs.scipy.org/doc/scipy/reference/constants.html 网站查看。

例如，可以使用下面的方法来访问该模块中预定义的常数。

```
>>>from scipy import constants as C
>>>C.pi                                   #圆周率
3.141592653589793
>>>C.golden                               #黄金比例
1.618033988749895
>>>C.c                                    #真空中的光速
299792458.0
>>>C.h                                    #普朗克常数
6.62606896e-34
>>>C.mile                                 #一英里等于多少米
1609.3439999999998
>>>C.inch                                 #一英寸等于多少米
```

```
0.0254
>>>C.degree                          #一度等于多少弧度
0.017453292519943295
>>>C.minute                          #一分钟等于多少秒
60.0
>>>C.g                               #标准重力加速度
9.80665
```

13.2.2 特殊函数模块 special

scipy 工具包的 special 模块包含了大量函数库，包括基本数学函数和很多特殊函数。

```
>>>from scipy import special as S
>>>S.cbrt(8)                         #立方根
2.0
>>>S.exp10(3)                        #10**3
1000.0
>>>S.sindg(90)                       #正弦函数,参数为角度
1.0
>>>S.round(3.1)                      #四舍五入函数
3.0
>>>S.round(3.5)
4.0
>>>S.round(3.499)
3.0
>>>S.comb(5,3)                       #从 5 个中任选 3 个的组合数,Python 3.8 math 中已提供
10.0
>>>S.perm(5,3)                       #排列数,Python 3.8 模块 math 已提供该函数
60.0
>>>S.gamma(4)                        #gamma 函数
6.0
>>>S.beta(10, 200)                   #beta 函数
2.839607777781333e-18
>>>S.sinc(0)                         #sinc 函数
1.0
```

13.2.3 信号处理模块 signal

signal 模块包含大量滤波函数、B 样条插值算法等。下面的代码演示了一维信号的卷积运算：

```
>>>import numpy as np
>>>x = np.array([1, 2, 3])
>>>h = np.array([4, 5, 6])
```

```
>>>import scipy.signal
>>>scipy.signal.convolve(x, h)                #一维卷积运算
array([ 4, 13, 28, 27, 18])
```

下面的代码演示了二维图像卷积运算,运行结果如图 13-1 所示。

```
import numpy as np
from scipy import signal, misc
import matplotlib.pyplot as plt

image = misc.lena()                            #二维图像数组,lena 图像
w =np.zeros((50, 50))                          #全 0 二维数组,卷积核
w[0][0] =1.0                                   #修改参数,调整滤波器
w[49][25] =1.0                                 #可以根据需要调整
image_new =signal.fftconvolve(image, w)        #使用 FFT 算法进行卷积

plt.figure()
plt.imshow(image_new)                          #显示滤波后的图像
plt.gray()
plt.title('Filtered image')
plt.show()
```

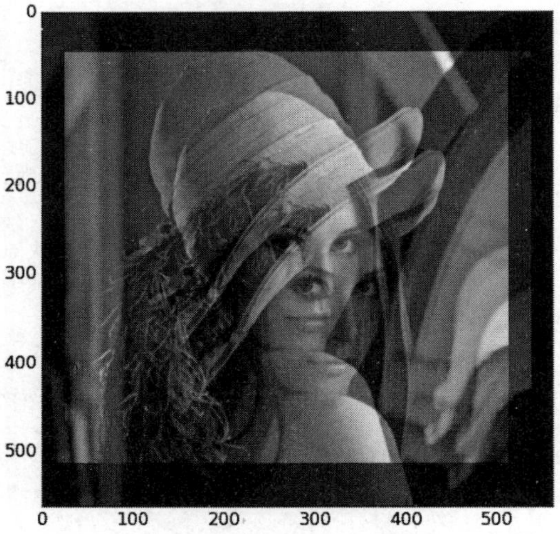

图 13-1　lena 图像处理结果

下面的代码对 lena 图像进行模糊,运行结果如图 13-2 所示。

```
image = misc.lena()                 #高版本 scipy 没有 lena 图像,可替换为 face()
w =signal.gaussian(50, 10.0)
image_new =signal.sepfir2d(image, w, w)
```

中值滤波是数字信号处理、数字图像处理中常用的预处理技术,特点是将信号中每个

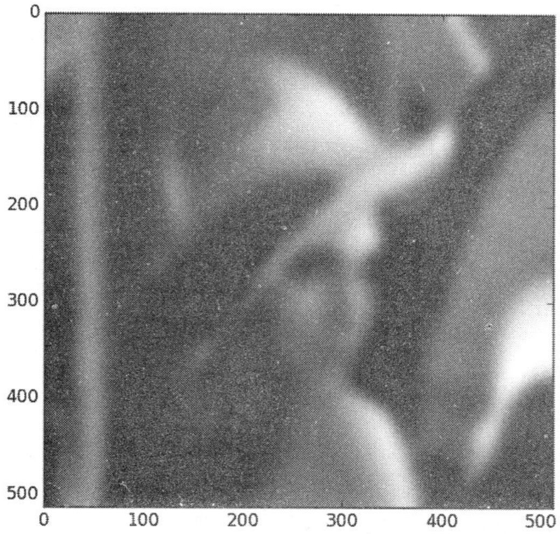

图 13-2　lena 图像模糊处理结果

值都替换为其邻域内的中值，即邻域内所有值排序后中间位置上的值。下面的代码演示了 scipy 模块的中值滤波算法的用法。

```
>>>import random
>>>import numpy as np
>>>import scipy.signal as signal
>>>x = np.arange(0,100,10)
>>>random.shuffle(x)                                    #打乱顺序
>>>x
array([40,  0, 60, 20, 50, 70, 80, 90, 30, 10])
>>>signal.medfilt(x,3)                                  #中值滤波
array([  0.,   40.,   20.,   50.,   50.,   70.,   80.,   80.,   30.,   10.])
```

13.2.4　图像处理模块 ndimage

模块 ndimage 提供了大量用于 N 维图像处理的方法，下面仅选取一部分进行演示，更多的用法可以参考官方文档。

1. 图像滤波

```
>>>from scipy import misc
>>>from scipy import ndimage
>>>import matplotlib.pyplot as plt
>>>face = misc.face()                                   #face 是测试图像之一
>>>plt.figure()                                         #创建图形
>>>plt.imshow(face)                                     #绘制测试图像
>>>plt.show()                                           #原始图像，如图 13-3 所示
```

```
>>>blurred_face = ndimage.gaussian_filter(face, sigma=7)
                                                        #高斯滤波
>>>plt.imshow(blurred_face)
>>>plt.show()                                           #高斯滤波图像,如图 13-4 所示
>>>blurred_face1 = ndimage.gaussian_filter(face, sigma=1)
                                                        #以下 3 行为边缘锐化
>>>blurred_face3 =ndimage.gaussian_filter(face, sigma=3)
>>>sharp_face = blurred_face3+ 6*(blurred_face3-blurred_face1)
>>>plt.imshow(sharp_face)                               #见图 13-5
>>>plt.show()
>>>median_face = ndimage.median_filter(face, 7)         #中值滤波
>>>plt.imshow(median_face)                              #见图 13-6
>>>plt.show()
```

图 13-3　原始图像

图 13-4　高斯滤波结果

图 13-5　边缘锐化结果

图 13-6　中值滤波结果

2. 图像测量

```
>>>ndimage.measurements.maximum(face)                    #最大值
255
>>>ndimage.measurements.maximum_position(face)           #最大值位置
(242, 560, 2)
>>>ndimage.measurements.mean(face)                       #平均值
110.16274388631184
>>>ndimage.measurements.median(face)                     #中值
109.0
>>>ndimage.measurements.sum(face)
259906521
```

```
>>>ndimage.measurements.variance(face)
3307.17544034096
>>>ndimage.measurements.standard_deviation(face)
57.508046744268405
>>>ndimage.measurements.histogram(face, 0, 255, 256)
```

3. 使用 scipy 进行多项式计算与符号计算

```
>>>from scipy import poly1d
>>>p1 = poly1d([1,2,3,4])
#输出结果中,第一行的数字为第二行对应位置项中 x 的指数
>>>print(p1)
   3     2
1 x + 2 x + 3 x + 4
#等价于 p2 = (x-1)(x-2)(x-3)(x-4)
>>>p2 = poly1d([1,2,3,4], True)
>>>print(p2)
   4      3      2
1 x - 10 x + 35 x - 50 x + 24
#使用 z 作为变量
>>>p3 =poly1d([1,2,3,4], variable='z')
>>>print(p3)
   3     2
1 z + 2 z + 3 z + 4
#把多项式中的变量替换为指定的值
>>>p1(0)
4
>>>p1(1)
10
#计算多项式对应方程的根
>>>p1.r
array([-1.65062919+0.j, -0.17468540+1.54686889j, -0.17468540-1.54686889j])
>>>p1(p1.r[0])
(-8.8817841970012523e-16+0j)
#查看和修改多项式的系数
>>>p1.c
array([1, 2, 3, 4])
>>>print(p3)
   3     2
1 z + 2 z + 3 z + 4
>>>p3.c[0]=5
>>>print(p3)
   3     2
5 z + 2 z + 3 z + 4
```

```
#查看多项式的最高阶
>>>p1.order
3
#查看指定指数对应的项的系数
#例如,在 p1 多项式中,指数为 3 的项的系数为 1
>>>p1[3]
1
>>>p1[0]
4
#加、减、乘、除、幂运算
>>>print(p1)
  3     2
1 x +2 x +3 x +4
>>>print(-p1)
   3       2
-1 x -2 x-3 x -4
>>>print(p2)
  4       3       2
1 x -10 x +35 x -50 x +24
>>>print(p1+3)
  3     2
1 x +2 x +3 x +7
>>>print(p1+p2)
  4     3      2
1 x -9 x +37 x -47 x +28
>>>print(p1-5)
  3     2
1 x +2 x +3 x -1
>>>print(p2-p1)
  4      3      2
1 x -11 x +33 x -53 x +20
>>>print(p1*3)
  3     2
3 x +6 x +9 x +12
>>>print(p1*p2)
  7     6     5     4      3      2
1 x -8 x +18 x -6 x -11 x +38 x -128 x +96
>>>print(p1*p2/p2)
(poly1d([ 1., 2., 3., 4.]), poly1d([ 0.]))
>>>print(p2/p1)
(poly1d([ 1., -12.]), poly1d([ 56., -18., 72.]))
#多项式的幂运算
>>>print(p1**2)
  6     5     4     3     2
```

```
1 x +4 x +10 x +20 x +25 x +24 x +16
>>>print(p1 * p1)
   6     5     4      3     2
1 x +4 x +10 x +20 x +25 x +24 x +16
#一阶导数
>>>print(p1.deriv())
  2
3 x +4 x +3
#二阶导数
>>>print(p1.deriv(2))

6 x+4
#多项式的不定积分,一重不定积分,设常数项为 0
>>>print(p1.integ(m=1, k=0))
    4            3       2
0.25 x +0.6667 x +1.5 x +4 x
#二重不定积分,设常数项为 3
>>>print(p1.integ(m=2, k=3))
    5            4      3    2
0.05 x +0.1667 x +0.5 x +2 x +3 x +3
```

13.3 扩展库 pandas 简介

pandas(Python Data Analysis Library)是基于 numpy 的数据分析模块,提供了大量标准数据模型和高效操作大型数据集所需要的工具,可以说 pandas 是使得 Python 能够成为高效且强大的数据分析环境的重要因素之一。

pandas 主要提供了 3 种数据结构:①Series,带标签的一维数组;②DataFrame,带标签且大小可变的二维表格结构;③Panel,带标签且大小可变的三维数组。

可以在命令提示符环境使用 pip 工具下载和安装 pandas,然后按照 Python 社区的习惯,使用下面的语句导入:

```
>>>import pandas as pd
```

1. 生成一维数组

```
>>>import numpy as np
>>>x = pd.Series([1, 3, 5, np.nan])
```

2. 生成二维数组

```
>>>dates = pd.date_range(start='20130101', end='20131231', freq='D')
                                                        #间隔为天
>>>dates = pd.date_range(start='20130101', end='20131231', freq='M')
```

```
                                                  #间隔为月
>>>df = pd.DataFrame(np.random.randn(12,4), index=dates, columns=list('ABCD'))
>>>df = pd.DataFrame([[np.random.randint(1,100)for j in range(4)] for i in range
(12)], index=dates, columns=list('ABCD'))         #4 列随机数
>>>df = pd.DataFrame({'A':[np.random.randint(1,100)for i in range(4)],
                  'B':pd.date_range(start='20130101', periods=4, freq='D'),
                  'C':pd.Series([1, 2, 3, 4],index=list(range(4)),dtype=
                  'float32'),
                  'D':np.array([3]*4,dtype='int32'),
                  'E':pd.Categorical(["test","train","test","train"]),
                  'F':'foo'})
>>>df = pd.DataFrame({'A':[np.random.randint(1,100)for i in range(4)],
         'B':pd.date_range(start='20130101', periods=4, freq='D'),
         'C':pd.Series([1, 2, 3, 4],index=['zhang', 'li', 'zhou', 'wang'],dtype
         ='float32'),
         'D':np.array([3] * 4,dtype='int32'),
         'E':pd.Categorical(["test","train","test","train"]),
         'F':'foo'})
```

3. 二维数据查看

```
>>>df.head()                                      #默认显示前 5 行
>>>df.head(3)                                     #查看前 3 行
>>>df.tail(2)                                     #查看最后 2 行
```

4. 查看二维数据的索引、列名和数据

```
>>>df.index
>>>df.columns
>>>df.values
```

5. 查看数据的统计信息

```
>>>df.describe()                          #返回平均值、标准差、最小值、最大值等信息
```

6. 二维数据转置

```
>>>df.T
```

7. 排序

```
>>>df.sort_index(axis=0, ascending=False)         #对轴进行排序
>>>df.sort_index(axis=1, ascending=False)
>>>df.sort_values(by='A')                         #对数据进行排序
>>>df.sort_values(by='A', ascending=False)        #降序排列
```

8. 数据选择

```
>>>df['A']                                              #选择列
>>>df[0:2]                                              #使用切片选择多行
>>>df.loc[:, ['A', 'C']]                                #选择多列
>>>df.loc[['zhang', 'zhou'], ['A', 'D', 'E']]           #同时指定多行与多列进行选择
>>>df.loc['zhang', ['A', 'D', 'E']]
>>>df.at['zhang', 'A']                                  #查询指定行、列位置的数据值
>>>df.at['zhang', 'D']
>>>df.iloc[3]                                           #查询第 3 行数据
>>>df.iloc[0:3, 0:4]                                    #查询前 3 行、前 4 列数据
>>>df.iloc[[0, 2, 3], [0, 4]]                           #查询指定的多行、多列数据
>>>df.iloc[0,1]                                         #查询指定行、列位置的数据值
>>>df.iloc[2,2]
>>>df[df.A>50]                                          #按给定条件进行查询
```

9. 数据修改与设置

```
>>>df.iat[0, 2] =3                                      #修改指定行、列位置的数据值
>>>df.loc[:, 'D'] =[np.random.randint(50, 60)for i in range(4)]
                                                        #修改某列的值
>>>df['C'] =-df['C']                                    #对指定列数据取反
```

10. 缺失值处理(缺失值和异常值处理是大数据预处理环节中很重要的一个步骤)

```
>>>df1 =df.reindex(index=['zhang', 'li', 'zhou', 'wang'], columns=list(df.
columns)+['G'])
>>>df1.iat[0, 6] =3                        #修改指定位置的元素值,该列其他元素为缺失值 NaN
>>>pd.isnull(df1)                          #测试缺失值,返回值为 True/False 阵列
>>>df1.dropna()                                         #返回不包含缺失值的行
>>>df1['G'].fillna(5, inplace=True)                     #使用指定值填充缺失值
```

11. 数据操作

```
>>>df1.mean()                                           #平均值,自动忽略缺失值
>>>df.mean(1)                                           #横向计算平均值
>>>df1.shift(1)                                         #数据移位
>>>df1['D'].value_counts()                              #直方图统计
>>>df2 =pd.DataFrame(np.random.randn(10, 4))
>>>p1 =df2[:3]                                          #数据行拆分
>>>p2 =df2[3:7]
>>>p3 =df2[7:]
>>>df3 =pd.concat([p1, p2, p3])                         #数据行合并
>>>df2 ==df3                               #测试两个二维数据是否相等,返回 True/False 阵列
```

```
>>>df4 =pd.DataFrame({'A':[np.random.randint(1,5)for i in range(8)],
                      'B':[np.random.randint(10,15)for i in range(8)],
                      'C':[np.random.randint(20,30)for i in range(8)],
                      'D':[np.random.randint(80,100)for i in range(8)]})
>>>df4.groupby('A').sum()                                    #数据分组计算
>>>df4.groupby(['A','B']).mean()
```

12. 结合 matplotlib 绘图

```
>>>import pandas as pd
>>>import numpy as np
>>>import matplotlib.pyplot as plt
>>>df = pd.DataFrame(np.random.randn(1000, 2), columns=['B', 'C']).cumsum()
>>>df['A']=pd.Series(list(range(len(df))))
>>>plt.figure()
>>>df.plot(x='A')
>>>plt.show()
```

代码运行结果如图 13-7 所示。

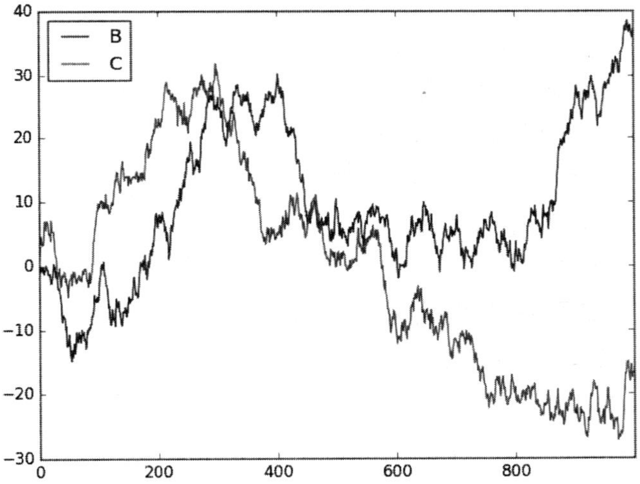

图 13-7　绘制曲线图结果

下面的代码用来绘制柱状图,结果如图 13-8 所示。

```
>>>df = pd.DataFrame(np.random.rand(10, 4), columns=['a', 'b', 'c', 'd'])
>>>df.plot(kind='bar')
>>>plt.show()
```

将上面代码中的绘图语句改为

```
>>>df.plot(kind='barh', stacked=True)
```

运行结果如图 13-9 所示。

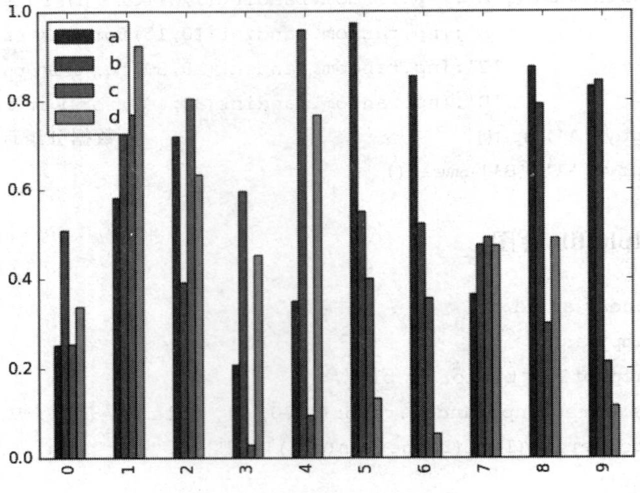

图 13-8 绘制柱状图结果

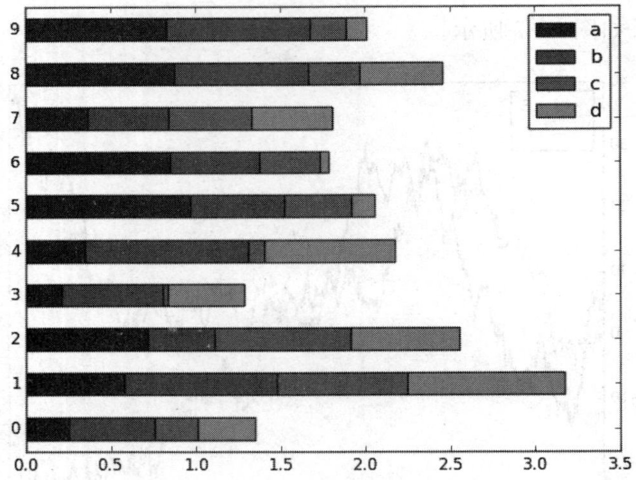

图 13-9 水平柱状图绘制结果

13. 文件读写

```
>>>df5.to_excel('d:\\test.xlsx', sheet_name='dfg')          #将数据保存为 Excel 文件
>>>df6 = pd.read_excel('d:\\test.xlsx', 'dfg', index_col=None, na_values=['NA'])
>>>df6.to_csv('d:\\test.csv')                               #将数据保存为 csv 文件
>>>df7 = pd.read_csv('d:\\test.csv')                        #读取 csv 文件中的数据
```

14. 精彩案例赏析

假设有个 Excel 2007 文件“电影导演演员.xlsx”,其中有三列分别为电影名称、导演和演员列表(同一部电影可能会有多个演员,每个演员姓名之间使用逗号分隔),如

图 13-10 所示。要求统计每个演员的参演电影数量，并统计最受欢迎的前 3 名演员。

	A	B	C
1	电影名称	导演	演员
2	电影1	导演1	演员1，演员2，演员3，演员4
3	电影2	导演2	演员3，演员2，演员4，演员5
4	电影3	导演3	演员1，演员5，演员3，演员6
5	电影4	导演1	演员1，演员4，演员3，演员7
6	电影5	导演2	演员1，演员2，演员3，演员8
7	电影6	导演3	演员5，演员7，演员3，演员9
8	电影7	导演4	演员1，演员4，演员6，演员7
9	电影8	导演1	演员1，演员4，演员3，演员8
10	电影9	导演2	演员5，演员4，演员3，演员9
11	电影10	导演3	演员1，演员4，演员5，演员10
12	电影11	导演1	演员1，演员4，演员3，演员11
13	电影12	导演2	演员7，演员4，演员9，演员12
14	电影13	导演3	演员1，演员7，演员3，演员13
15	电影14	导演4	演员10，演员4，演员9，演员14
16	电影15	导演5	演员1，演员8，演员11，演员15
17	电影16	导演6	演员14，演员4，演员13，演员16
18	电影17	导演7	演员3，演员4，演员9
19	电影18	导演8	演员3，演员4，演员10

图 13-10　“电影导演演员.xlsx”文件中的内容

```
>>> import pandas as pd
>>> df = pd.read_excel('电影导演演员.xlsx')
>>> pairs = []
>>> for i in range(len(df)):
    actors = df.at[i, '演员'].split('，')
    for actor in actors:
        pair = (actor, df.at[i, '电影名称'])
        pairs.append(pair)
>>> pairs = sorted(pairs, key=lambda item:int(item[0][2:]))
>>> index = [item[0] for item in pairs]
>>> data = [item[1] for item in pairs]
>>> df1 = pd.DataFrame({'演员':index, '电影名称':data})
>>> result = df1.groupby('演员', as_index=False).count()
>>> result.columns = ['演员', '参演电影数量']
>>> result.nlargest(3, '参演电影数量')
     演员   参演电影数量
10   演员 4      13
9    演员 3      12
0    演员 1      10
```

13.4 统计分析标准库 statistics 用法简介

Python 标准库 statistics 提供了大量方法用于计算数值数据的数理统计信息。

1. 计算平均数函数 mean()

```
>>> import statistics
```

```
>>>statistics.mean([1, 2, 3, 4, 5, 6, 7, 8, 9])          #使用包含整数的列表做参数
5.0
>>>statistics.mean(range(1,10))                            #使用 range 对象做参数
5.0
>>>import fractions
>>>x = [(3, 7), (1, 21), (5, 3), (1, 3)]
>>>y = [fractions.Fraction(*item) for item in x]           #创建包含分数的列表
>>>y
[Fraction(3, 7), Fraction(1, 21), Fraction(5, 3), Fraction(1, 3)]
>>>statistics.mean(y)                                      #使用包含分数的列表做参数
Fraction(13, 21)
>>>import decimal
>>>x = ('0.5', '0.75', '0.625', '0.375')
>>>y =map(decimal.Decimal, x)
>>>statistics.mean(y)
Decimal('0.5625')
```

2. 中位数函数 median()、median_low()、median_high()、median_grouped()

```
>>>statistics.median([1, 3, 5, 7])            #偶数个样本时取中间两个数的平均数
4.0
>>>statistics.median_low([1, 3, 5, 7])        #偶数个样本时取中间两个数的较小者
3
>>>statistics.median_high([1, 3, 5, 7])       #偶数个样本时取中间两个数的较大者
5
>>>statistics.median(range(1,10))
5
>>>statistics.median_low([5, 3, 7]), statistics.median_high([5, 3, 7])
(5, 5)
>>>statistics.median_grouped([5, 3, 7])
5.0
>>>statistics.median_grouped([52, 52, 53, 54])
52.5
>>>statistics.median_grouped([1, 3, 3, 5, 7])
3.25
>>>statistics.median_grouped([1, 2, 2, 3, 4, 4, 4, 4, 4, 5])
3.7
>>>statistics.median_grouped([1, 2, 2, 3, 4, 4, 4, 4, 4, 5], interval=2)
3.4
```

3. 返回最常见数据或出现次数最多的数据的函数 mode()

```
>>>statistics.mode([1, 3, 5, 7])              #无法确定出现次数最多的唯一元素
```

```
statistics.StatisticsError: no unique mode; found 4 equally common values
>>>statistics.mode([1, 3, 5, 7, 3])
3
>>>statistics.mode(["red", "blue", "blue", "red", "green", "red", "red"])
'red'
```

4. pstdev()

pstdev()返回总体标准差。

```
>>>statistics.pstdev([1.5, 2.5, 2.5, 2.75, 3.25, 4.75])
0.986893273527251
>>>statistics.pstdev(range(20))
5.766281297335398
```

5. pvariance()

pvariance()返回总体方差或二次矩。

```
>>>statistics.pvariance([1.5, 2.5, 2.5, 2.75, 3.25, 4.75])
0.9739583333333334
>>>x =[1, 2, 3, 4, 5, 10, 9, 8, 7, 6]
>>>mu =statistics.mean(x)
>>>mu
5.5
>>>statistics.pvariance([1, 2, 3, 4, 5, 10, 9, 8, 7, 6], mu)
8.25
>>>statistics.pvariance(range(20))
33.25
>>>statistics.pvariance((random.randint(1,10000)for i in range(30)))
10903549.933333334
```

6. variance()、stdev()

计算样本方差和样本标准差。

```
>>>statistics.variance(range(20))
35.0
>>>statistics.stdev(range(20))
5.916079783099616
>>>_ * _
35.0
>>>statistics.variance([3, 3, 3, 3, 3, 3]), statistics.stdev([3, 3, 3, 3, 3, 3])
(0.0, 0.0)
```

13.5 matplotlib

扩展库 matplotlib 依赖于扩展库 numpy 和标准库 tkinter，可以绘制多种形式的图形，包括折线图、直方图、饼状图、散点图、误差线图等，图形质量可满足出版要求，是计算结果可视化的重要工具。pylab 和 pyplot 是 matplotlib 库常用的两个绘图模块。

13.5.1 绘制正弦曲线

```
import numpy as np
import pylab as pl

t = np.arange(0.0, 2.0*np.pi, 0.01)          #生成数组,0~2π,以 0.01 为步长
s = np.sin(t)                                 #对数组中的所有元素求正弦值,得到新数组
pl.plot(t,s)                                  #画图,以 t 为横坐标,s 为纵坐标
pl.xlabel('x')                                #设置坐标轴标签
pl.ylabel('y')
pl.title('sin')                               #设置图形标题
pl.show()                                     #显示图形
```

运行结果如图 13-11 所示。

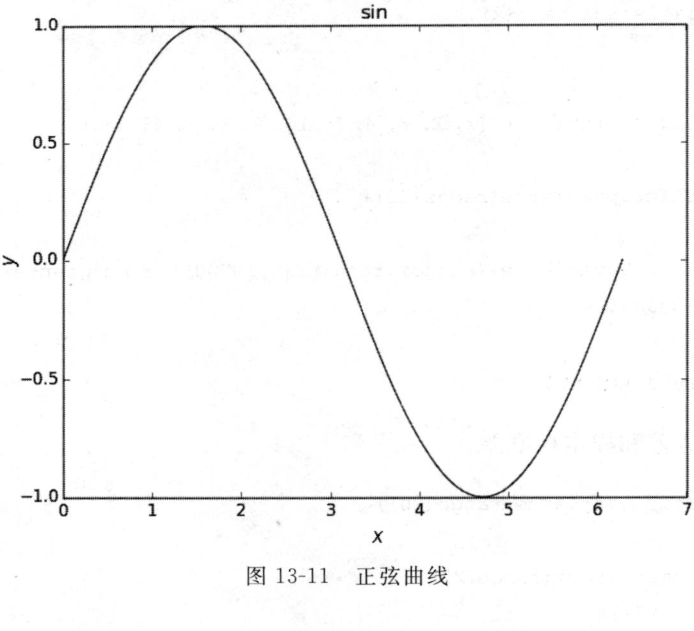

图 13-11 正弦曲线

13.5.2 绘制散点图

下面的代码绘制了余弦曲线的散点图，运行结果如图 13-12 所示。

```
import numpy as np
import pylab as pl

a = np.arange(0, 2.0*np.pi, 0.1)
b = np.cos(a)
pl.scatter(a,b)                                    #绘制散点图
pl.show()
```

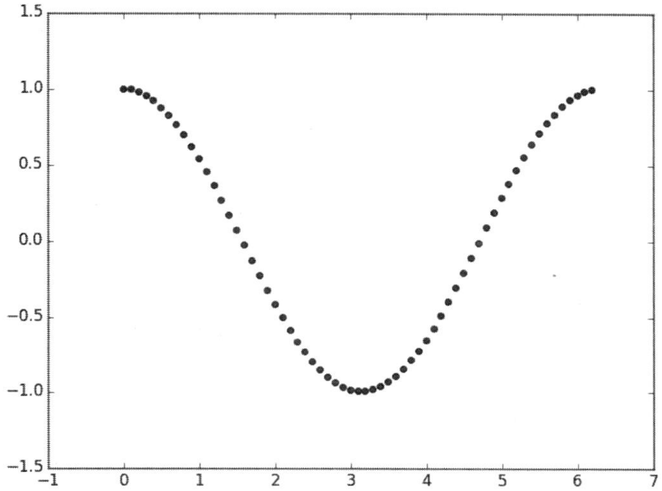

图 13-12　余弦曲线的散点图

散点图是分析数据相关性常用的方法，下面的代码使用随机数生成数值然后生成散点图，并根据数值大小来计算散点的大小，运行结果如图 13-13 所示。

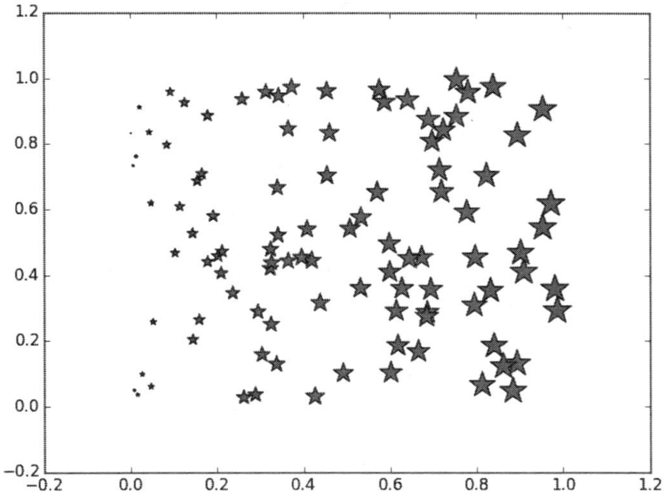

图 13-13　散点图

```
import matplotlib.pylab as pl
import numpy as np

x = np.random.random(100)
y = np.random.random(100)
pl.scatter(x,y,s=x*500,c='r',marker='*')        #s 指大小,c 指颜色,marker 指符号形状
pl.show()
```

13.5.3 绘制饼状图

```
import numpy as np
import matplotlib.pyplot as plt

#The slices will be ordered and plotted counter-clockwise.
labels = 'Frogs', 'Hogs', 'Dogs', 'Logs'
sizes = [15, 30, 45, 10]
colors = ['yellowgreen', 'gold', '#FF0000', 'lightcoral']
explode = (0, 0.1, 0, 0.1)                    #使饼状图中第 2 片和第 4 片裂出来

fig = plt.figure()
ax = fig.gca()
ax.pie(np.random.random(4), explode=explode, labels=labels, colors=colors,
       autopct='%1.1f%%', shadow=True, startangle=90,
       radius=0.25, center=(0, 0), frame=True)
ax.pie(np.random.random(4), explode=explode, labels=labels, colors=colors,
       autopct='%1.1f%%', shadow=True, startangle=90,
       radius=0.25, center=(1, 1), frame=True)
ax.pie(np.random.random(4), explode=explode, labels=labels, colors=colors,
       autopct='%1.1f%%', shadow=True, startangle=90,
       radius=0.25, center=(0, 1), frame=True)
ax.pie(np.random.random(4), explode=explode, labels=labels, colors=colors,
       autopct='%1.1f%%', shadow=True, startangle=90,
       radius=0.25, center=(1, 0), frame=True)
ax.set_xticks([0, 1])                         #设置坐标轴刻度
ax.set_yticks([0, 1])
ax.set_xticklabels(["Sunny", "Cloudy"])  #设置坐标轴刻度上显示的标签
ax.set_yticklabels(["Dry", "Rainy"])
ax.set_xlim((-0.5, 1.5))                      #设置坐标轴跨度
ax.set_ylim((-0.5, 1.5))
#Set aspect ratio to be equal so that pie is drawn as a circle.
ax.set_aspect('equal')

plt.show()
```

程序运行结果如图 13-14 所示。

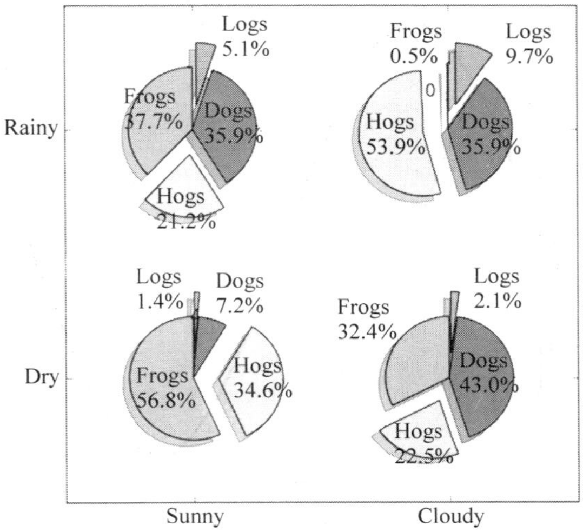

图 13-14 绘制饼状图

13.5.4 绘制带有中文标签和图例的图

```
import numpy as np
import pylab as pl
import matplotlib.font_manager as fm

myfont = fm.FontProperties(fname=r'C:\Windows\Fonts\STKAITI.ttf')
                                              #设置字体
t = np.arange(0.0, 2.0*np.pi, 0.01)           #自变量的取值范围
s = np.sin(t)                                 #计算正弦函数值
z = np.cos(t)                                 #计算余弦函数值
pl.plot(t, s, label='正弦')
pl.plot(t, z, label='余弦')
pl.xlabel('x-变量', fontproperties='STKAITI', fontsize=24)
                                              #设置 x 标签
pl.ylabel('y-正弦余弦函数值', fontproperties='STKAITI', fontsize=24)
pl.title('sin-cos 函数图像', fontproperties='STKAITI', fontsize=32)
                                              #图形标题
pl.legend(prop=myfont)                        #设置图例
pl.show()
```

运行结果如图 13-15 所示。

13.5.5 绘制图例标签中带有公式的图

```
import numpy as np
import matplotlib.pyplot as plt
```

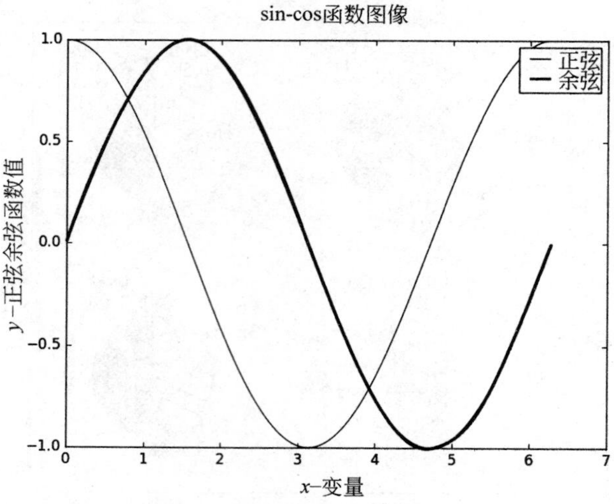

图 13-15　中文标签和图例

```
x = np.linspace(0, 2*np.pi, 500)
y = np.sin(x)
z = np.cos(x*x)
plt.figure(figsize=(8,5))
#标签前后加$将使用内嵌的 LaTex 引擎将其显示为公式
plt.plot(x,y,label='$sin(x)$',color='red',linewidth=2)          #红色,2像素宽
plt.plot(x,z,'b--',label='$cos(x^2)$')          #蓝色,虚线
plt.xlabel('Time(s)')
plt.ylabel('Volt')
plt.title('Sin and Cos figure using pyplot')
plt.ylim(-1.2,1.2)
plt.legend()                                    #显示图例
plt.show()
```

运行结果如图 13-16 所示。

13.5.6　多个图形单独显示

```
import numpy as np
import matplotlib.pyplot as plt

x = np.linspace(0, 2*np.pi, 500)                #创建自变量数组
y1 = np.sin(x)                                  #创建函数值数组
y2 = np.cos(x)
y3 = np.sin(x*x)
plt.figure(1)                                   #创建图形
#create three axes
ax1 = plt.subplot(2,2,1)                        #第一行第一列图形
```

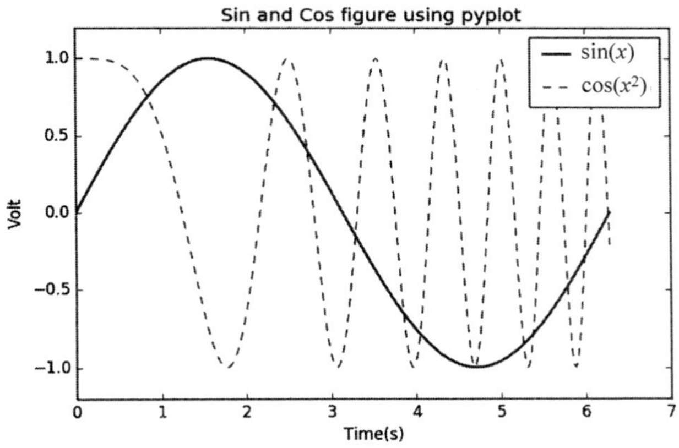

图 13-16　标签中带公式的图

```
ax2 = plt.subplot(2,2,2)                        #第一行第二列图形
ax3 = plt.subplot(2,1,2)                        #第二行
plt.sca(ax1)                                    #选择 ax1
plt.plot(x,y1,color='red')                      #绘制红色曲线
plt.ylim(-1.2,1.2)                              #限制 y 坐标轴的范围
plt.sca(ax2)                                    #选择 ax2
plt.plot(x,y2,'b--')                            #绘制蓝色曲线
plt.ylim(-1.2,1.2)
plt.sca(ax3)                                    #选择 ax3
plt.plot(x,y3,'g--')
plt.ylim(-1.2,1.2)
plt.show()
```

运行结果如图 13-17 所示。

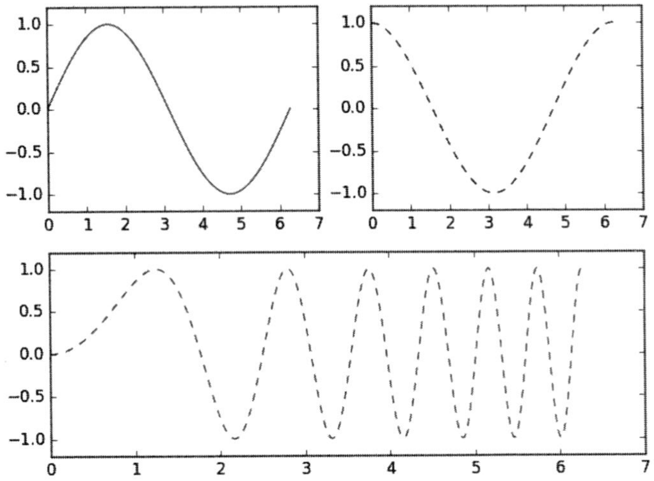

图 13-17　多图形同时显示

13.5.7 绘制三维参数曲线

```
import matplotlib as mpl
from mpl_toolkits.mplot3d import Axes3D
import numpy as np
import matplotlib.pyplot as plt

mpl.rcParams['legend.fontsize'] = 10                          #图例字号
fig = plt.figure()
ax = fig.gca(projection='3d')                                 #三维图形
theta = np.linspace(-4*np.pi, 4*np.pi, 100)
z = np.linspace(-4, 4, 100) * 0.3                             #测试数据
r = z**3 + 1
x = r * np.sin(theta)
y = r * np.cos(theta)
ax.plot(x, y, z, label='parametric curve')
ax.legend()
plt.show()
```

程序运行结果如图 13-18 所示。

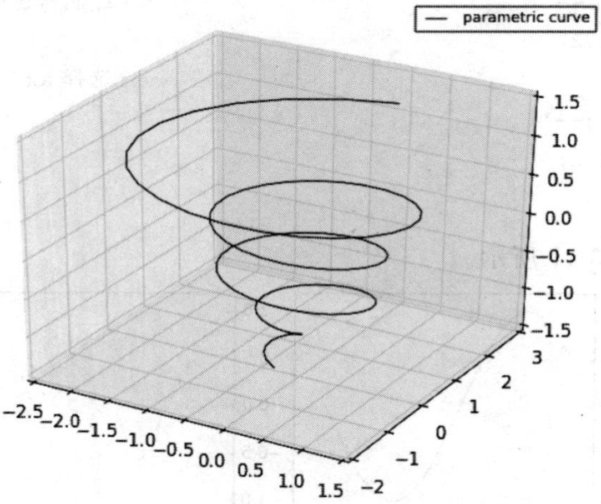

图 13-18 绘制三维参数曲线

13.5.8 绘制三维图形

```
import numpy as np
import matplotlib.pyplot as plt
import mpl_toolkits.mplot3d

x,y = np.mgrid[-2:2:20j, -2:2:20j]                            #创建二维网格坐标
```

```
z = 50 * np.sin(x+y)                                          #测试数据
ax = plt.subplot(111, projection='3d')                        #三维图形
ax.plot_surface(x,y,z,rstride=2, cstride=1, cmap=plt.cm.Blues_r)
ax.set_xlabel('X')                                            #设置坐标轴标签
ax.set_ylabel('Y')
ax.set_zlabel('Z')
plt.show()
```

运行结果如图 13-19 所示，在绘图窗口中可用鼠标来旋转绘制图形。

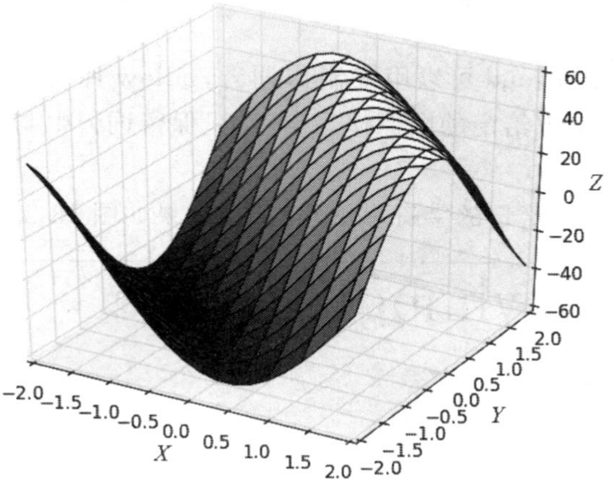

图 13-19　绘制三维图形(一)

下面的代码绘制了另一个略加复杂的三维图形，运行结果如图 13-20 所示。

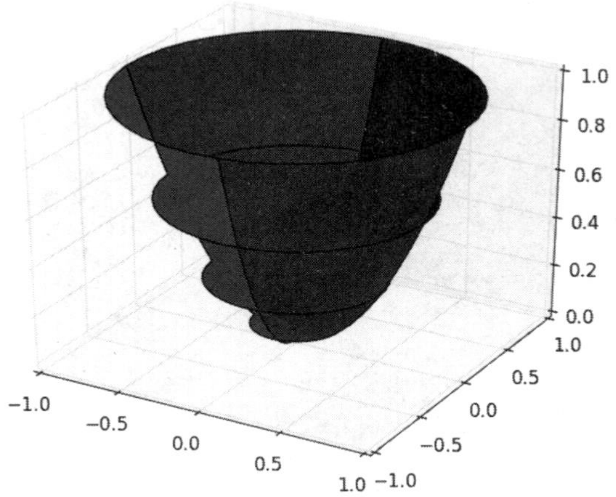

图 13-20　绘制三维图形(二)

```
import pylab as pl
import numpy as np
import mpl_toolkits.mplot3d
```

```
rho, theta = np.mgrid[0:1:40j, 0:2 * np.pi:40j]
z = rho ** 2
x = rho * np.cos(theta)
y = rho * np.sin(theta)
ax = pl.subplot(111, projection='3d')
ax.plot_surface(x,y,z)
pl.show()
```

13.6 创建词云

Python 扩展库 wordcloud 可以用来制作词云，pillow 库提供了图像处理功能，可以结合两者创建词云头像，把给定的图像作为参考，只保留词云中与图像前景对应位置的像素，起到裁剪作用。

下面的代码用来根据给定的字符串创建词云，结果如图 13-21 所示。

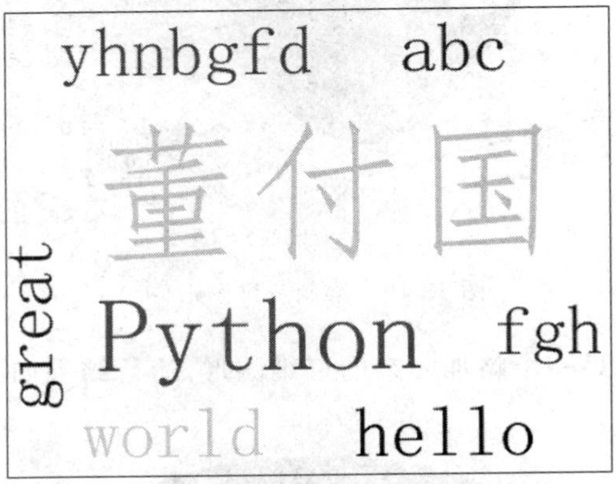

图 13-21 词云效果

```
import random
import string
import wordcloud

def show(s):
    #创建 wordcloud 对象
    wc = wordcloud.WordCloud(
        r'C:\windows\fonts\simfang.ttf', width=500, height=400,
        background_color='white', font_step=3,
        random_state=False, prefer_horizontal=0.9)
    #创建并显示词云
    t = wc.generate(s)
    t.to_image().save('t.png')

#如果空间足够,就全部显示
```

```
#如果词太多,就按频率显示,频率越高的词越大
show('''hello world 董付国 董付国 董付国 董付国
abc fgh yhnbgfd 董付国 董付国 董付国 董付国 Python great Python Python''')
```

下面的代码根据图 13-22 生成词云,结果如图 13-23 所示。

```
import string
import random
from PIL import Image
import wordcloud

def create(imgFile, s):
    im = Image.open(imgFile)
    w, h = im.size
    #创建 wordcloud 对象
    wc = wordcloud.WordCloud(
        r'C:\windows\fonts\simfang.ttf', width=w, height=h,
        background_color='white', font_step=3,
        random_state=False, prefer_horizontal=0.9)
    #创建并显示词云
    t = wc.generate(s)
    t = t.to_image()
    for w1 in range(w):
        for h1 in range(h):
            if im.getpixel((w1,h1))[:3] == (255,255,255):
                t.putpixel((w1,h1), (255,255,255))
    t.save('result.png')

chs = string.ascii_letters+string.digits+string.punctuation
s = [''.join((random.choice(chs) for i in range(8))) for j in range(650)]
s = ' '.join(s)
create('test1.png', s)
```

图 13-22　作者近照图

图 13-23　根据作者近照生成的随机词云

本章小结

(1) numpy 数组支持与标量和数组之间的四则运算。

(2) numpy 数组支持同时访问多个元素。

(3) numpy 数组支持切片操作。

(4) 除了数组,numpy 还支持大量矩阵运算。

(5) Python 扩展库在 numpy 基础上增加了大量用于科学计算以及工程计算的模块,包括统计、优化、线性代数、常微分方程数值求解、信号处理、图像处理和稀疏矩阵等。

(6) 扩展库 scipy. constants 包含了大量用于科学计算的常数。

(7) 扩展库 scipy. signal 包含了大量滤波函数和 B 样条插值算法等。

(8) 扩展库 scipy. ndimage 提供了大量用于图像处理的方法。

(9) 扩展库 pandas 是基于 numpy 的数据分析模块,提供了大量标准数据模型和高效操作大型数据集所需要的工具。

(10) 标准库 statistics 提供了大量方法用于计算数值数据的数理统计信息。

(11) 扩展库 matplotlib 依赖于扩展库 numpy 和标准库 tkinter,可以绘制多种形式的图形,包括折线图、直方图、饼状图和散点图等。

习 题

13.1 选择一篇英语文章,分析其中每个单词的频次,并使用柱状图进行显示。

13.2 根据习题 13.1 中的文章创建词云,并创建自己喜欢的图案。

附录　精彩在继续

附录 A　GUI 开发

目前适用于 Python 的 GUI 库主要有 wxPython、tkinter 和 PyQT，其中 wxPython 似乎更强大一些，不过需要额外安装才行，虽然这并不麻烦。而 tkinter 是 Python 标准库，可以直接使用，也具有很大的优势。关于 wxPython 的更多介绍请参考作者的另外一本书《Python 程序设计（第 2 版）》（清华大学出版社，书号为 9787302436515），tkinter 的大量案例代码可以参考作者的另外一本书《Python 可以这样学》（清华大学出版社，书号为 9787302456469）。这里再通过一个 GUI 版的猜数游戏介绍一下 tkinter 的高级用法。

把下面的代码保存并运行之后，首先需要启动游戏并设置数值范围和最大允许猜数次数，然后才能在文本框内输入猜测的数字，程序会提示正确、数值过大或过小，玩家根据提示对下一次猜数进行调整，超过次数限制之后游戏结束并提示正确的数字，退出程序时提示战绩。游戏运行初始界面如图 A.1 所示。

图 A.1　猜数游戏运行初始界面

```
import random
import tkinter
import tkinter.messagebox
import tkinter.simpledialog

root = tkinter.Tk()
#窗口标题
root.title('猜数游戏——by 董付国')
#窗口初始大小和位置
root.geometry('280x80+400+300')
#不允许改变窗口大小
root.resizable(False,False)

#用户猜的数
varNumber = tkinter.StringVar(root,value='0')
#允许猜的总次数
totalTimes = tkinter.IntVar(root,value=0)
```

```
#已猜次数
already = tkinter.IntVar(root,value=0)
#当前生成的随机数
currentNumber = tkinter.IntVar(root,value=0)
#玩家玩游戏的总次数
times = tkinter.IntVar(root,value=0)
#玩家猜对的总次数
right = tkinter.IntVar(root,value=0)

lb = tkinter.Label(root,text='请输入一个整数：')
lb.place(x=10,y=10,width=100,height=20)
#用户猜数并输入的文本框
entryNumber = tkinter.Entry(root,width=140,textvariable=varNumber)
entryNumber.place(x=110,y=10,width=140,height=20)
#只有开始游戏以后才允许输入
entryNumber['state'] = 'disabled'

#关闭程序时提示战绩
def closeWindow():
    message = '共玩游戏 {0} 次,猜对 {1} 次! \n欢迎下次再玩! '
    message = message.format(times.get(),right.get())
    tkinter.messagebox.showinfo('战绩',message)
    root.destroy()
root.protocol('WM_DELETE_WINDOW',closeWindow)

#按钮单击事件处理函数
def buttonClick():
    if button['text'] == 'Start Game':
        #每次游戏时允许用户自定义数值范围
        #玩家必须输入正确的数
        while True:
            try:
                start = tkinter.simpledialog.askinteger('允许的最小整数',
                                                        '最小数',initialvalue=1)

                break
            except:
                pass
        while True:
            try:
                end = tkinter.simpledialog.askinteger('允许的最大整数',
                                                      '最大数',initialvalue=10)

                break
            except:
                pass
```

```
        #在用户自定义的数值范围内生成随机数
        currentNumber.set(random.randint(start,end))
        #用户自定义一共允许猜几次
        #玩家必须输入正确的整数
        while True:
            try:
                t = tkinter.simpledialog.askinteger('最多允许猜几次?',
                                                    '总次数',initialvalue=3)
                totalTimes.set(t)
                break
            except:
                pass
        #已猜次数初始化为 0
        already.set(0)
        button['text'] = '剩余次数: ' +str(t)
        #把文本框初始化为 0
        varNumber.set('0')
        #允许用户开始输入整数
        entryNumber['state'] = 'normal'
        #玩游戏的次数加 1
        times.set(times.get()+1)
    else:
        #一共允许猜几次
        total = totalTimes.get()
        #本次游戏的正确答案
        current = currentNumber.get()
        #玩家本次猜的数
        try:
            x = int(varNumber.get())
        except:
            tkinter.messagebox.showerror('抱歉','必须输入整数')
            return
        if x == current:
            tkinter.messagebox.showinfo('恭喜','猜对了')
            button['text'] = 'Start Game'
            #禁用文本框
            entryNumber['state'] = 'disabled'
            right.set(right.get()+1)
        else:
            #已猜次数加 1
            already.set(already.get()+1)
            if x > current:
                tkinter.messagebox.showerror('抱歉','猜的数太大了')
            else:
```

```
            tkinter.messagebox.showerror('抱歉','猜的数太小了')
        #可猜次数用完了
        if already.get()==total:
            tkinter.messagebox.showerror('抱歉',
                                         '游戏结束了,正确的数是:' +
                                         str(currentNumber.get()))

            button['text'] = 'Start Game'
            #禁用文本框
            entryNumber['state'] = 'disabled'
        else:
            button['text'] = '剩余次数:' + str(total-already.get())
#在窗口上创建按钮,并设置事件处理函数
button = tkinter.Button(root,text='Start Game',command=buttonClick)
button.place(x=10,y=40,width=250,height=20)

#启动消息主循环
root.mainloop()
```

上面的小游戏是使用代码生成的 tkinter 界面,这样做对只有少量组件的界面是没有问题的。但是,如果界面上需要放置大量的组件,这样手动创建就比较费时费力了,可以考虑使用 PAGE 来实现复杂的界面设计。

安装好并启动 PAGE 之后,首先创建一个 Toplevel,然后在左侧 Widget Toolbar 中选择需要创建的组件,在刚刚创建的 Toplevel 中合适位置单击即可创建组件,将其拖放至合适的位置,最后在右侧的 Attribute Editor 设置组件的属性和有关的操作。界面设计好以后,单击菜单 Gen_Python 中的子菜单 Generate Python GUI 生成界面程序,再使用菜单 Generate Support Module 生成 Python 程序文件,填写必要的命令处理(如单击按钮)代码后保存即可。

附录 B 计算机图形学编程

计算机图形学主要研究如何使用计算机来生成具有真实感的图形,涉及的内容主要包括三维建模、图形几何变换、光照模型、纹理映射、阴影模型等内容,在机械制造、虚拟现实、增强现实、游戏开发、漫游系统设计、产品展示等多个领域具有重要的应用。随着 3D 打印机的诞生,只要有模型就能够快速生成实物,无疑这将会大大扩展计算机图形学的应用范围。例如,可以使用计算机图形学的技术制作出各种可爱的模型,然后参照这些模型使用 3D 打印机批量生产各种食品、玩偶、饰品和人体器官等。目前大部分计算机图形学的书籍都是基于 OpenGL 的,Python 也提供了相应的扩展库 pyopengl,提供了图形学编程所需要的所有 API 函数,极大方便了编写图形学程序的 Python 程序员。下面的代码使用 OpenGL 绘制了一个茶壶,实现了基本的材质和光照模型,并支持缩放和绕不同坐标轴的旋转操作。

```
import sys
```

```
from OpenGL.GL import *
from OpenGL.GLUT import *
from OpenGL.GLU import *

class MyPyOpenGLTest:
    def __init__(self,width=640,height=480,title=b'SolidTeapot'):
        glutInit(sys.argv)
        glutInitDisplayMode(GLUT_RGBA | GLUT_DOUBLE | GLUT_DEPTH)
        glutInitWindowSize(width,height)
        self.window = glutCreateWindow(title)
        glutDisplayFunc(self.Draw)
        #指定键盘事件处理函数
        glutKeyboardFunc(self.KeyPress)
        glutIdleFunc(self.Draw)
        self.InitGL(width,height)
        #绕各坐标轴旋转的角度
        self.x =0.0
        self.y =0.0
        self.z =0.0
        #缩放比例
        self.s =1.0

    def KeyPress(self,key,x,y):
        #根据不同的按键决定缩放比例和每个轴的旋转角度
        if key == b'a':
            self.x += 1
        elif key == b's':
            self.x -= 1
        elif key == b'j':
            self.y += 1
        elif key == b'k':
            self.y -= 1
        elif key == b'g':
            self.z += 1
        elif key == b'h':
            self.z -= 1
        elif key == b'x':
            self.s += 0.3
        elif key == b'w':
            self.s -= 0.3

    #绘制图形
    def Draw(self):
        glClear(GL_COLOR_BUFFER_BIT | GL_DEPTH_BUFFER_BIT)
```

```
        glLoadIdentity()
        #平移
        glTranslatef(0.0,0.0,-8.0)

        #分别绕 x、y、z 轴旋转
        glRotatef(self.x,1.0,0.0,0.0)
        glRotatef(self.y,0.0,1.0,0.0)
        glRotatef(self.z,0.0,0.0,1.0)

        #各方向等比例缩放
        glScalef(self.s,self.s,self.s)

        #绘制茶壶
        #glColor3f(0.8,0.3,1.0)
        glutSolidTeapot(1.0)

        glutSwapBuffers()

    def InitGL(self,width,height):
        #初始化窗口背景为白色
        glClearColor(1.0,1.0,1.0,0.0)
        glClearDepth(1.0)
        glDepthFunc(GL_LESS)
        #设置材质与光源属性
        mat_sp = (1.0,1.0,1.0,1.0)
        mat_sh = [50.0]
        light_position = (-0.5,1.5,1,0)
        yellow_l = (1,0.7,0,1)
        ambient = (0.1,0.8,0.2,1.0)
        glMaterialfv(GL_FRONT,GL_SPECULAR,mat_sp)
        glMaterialfv(GL_FRONT,GL_SHININESS,mat_sh)
        glLightfv(GL_LIGHT0,GL_POSITION,light_position)
        glLightfv(GL_LIGHT0,GL_DIFFUSE,yellow_l)
        glLightfv(GL_LIGHT0,GL_SPECULAR,yellow_l)
        glLightModelfv(GL_LIGHT_MODEL_AMBIENT,ambient)
        #启用光照模型
        glEnable(GL_LIGHTING)
        glEnable(GL_LIGHT0)
        glEnable(GL_DEPTH_TEST)
        #光滑渲染
        glEnable(GL_BLEND)
        glShadeModel(GL_SMOOTH)
        glEnable(GL_POINT_SMOOTH)
        glEnable(GL_LINE_SMOOTH)
```

```
        glEnable(GL_POLYGON_SMOOTH)
        glMatrixMode(GL_PROJECTION)
        #反走样,也称为抗锯齿
        glHint(GL_POINT_SMOOTH_HINT,GL_NICEST)
        glHint(GL_LINE_SMOOTH_HINT,GL_NICEST)
        glHint(GL_POLYGON_SMOOTH_HINT,GL_FASTEST)
        glLoadIdentity()
        #透视投影变换
        gluPerspective(45.0,float(width)/float(height),0.1,100.0)
        glMatrixMode(GL_MODELVIEW)

    def MainLoop(self):
        glutMainLoop()

if __name__ == '__main__':
    w = MyPyOpenGLTest()
    w.MainLoop()
```

附录 C 图像编程

Python 扩展库 pillow 提供了非常强大的图像处理有关的功能，支持 BMP、PNG、JPEG、GIF 等多种图像格式。该扩展库主要提供了 Image、ImageChops、ImageColor、ImageDraw、ImagePath、ImageFile、ImageGrab、ImageTk、ImageEnhance、PSDraw 以及其他一些模块来支持图像处理有关的操作，ImageGrab 模块还支持对屏幕指定区域进行截图。在作者的另外一本书《Python 可以这样学》(清华大学出版社，书号为 9787302456469)中介绍了大量的 pillow 应用，这里就不再重复了。下面的代码可以批量为指定文件夹中所有图像添加数字水印。

```
from random import randint
from os import listdir
from PIL import Image

#打开并读取其中的水印像素,也就是那些不是白色背景的像素
#读到内存中,放到字典中以供快速访问
im = Image.open('watermark.bmp')
width,height = im.size
pixels = dict()

for w in range(width):
    for h in range(height):
        c = im.getpixel((w,h))[:3]
        if c != (255,255,255):
            pixels[(w,h)] = c
```

```
def addWaterMark(srcDir):
    #获取当前所有 BMP 图像文件列表
    picFiles = [fn for fn in listdir(srcDir) if fn.endswith(('.bmp','.jpg','.png'))]
    #遍历所有文件,为每个图像添加水印
    for fn in picFiles:
        im1 = Image.open(fn)
        w,h = im1.size
        #如果图片尺寸小于水印图片,不加水印
        if w<width or h<height:
            continue
        #在原始图像左上角、中间或右下角添加数字水印
        #具体位置根据 position 进行随机选择
        p = {0:(0,0),1:((w-width)//2,(h-height)//2),2:(w-width,h-height)}
        position = randint(0,2)
        top,left = p.get(position,(0,0))
        #修改像素值,添加水印
        for p,c in pixels.items():
            im1.putpixel((p[0]+top,p[1]+left),c)
        #保存加入水印之后的新图像文件
        im1.save(fn[:-4] + '_new' + fn[-4:])

#为当前文件夹中的图像文件添加水印
addWaterMark('.')
```

下面的代码用来把水印信息打散后添加到图像中的随机位置,并可以重新把水印信息提取出来。

```
from os import remove
from os.path import isfile
from random import sample,choice
from PIL import Image

def mergeWaterMark(originPic,watermarkPic,logTxt):
    #原始图片和水印文件必须为图片格式
    if ((not originPic.endswith(('.jpg','.bmp','.png'))) or
        (not watermarkPic.endswith(('.jpg','.bmp','.png')))):
        return 'Error format.'

    #打开原图和水印图片,并获取大小
    imOrigin = Image.open(originPic)
    originWidth,originHeight = imOrigin.size
    imWaterMark = Image.open(watermarkPic)
    watermarkWidth,watermarkHeight = imWaterMark.size

    #随机生成水印位置
```

```
    allPositions=[(w,h) for w in range(originWidth)
                        for h in range(originHeight)]
    positions = sample(allPositions,watermarkWidth * watermarkHeight)

    fpLog = open(logTxt,'w')
    #写入水印文件的大小
    fpLog.write(str((watermarkWidth,watermarkHeight))+'\n')

    for w in range(watermarkWidth):
        for h in range(watermarkHeight):
            c =imWaterMark.getpixel((w,h))
            c =c[:3]
            #只写入不是白色的像素
            if c != (255,255,255):
                p =choice(positions)
                #写入像素值
                imOrigin.putpixel(p,c)
                #避免重复修改同一个像素
                positions.remove(p)
                #生成日志文件,用来提取水印
                fpLog.write(str(p+(w,h))+'\n')
    fpLog.close()
    #生成加入水印的新图片
    imOrigin.save(originPic[:-4]+'_new'+originPic[-4:])

def restoreWaterMark(mergedPic,logTxt,watermarkPic):
    #首先删除原来提取过的水印文件
    if isfile(watermarkPic):
        remove(watermarkPic)
    imMerged = Image.open(mergedPic)
    with open(logTxt) as fp:
        for line in fp:
            #读取每一行并还原为元组
            line = eval(line.strip())
            #第一行是水印图片尺寸,先创建水印文件
            if len(line) == 2:
                imWaterMark = Image.new('RGB',line,(255,255,255))
            else:
                #提取水印像素并写入水印文件
                c =imMerged.getpixel((line[0],line[1]))
                c =c[:3]
                imWaterMark.putpixel((line[2],line[3]),c)
    #保存提取的水印
    imWaterMark.save(watermarkPic)
```

```
#添加水印
mergeWaterMark('origin.bmp','watermark.png','logg.txt')
#提取水印
restoreWaterMark('origin_new.bmp','logg.txt','restoredWaterMark.png')
```

附录 D 密码学编程

除了自己设计加密算法或者自己编写程序实现经典的加密解密算法之外,还可以充分利用 Python 标准库和扩展库提供的丰富功能。Python 标准库 hashlib 实现了 SHA1、SHA224、SHA256、SHA384、SHA512 以及 MD5 等多个安全哈希算法,标准库 zlib 提供了 adler32 和 crc32 算法的实现,标准库 hmac 实现了 HMAC 算法。在众多的 Python 扩展库中,pycryptodome 可以说是密码学编程模块中最成功也是最成熟的一个,封装了密码学有关的大量算法,具有很高的市场占有率。另外,cryptography 也有一定数量的用户在使用。扩展库 pycryptodome 和 cryptography 提供了 SHA 系列算法和 RIPEMD160 等多个安全哈希算法,以及 DES、AES、RSA、DSA、ElGamal 等多个加密算法和数字签名算法的实现。

附录 E 系 统 运 维

系统运维涉及的内容非常广泛,如内存、CPU、网络带宽等资源的占用率以及磁盘配额情况的实时查看,进程列表、线程列表以及用户文件变化情况的动态跟踪,网络主机 IP 地址的动态分配与回收以及 DNS 管理,用户文件变化情况,病毒防护与入侵检测,必要时给系统管理员发送邮件,历史数据永久化以及相关图表生成,等等。当然,严格地说,保持供电和供水系统的正常工作也属于系统运维的范畴,不过这些内容不在本书讨论范围之内。在编写系统运维程序时常用的 Python 标准库和扩展库如下。

(1) difflib:可以比较文件差异并可以生成不同格式的比较结果。

(2) filecmp:用于实现文件与文件夹的差异比较。

(3) smtplib、poplib、ftplib:邮件收发与 FTP 空间访问。

(4) ansible-playbook:轻量级多主机部署与配置管理系统。

(5) dnspython:DNS 工具包,支持几乎所有记录类型。

(6) ipy:用于管理 IPv4 和 IPv6 地址与网络的工具包。

(7) paramiko:提供了 SSHv2 协议的服务端和客户端功能。

(8) psutil:可以获取内存、CPU、磁盘、网络的使用情况,查看系统进程与线程信息,并具有一定的进程和线程管理功能。

(9) pyclamad:提供了免费开源杀毒软件 Clam Antivirus 的访问接口。

(10) pycurl:对 libcurl 的封装,类似于标准库 urllib,但功能更强大。

(11) python-rrdtool:提供了 rddtool 的访问接口。rddtool 主要用来跟踪对象的变化情况并生成走势图,如业务的访问流量、系统性能、磁盘利用率等趋势图。

（12）scapy：交互式数据包处理工具包，支持各种网络数据包的解析和伪造。

（13）xlrd、xlwt、openpyxl：支持不同版本 Excel 文件的读写操作，包括数字、文本、公式、图表。

附录 F　Windows 系统编程

绝大多数版本的 Linux 系统中都内置了 Python 解释器，而在 Windows 平台上一般需要单独安装，尽管如此，Python 在 Windows 平台上的表现也是非常不俗的，绝大部分标准库中的功能都能在 Windows 平台上使用，并且还拥有大量专门针对 Windows 的扩展库。

（1）ctypes：Python 标准库 ctypes 提供了访问.dll 或.so 等不同类型动态链接库中函数的接口，很好地支持了与 C/C++ 等语言混合编程的需求，可以调用操作系统底层 API 函数。

（2）os：可以调用 Windows 内部命令和外部程序，提供了一定的文件与文件夹管理功能以及进程管理功能。

（3）platform：扩平台的标准库，实现了与系统平台有关的部分功能，如查看机型、CPU、操作系统类型等信息。

（4）winreg：提供了用于操作 Windows 系统注册表的大部分功能。

（5）wmi：提供了 Windows Management Instrumentation（WMI）的访问接口。

（6）py2exe：可以用来把 Python 程序打包成可以脱离 Python 解释器环境并独立运行在 Windows 平台上的可执行程序。

（7）pywin32：包括 win32api、win32process、win32api、win32con、win32gui、win32evtlog、win32security、winerror 等大量模块，对 Windows 底层 API 进行了完美的封装，几乎支持 Windows 平台上的所有操作。

为了方便教学，作者使用 Python 开发了一套教学管理软件，具有在线点名、提问、答疑、交作业、自测、在线考试、数据导入导出与汇总、Word 试卷生成等多个功能，其中在线考试系统具有防作弊的功能，不少人觉得很神奇，其实思路和代码都很简单。主要的原理是关闭文本编辑器并定时清空系统剪贴板，不允许复制题目和其他任何内容，也不允许打开浏览器搜索网页，只能一个题一个题地做，并且每个人都是随机抽题，题库里有 1100 多道题，所以相邻的两个人同一时间抽到同一题的概率非常小，有效防止了作弊。下面的代码模拟了这个功能，单击“开始考试”按钮启用考试模式的防作弊功能，单击“结束考试”则禁用防作弊功能。代码主要使用了标准库 ctypes 和扩展库 psutil 中的部分功能。

```
import os
import time
import tkinter
import threading
import ctypes
import psutil

root = tkinter.Tk()
```

```
root.title('防作弊演示——by 董付国')
#窗口初始大小和位置
root.geometry('250x80+300+100')
#不允许改变窗口大小
root.resizable(False,False)
jinyong = tkinter.IntVar(root,0)

def funcJinyong():
    while jinyong.get()==1:
        #强行关闭主流文本编辑器和网页浏览器
        for pid in psutil.pids():
            try:
                p = psutil.Process(pid)
                exeName = os.path.basename(p.exe()).lower()
                if exeName in ('notepad.exe','winword.exe',
                               'wps.exe','wordpad.exe','iexplore.exe',
                               'chrome.exe','qqbrowser.exe',
                               '360chrome.exe','360se.exe',
                               'sogouexplorer.exe','firefox.exe',
                               'opera.exe','maxthon.exe',
                               'netscape.exe','baidubrowser.exe',
                               '2345Explorer.exe'):
                    p.kill()
            except:
                pass
        #清空系统剪贴板
        ctypes.windll.user32.OpenClipboard(None)
        ctypes.windll.user32.EmptyClipboard()
        ctypes.windll.user32.CloseClipboard()
        time.sleep(1)

def start():
    jinyong.set(1)
    t = threading.Thread(target= funcJinyong)
    t.start()

buttonStart = tkinter.Button(root,text='开始考试',command= start)
buttonStart.place(x= 20,y=10,width=100,height=20)

def stop():
    jinyong.set(0)
buttonStop = tkinter.Button(root,text='结束考试',command= stop)
buttonStop.place(x= 130,y=10,width=100,height=20)

#模拟用,开启考试模式以后,所有内容都不再允许复制
entryMessage = tkinter.Entry(root)
```

```
entryMessage.place(x=10,y=40,width=230,height=20)

root.mainloop()
```

附录G 软件分析与逆向工程

在软件分析和逆向工程领域，有大量的成熟工具以及针对不同工具和目的开发的各种插件，如 IDA Pro、OllyDbg、WinDbg、W32DASM、PEid、ssdeep、DiStorm、DisView、LordPE、PIN、Universal PE Unpacker、Sample Chart Builder 等，可以说是数不胜数。下面简单列出使用 Python 开发或可以使用 Python 进行二次开发的工具和插件。

(1) PyEmu：可编写脚本的模拟器，对恶意软件分析非常有用。

(2) Immunity Debugger：著名的调试器，是在 OllyDbg 的源代码基础上建立起来的，外观和用法都与 OllyDbg 非常相似，并且两者共享很多的底层功能和控制。Immunity Debugger 带有内置的 Python 接口和专门用于研究漏洞和执行恶意软件分析的强大 API，是可编写脚本的 GUI 和命令行软件调试器，支持 exploit 编写、二进制可执行文件逆向工程等各种应用。

(3) Paimei：完全使用 Python 编写，是非常成熟的逆向工程框架，包括 PyDBG、PIDA、pGRAPH 等多个可扩展模块，可以执行大量静态分析和动态分析，如模糊测试、代码覆盖率跟踪、数据流跟踪等。

(4) ropper：比较成熟的 ROP Gadgets 查找与可执行文件分析工具，其反汇编部分使用了成熟的 Capstone 框架。

(5) WinAppDbg：纯 Python 调试器，没有本机代码，使用 ctypes 封装了许多与调试器有关的 Win32 API 调用，并且为操作线程和进程提供了强有力的抽象。利用该工具可以将自己编写的脚本附加为调试器、跟踪执行、拦截 API 调用，以及在待调试进程中处理事件，并且可以设置各种断点。

(6) YARA：恶意软件识别和分类引擎也可以利用 YARA 创建规则以检测字符串、入侵序列、正则表达式、字节模式等。既可以使用命令行模式下的 yara 工具扫描文件，也可以利用 YARA 提供的 API 函数将 yara 扫描引擎集成到 C 或 Python 语言编写的工具中。

(7) pefile：可以读取和处理 PE 文件。

(8) IDAPython：IDA 插件，IDAPython 是运行于交互式反汇编器 IDA 的插件，用于实现 IDA 的 Python 编程接口。IDA 在逆向工程领域具有广泛的应用，尤其是二进制文件静态分析，其强大的反汇编功能一直处于业内领先水平。IDAPython 插件使得 Python 脚本程序能够在 IDA 中运行并实现自定义的软件分析功能，通过该插件运行的 Python 脚本程序可以访问整个 IDA 数据库，并且可以方便地调用所有 IDC 函数和使用所有已安装的 Python 模块中的功能。目前 IDAPython 还不支持 Python3，较高版本的 IDA 中集成了 IDAPython 插件，如果需要安装或升级，需要登录其官方网站下载安装适合已安装 Python 和 IDA 版本的 IDAPython 插件。

(9) Hex-Rays Decompiler：IDA 插件，非常成熟的反编译插件。

(10) PatchDiff2：IDA 插件，主要用于补丁对比。

(11) BinDiff：IDA 插件，主要用于二进制文件差异比较。

(12) hidedebug：Immunity Debugger 插件，可以隐藏调试器的存在，用来对抗某些通用的反调试技术。

(13) IDAStealth：IDA 插件，可隐藏 IDA debugger 的存在，用来对抗某些通用的反调试技术。

(14) MyNav：IDA 插件，能够帮助逆向工程师完成一些最典型的任务，如发现一些特定功能或任务是由哪些函数实现的，找出补丁前后函数的不同之处和数据入口。

(15) Lobotomy：一款应用于 Python 的安卓渗透测试工具包，可以帮助安全研究人员评估不同 Android 逆向工程任务。

特别需要注意的是，应尽量避免直接在本地物理主机上分析恶意软件，以免被恶意软件感染而造成不必要的损失。为了保证物理主机安全，同时也为了能够在分析环境被恶意软件感染之后快速恢复系统，建议使用 VirtualBox、VMware、QEMU 等虚拟机系统或沙箱系统进行保护。如果没有条件使用虚拟机或沙箱系统，最好使用 Deep Freeze、Truman、FPG 或其他类似软件来保护物理主机以防系统被感染。

参考文献

[1] Python官方在线帮助文档. https://docs.python.org/3/.

[2] 董付国. Python程序设计基础[M]. 北京：清华大学出版社，2015.

[3] 董付国. Python程序设计[M]. 北京：清华大学出版社，2015.

[4] 董付国. Python程序设计[M]. 2版. 北京：清华大学出版社，2016.

[5] 董付国. Python可以这样学[M]. 北京：清华大学出版社，2017.

[6] 董付国. Python程序设计开发宝典[M]. 北京：清华大学出版社，2017.

[7] 董付国. Python程序设计[M]. 3版. 北京：清华大学出版社，2020.

[8] 董付国. Python程序设计实验指导书[M]. 北京：清华大学出版社，2019.

[9] 微信公众号：Python小屋.

[10] 张颖，赖勇浩. 编写高质量代码——改善Python程序的91个建议[M]. 北京：机械工业出版社，2014.

[11] TJ O' Connor. Python绝技——运用Python成为顶级黑客[M]. 崔孝晨，武晓音，等，译. 北京：电子工业出版社，2016.